B. N Dybowsky

Beiträge zur näheren Kenntnis der in dem Baikal-See vorkommenden niederen Krebse aus der Gruppe der Gammariden

B. N Dybowsky

Beiträge zur näheren Kenntnis der in dem Baikal-See vorkommenden niederen Krebse aus der Gruppe der Gammariden

ISBN/EAN: 9783743357921

Hergestellt in Europa, USA, Kanada, Australien, Japan

Cover: Foto ©ninafisch / pixelio.de

Manufactured and distributed by brebook publishing software (www.brebook.com)

B. N Dybowsky

Beiträge zur näheren Kenntnis der in dem Baikal-See vorkommenden niederen Krebse aus der Gruppe der Gammariden

BEITRÄGE

ZUR NÄHEREN KENNTNISS

DER IN DEM BAIKAL-SEE VORKOMMENDEN NIEDEREN KREBSE

AUS DER GRUPPE

DER

GAMMARIDEN.

VON

Dr. B. N. DYBOWSKY.

Herausgegeben

von

der Russischen Entomologischen Gesellschaft zu St. Petersburg.

Beiheft zum X Bande der Horae Societatis Entomologicae Rossicae.

Mit 3 colorirten und 11 schwarzen Tafeln.

St. PETERSBURG.
BUCHDRUCKEREI VON W. BESOBRASOFF & COMP.
Wassili Ostr., 8-te Linie, № 45.

1874.

BEITRÄGE

ZUR NÄHEREN KENNTNISS

DER IN DEM BAIKAL-SEE VORKOMMENDEN NIEDEREN KREBSE

AUS DER GRUPPE

DER

GAMMARIDEN.

VON

Dr. B. N. DYBOWSKY.

Herausgegeben
von
der Russischen Entomologischen Gesellschaft zu St. Petersburg.

Beiheft zum X Bande der Horae Societatis Entomologicae Rossicae.

Mit 3 colorirten und 11 schwarzen Tafeln.

St. PETERSBURG.
BUCHDRUCKEREI VON W. BESOBRASOFF & COMP.
Wassili Ostr., 8-te Linie, № 45.
1874.

Vorwort.

Als wir die Ufer des Baikalsees betraten, haben wir wenig Hoffnung gehabt, eine reiche und mannigfaltige Fauna der niederen wirbellosen Thiere im See vorzufinden, indem wir in den Berichten früherer Forscher die Klage über die Armuth dieser Fauna allgemein ausgesprochen gefunden. Allein schon eine flüchtige Untersuchung im Winter des Jahres 1869, welche wir längs des südwestlichen Ufers unternommen hatten, überzeugte uns über das Irrthümliche früherer Angaben; wir fanden, im Gegensatze zu den aus früherer Zeit datirenden Schilderungen, die Fauna des Baikalsees sehr reich und mannigfaltig, auch überzeugten wir uns bald, dass unsere Bemühungen und unsere Mittel nicht hinreichend sein können, die Fülle des Materiales und die Schwierigkeit der Ausbeute zu überwältigen, und dass viele Kräfte werden daran arbeiten müssen, ehe die Baikalfauna vollständig bekannt geworden.

Die gewonnenen Resultate unserer damaligen Untersuchung theilten wir in einem kurzen Bericht an die Sibirische Abtheilung der Kaiserlichen Russischen Geographischen Gesellschaft mit. — Seit der Zeit haben wir jeden Winter in verschiedenen Theilen des südwestlichen Endes des Baikalsees gefischt und haben stets unsere frühere Ansicht bekräftigt gefunden, so dass wir auch im jetzigen Augenblicke, wo so viele Arten uns vorliegen, dennoch gestehen müssen, dass wir nur einen Bruchtheil der ganzen Fauna kennen.

Schon im Jahre 1869 fanden wir fast alle Angara'sche Arten auch im Baikalsee, und zwar die Arten, welche von Hrn. Magister Gerstfeldt in den Memoiren der Kaiserlichen Akademie der Wissenschaften zu St. Petersburg beschrieben worden sind [1], aber nebenbei auch viele andere, neue unbekannte; — die Vertheilung der neu gefundenen Arten nach den bis dahin aufgestellten Gattungen musste brieflich vorgenommen werden, da wir keine literarische Hülfsquellen am Orte der Untersuchung besassen. Dieses Verfahren musste aber der vielen Umständlichkeiten wegen bald eingestellt werden, und nur das einzige, was aus diesem brieflichen Verkehr für unsere Zwecke sich nützlich ergab, dies war die gewonnene Ueberzeugung, dass die Arten des Baikalsees vollkommen verschieden seien von den an anderen Orten gesammelten und beschriebenen. Nicht allein gilt dieses für die Fauna der *Crustaceen*, welche hier allein besprochen werden soll, sondern alle Thiere dieses Sees zeigen einen eigen-

---

[1] In dem Aufsatze: «Ueber einige zum Theil neue Arten *Platoden*, *Anneliden*, *Myriapoden* und *Crustaceen* Sibiriens», aus den Mémoires des Savants étrangers, Tome VIII, besonders abgedruckt. St. Petersburg. 1859.

thümlichen Charakter. Von der Baikalrobbe anfangend und mit dem Baikalschwamme schliessend, sehen wir die Fauna des Sees von den bisher bekannten verschieden gestaltet.

Wir lassen hier zur Bekräftigung des Gesagten einige Beispiele folgen. Die Baikalrobbe, *Phoca baicalensis* nob., welche bis jetzt mit der *Phoca annellata* Nils. identificirt wurde, ist in allen Altersstufen leicht von der letzteren zu unterscheiden; sie zeigt so bedeutende Unterschiede, dass eine Vereinigung nicht möglich ist [1]. Von den Fischen sind vier *Cottus*-Arten: *Cottus baicalensis, Godlewskii, Jeittelesii* und *Grewingkii* Dyb. nur dem Baikalsee eigenthümlich; zwei andere Arten: *Cottus Kessleri* und *Kneri* Dyb., kommen auch in dem Flusse Angara vor und sollen im Flusse Jenissei gefunden werden; — von anderen Fischarten sind folgende bis jetzt nur im Baikalsee angetroffen: *Comephorus baicalensis* Pall., *Coregonus baicalensis* Dyb., *Coregonus omul* Pall. Von den Mollusken, welche Hr. Maack am Schamanenvorgebirge des südwestlichen Endes des Baikalsees gesammelt hat und welche von Hrn. Mag. Gerstfeldt beschrieben worden sind, ergaben sich alle als neue Arten, so: *Paludina? baicalensis, Valvata baicalensis, Hydrobia angarensis, Choanomphalus Maackii, Ancylus sibiricus?*; ebenso ergaben sich als neu die vielen Arten der Mollusken, welche wir selbst gesammelt haben, die aber bis jetzt noch nicht beschrieben worden sind. Von den Würmern, die wir im Baikalsee gefunden haben und welche auch von Hrn. Maack im Flusse Angara angetroffen sind, sind alle nur dem Baikalsysteme eigenthümlich, so: *Planaria angarensis* Gerstf., *Planaria guttata* Gerstf. [2], *Planaria hepatizon* Grube [3], *Planaria nigrofasciata* Gr., *Clepsine echinulata* Gr. [4], *Clepsine mollissima* Gr. [5], *Piscicola torquata* Gr. [6]. Die anderen Arten, wie *Clepsine complanata* Sav., *Nephelis vulgaris* Moq. Tand. und *Aulocostomum gulo* Braun, haben wir nie im Baikalsee gefunden. Von den Crustaceen-Arten, welche von Pallas und Gerstfeldt beschrieben worden, sind auch bis jetzt an anderen Orten nicht gefunden, so der *Gammarus cancellus* Pall. [7], *G. cancelloides* Gerstf. [8], *G. verrucosus* Gerstf., *G. Maacki* Gerstf. Endlich ist der Baikalschwamm, *Spongia baicalensis* Pall., auch als verschieden von allen übrigen ihr verwandten Arten zu betrachten.

Es wäre interessant, dieser vorgeführten Fauna des Baikalsees die Fauna der Teiche und Seen der nächsten Umgegend entgegenzustellen; leider kann es in diesem Augenblicke nicht geschehen, da unsere nach Europa geschickten Sammlungen noch nicht bearbeitet worden

---

[1] Eine kurze Beschreibung dieser Art haben wir in den «Изв҆стія Сибирскаго Отдҍла Императорскаго Русскаго Географическаго Общества» veröffentlicht.

[2] Beide Formen leben im Baikalsee in einer Tiefe von ⅛—10 Meter.

[3] Aus einer Tiefe von 700—1300, selten in einer Tiefe von 300 Meter.

[4] Aus einer Tiefe von 10—50 Meter.

[5] In einer Tiefe von 30—100 Meter.

[6] Schmarotzer an den Kiemenblättern der *Gammarus*-Arten. Was aber die *Piscicola multistriata* Gr. anbelangt, welche Prof. Grube auch als neue Art in seinem Artikel: «Beschreibung einiger Egel-Arten» beschrieben hat, so ist diese nicht im Baikalsee gefunden, sondern sie wurde von mir aus dem Amurlimane mitgebracht, wo ich sie schmarotzend auf der Haut eines Cottus (*Cottus decastrensis?* Kner.) gefunden habe. Der Irrthum muss daraus entstanden sein, dass man beim Umpacken unserer Sammlung in Warschau die beigefügten Zettel verlegte und die ganze Sammlung als aus dem Baikalsee stammend, dem Prof. Grube zustellte.

[7] Die Vermuthung, dass *G. cancellus* im Flusse Lena vorkomme, hat sich nicht bestätigt.

[8] Ueber diese Art vergleiche man die Bemerkung, welche bei Gelegenheit des *G. Kessleri* var. *europaeus* gemacht worden ist; diese Varietät (aus den europäischen Gewässern) wurde bis jetzt als *G. cancelloides* Gerstf. beschrieben.

sind; das Einzige lässt sich schon mit einiger Wahrscheinlichkeit annehmen, dass sie sich nicht besonders verschieden von der europäischen ergeben wird.

Die Fülle der Formen, welche wir während unserer Untersuchungen beständig antrafen, veranlasste uns, eine Sortirung und Charakterisirung des Materials vorzunehmen, um in Stand gesetzt zu werden, die Forschungen mit Erfolg führen zu können. In Folge Dieses unternahmen wir, die von uns unterschiedenen Arten nach einem Plane kurz zu beschreiben, dabei aber von jeder unterschiedenen Art die Maasse zu nehmen, um die Veränderungen in den Grössenverhältnissen einzelner Körpertheile, bedingt durch Alter, Geschlecht und Aufenthalt, bezeichnen zu können. So entstand diese Arbeit, welche ich im Nächstfolgenden vorzulegen beabsichtige. Ich übergebe es dem Druck mit dem herzlichsten Wunsche, dass unsere Untersuchungen zu neuen Forschungen Anlass geben sollten, welche, mit grösseren Mitteln ausgerüstet und auf grössere Territorialräume ausgedehnt, die Ueppigkeit dieser bis jetzt vernachlässigten Fauna in volles Licht stellen möchte.

Zum Schlusse muss erwähnt werden, dass die ganze Arbeit, sowohl beim Fischen als auch bei Bestimmung der Arten, gemeinschaftlich von mir und von meinem Freunde und Collegen, Herrn Victor Godlewski, ausgeführt wurde [1]).

B. Dybowsky.

Irkutsk, den 1 Juni 1872.

---

[1]) Dabei bemerke ich, dass in allen Fällen, wo es sich um unsere gemeinschaftlichen Beobachtungen handelt, ich immer die Mehrzahl gebrauche.

Einleitung.

Die Fauna der Crustaceen des Baikalsees besteht hauptsächlich aus *Amphipoden*-Arten, und diese sind wieder nur durch die *Gammariden* repräsentirt; was die übrigen Crustaceen des Baikalsees anbelangt, so haben wir in der Uferregion allein, und dieses hauptsächlich in der Nähe von Flussmündungen, einige *Cladoceren*-Arten, *Copepoden* und eine einzige *Isopoden*-Art gefunden [1]).

Die *Gammariden* des Baikalsees bieten uns, trotz der mannigfaltigsten Gestaltungen einzelner Körpertheile, im Wesentlichen nur wenige Gattungstypen dar. Die Variationen und Veränderungen, welche wir an den Körpertheilen beobachten, lassen sich meistens Schritt für Schritt in ihren Uebergängen verfolgen, und dieser Umstand erschwert den Versuch einer specielleren Eintheilung in Untergattungen, Gruppen u. s. w.

Wenn Jemandem die extremen Formen vorgelegt wären, so z. B der *G. Petersii*, mit schlankem Körper, langen Extremitäten und überaus langen Fühlern [2]), und andererseits der *G. inflatus*, mit kurzem und dickem Körper, kurzen Extremitäten und kurzen Fühlern (anderer Merkmale nicht zu gedenken), so möchte er ohne Weiteres sich genöthigt fühlen, beide Formen in zwei verschiedene Gattungen abzusondern; wenn er aber die ganze Masse der schon gesammelten Arten betrachtet und die Uebergangsformen sieht, wenn er die Ueberzeugung gewonnen, dass keine Gruppe von Organen oder Körpertheilen gleichzeitigen Veränderungen unterliegt, sondern ein jeder Theil des Körpers unabhängig von anderen allmähliche Umstaltungen erleidet und bei heterogensten Formen gleiche Bildungen zeigt, während er bei ähnlichen Arten ganz verschieden geformt ist; wenn er endlich sieht, dass er an den gesammelten Arten nur den minimalen Theil dieser Veränderungen studiren kann, welche ihm vielleicht erst dann klar erscheinen würden, wenn er erschöpfend die Fauna des Baikalsees erkannt hätte, so wird er zur Annahme genöthigt, dass eine Eintheilung bei dem jetzigen Stande unserer Kenntniss nicht vorgenommen werden kann. Aus diesem Grunde und ferner in Folge des Mangels der nöthigen Literatur, die nicht angeschafft werden konnte, unternahmen wir eine künstliche synoptische Eintheilung der Arten, um die Bestimmung derselben zu erleichtern. Wir lassen die Gruppen unbenannt und man wird sie in die Schemata einschalten können, welche für die *Gammariden*-Arten existiren. Alle *Gammariden* des Baikalsees theilen wir in 2 Gattungen, *Gammarus* und *Constantia*, ein; die letzte Gattung umfasst nur eine einzige Art.

Die von uns unterschiedenen Arten sind von einander durch möglichst constante Charaktere bestimmt; wo nur Uebergänge beobachtet wurden, da sind die Formen als Varietäten ange-

---

[1]) Die Sammlung dieser wenigen Arten wurde zur Bestimmung nach Europa geschickt.
[2]) Die oberen Fühler sind bei dieser Art 3 mal länger als der Körper, und in der Geissel dieser Fühler zählte ich 300 Glieder.

führt, so z. B. *G. viridis, canus, olivaceus; G. araneolus, quinquefasciatus; G. cancellus, Gerstfeldti; G. Flori, albula* und mehrere andere. Die Schwierigkeit der Bestimmung hat uns ferner bewogen, auch in den Fällen einige Formen als Varietäten zu betrachten, wenn der Unterschied nur auf die qualitative Gestaltung einzelner Körpertheile beschränkt war, z. B. *G. Godlewskii, Victori,* oder auf die Zahl der Glieder in der Geissel sich belief, z. B. *G. longicornis, polyarthrus;* auch haben wir keinen besonderu diagnostischen Werth auf die Färbung des Körpers gelegt, da dieselbe in Spiritus-Exemplaren vollkommen verschwindet. Wo wir aber constante, deutliche, ausgeprägte Charaktere vorfanden, dort, wo wir in Stand gesetzt waren, die Form in verschiedenen Altersstufen mit Leichtigkeit von den übrigen zu unterscheiden, da haben wir die Form als Art aufgeführt; dabei war uns immer die Natur behülflich gewesen, indem wir kein einziges Mal die von uns als Arten unterschiedenen Formen mit den ihnen nahe verwandten copulirt gefunden; ja wir fanden sogar die von uns als Varietäten angenommenen Formen mit einander niemals in geschlechtlicher Verbindung; diesen Umstand müssen wir desto ausdrücklicher betonen, als wir zum Anfange die Möglichkeit der Bastardirung zur Erklärung dieser Mannigfaltigkeit der Formen benutzen wollten.

Um die mannigfaltigen Veränderungen und Gestaltungen der Körpertheile genau bezeichnen zu können, habe ich folgende Termini angenommen, die ich hier kurz zusammenfasse; zur Erläuterung füge ich einige Zeichnungen bei, welche die überflüssige wörtliche Erörterung ersparen soll.

Taf. IV, Fig. 1.

A. Das Kopfsegment oder der Kopf; an demselben unterscheide man die Kopfplatte oder die Rückenplatte des Kopfsegmentes, welche in drei folgende Theile zerlegt wird:
   a. Die Stirn = das mediane vordere $^1/_3$ der Kopfplatte.
   b. Der Scheitel = das mediane mittlere $^1/_3$ der Kopfplatte.
   c. Das Hinterhaupt = das mediane hintere $^1/_3$ der Kopfplatte.
   e. Der Augenlappen = der vordere Lappen der Kopfplatte, der sich gewöhnlich etwas nach vorn umbiegt und an der Ansatzstelle des unteren Fühlers anlegt.
   f. Der Wangenlappen = der untere Lappen der Kopfplatte, der hinter dem Wangenhügel (L) gelegen ist.
L. Der Wangenhügel = der hügelartige Theil, welcher zwischen dem vorderen Lappen der Kopfplatte und dem hinteren Lappen derselben gelegen ist.
R. Der Riechconus (conus olfactorius) mit seinem Endcylinder.
B. Der Rumpf = die Rumpfsegmente oder die 7 ersten Körpersegmente. An jedem Segmente unterscheide man:
   a'. Die Rückenplatte des Rumpfsegmentes.
   b'. Die Seitenplatte des Rumpfsegmentes.
      α'. Den hinteren Zahn der 4ten Seitenplatte.
C. Der Schwanz = die Schwanzsegmente oder die 6 hintersten Körpersegmente. An den 3 ersten Schwanzsegmenten unterscheide man:
   a''. Den Dorsaltheil der Rückenplatte des Schwanzsegmentes.

b″. Den Seitenlappen des Schwanzsegmentes oder das untere ¹/₃ der Rückenplatte des Schwanzsegmentes. Auf diesem Seitenlappen unterscheide man:
    α″. Die vordere Ecke des Seitenlappens.
    β″. Die hintere Ecke des Seitenlappens.
    γ″. Die Leiste des Seitenlappens.
C′. Der Schwanzanhang.
D. Der obere Fühler. An demselben unterscheide man:
    d. Den Stiel des oberen Fühlers.
    d′. Die Geissel des oberen Fühlers. An den Geisselgliedern des oberen Fühlers kommen stets Cylinder vor = Leydig'sche Cylinder.
    g. Die Nebengeissel.
D′. Der untere Fühler.
    1. 2. 3. Der Stiel des unteren Fühlers.
    g′. Die Geissel des unteren Fühlers. An den Geisselgliedern des unteren Fühlers kommen oft Kolbenorgane vor = Lavalette'sche Kolbenorgane.
E. Die Handbeine = die beiden vorderen Beinpaare. An dem Handbeine unterscheide man:

I. Den Oberarm.	IV. Die Handwurzel (carpus).
II. Das Rollstück (trochlea).	V. Die Hand (manus).
III. Den Unterarm.	VI. Den Finger oder die Klaue.

F. Die Afterhandbeine. An denselben unterscheide man:

I. Den Oberarm.	IV. Die Afterhandwurzel (pseudocarpus).
II. Das Rollstück.	V. Die Afterhand (pseudomanus).
III. Den Unterarm.	VI. Die Klaue.

Die 4 ersten Beinpaare sind nach einem Typus gebaut; bei ihnen ist das 2te Glied oder das Rollstück vorn niedriger als hinten, und ist vorn concav und hinten gewölbt. Bei dieser Einrichtung kann das Bein in diesem Gelenke nur nach vorn gebogen werden.
G. Gangbeine = das 5te, 6te und 7te Beinpaar. An denselben unterscheide man:

I. Den Schenkel oder das Basalglied der Gangbeine.	IV. Die Fusswurzel (metatarsus).
II. Das Rollstück (rotula).	V. Das Fussstück (tarsus).
III. Das Schienbein.	VI. Die Klaue.

Alle drei Beinpaare sind nach einem Typus gebaut; bei ihnen ist das Rollstück (rotula) vorn höher als hinten und vorn gewölbt, hinten concav. Bei dieser Einrichtung können die Beine in diesem Gelenke nur nach hinten gebogen werden. Diese drei Beinpaare werden hauptsächlich zum Fortbewegen des Thieres auf dem Boden benutzt.
H. Die Schwimmbeine = das 8te, 9te und 10te Beinpaar. An denselben unterscheide man:
    I. Das Basalglied der Schwimmbeine.
    II. Die vielgliedrigen Scheerenblätter der Schwimmbeine.
I. Die Springbeine. An denselben unterscheide man:
    I. Das Basalglied der Springbeine.
    II. Die eingliedrigen Scheerenglieder der Springbeine.
K. Das Steuerbein. An demselben unterscheide man:
    I. Das Basalglied des Steuerbeines.
    II. Die Blätter des Steuerbeines.

Die sechs letzten Beinpaare sind nach einem Typus gebaut, aber je nach der Function, die sie vollführen, verschiedenartig gestaltet. Die drei vorderen Paare sind hauptsächlich bei dem Schwimmen thätig und übernehmen beim ruhigen Verhalten der Thiere die Function der Wassererneuerung zu den

Athmungsorganen; die zwei folgenden Paare dienen als Springorgane, das letzte Paar wird als Steuerorgan benutzt.

Taf. II, Fig. 1.

b. Die Hand. Die gewölbte Fläche der Hand oder die äussere = Handrücken (dorsum manus). Diese Fläche ist bei gewöhnlicher Haltung beim Leben des Thieres nach unten und aussen gekehrt. Die flache oder schwach vertiefte innere oder obere Fläche = Flachband (vola manus). Diese Fläche ist bei gewöhnlicher Haltung im lebendigen Zustande nach oben und innen gekehrt. An der Hand unterscheide man:
    ab. Den oberen oder äusseren Rand = Dorsalrand der Hand.
    cd. Den unteren oder inneren Rand = Volarrand der Hand.
    ca. Die Palma oder Handrinne, die vertiefte, rinnenartige Furche, welche von der Basis des Klauengliedes gegen das vordere Ende des Volarrandes (cd.) hinzieht.
    ac. Den Finger = Klaue = Klauenglied der Hand.

Taf. IX, Fig. 3.

d. Das Steuerbein. An demselben unterscheide man:
    a. Das Basalglied des Steuerbeines.   b'. Dessen Endglied.
    b. Das äussere Blatt des Steuerbeines.   c. Das innere Blatt des Steuerbeines.

Taf. IX, Fig. 6.

e. Der Schenkel. An demselben unterscheide man:
    a. Den Flügel oder die flügelartige Ausbreitung des Basalgliedes nach hinten.
    b. Den muskeltragenden Theil des Gliedes, in welchem die Muskeln, die das Glied bewegen, eingeschlossen liegen.
    c. Die obere, hintere Ecke des Basalgliedes.
    d. Die untere, hintere Ecke des Basalgliedes.

Zur Erläuterung einiger Ausdrücke, welche in den Beschreibungen benutzt worden sind, lasse ich einige Erklärungen folgen:

1^0. «Die Stirn helmartig vortretend» = wenn die Stirn mit einer abgerundeten, schwach gesenkten Wölbung des Vorderrandes nach vorn zwischen der Ansatzstelle der oberen Fühler tritt, so z. B. die Stirn bei *G. lalitrus, talitroides*, u. s. w.

2^0. «Die Stirn in einem Rostrum verlängert» heisst, wenn der mediane Theil des Vorderrandes der Stirn spitz nach vorn verlängert ist, so z. B. bei *G. Carpenteri*.

3^0. «Die Stirn gerade» heisst, wenn die mediane Stirnspitze gar nicht entwickelt ist, z. B. bei *G. pictus*.

4^0. «Die Stirn senkrecht» heisst, wenn der vordere Stirnrand nach unten gebogen ist, z. B. bei *G. albinus* und *flavus*.

5^0. «Der Höhediameter des Auges» oder «Höhe des Auges» heisst derjenige Diameter des Auges, dessen Richtung mit der Höhe des Kopfsegmentes zusammenfällt.

6^0. «Der Breitediameter des Auges» oder «Breite des Auges» heisst derjenige Diameter des Auges, dessen Richtung mit der Länge des Kopfsegmentes zusammenfällt.

7^0. «Höhe der Augenwölbung» heisst die Höhe der Wölbung des Auges, welche nicht mit der Höhe des Auges verwechselt werden soll.

8^0. «Die Hand birnförmig» heisst diejenige Form der Hand, bei welcher die Ecke, durch den Zusammentritt des Volar- und Palmarandes entstanden, nicht scharf hervortritt.

9°. «Die Hand becherförmig», wo diese Ecke scharf hervortritt und in einigen Fällen sogar rechtwinkelig wird, z. B. bei *G. Parrexi*.

10°. «Das Basalglied des Gangbeines herzförmig» heisst, wenn die obere hintere Ecke des Gliedes abgerundet ist, der Hinterrand etwas eingebogen und die Breite des Gliedes ziemlich schnell nach unten abnimmt.

11°. «Das Basalglied des Gangbeines stabförmig», wenn die Breite des Gliedes oben nicht viel breiter ist als unten.

Zum Verständniss der Maassangaben, welche in den Tabellen angeführt worden sind, füge ich Folgendes bei:

1°. Viele Messungen, und zwar an grösseren Thieren, wurden mit einem feinen Zirkel unter der Secirloupe ausgeführt; bei allen auf solche Art gewonnenen Zahlen sind nur die Zehntel eines Millimeters angegeben.

2°. Andere Messungen waren mit dem Micrometer ausgeführt, und zwar bei einer hundertfachen und zweihundertfachen Vergrösserung. Bei der ersten sind die Hundertel, bei der zweiten die Tausentel eines Millimeters angegeben worden.

3°. Körperlänge heisst die Länge des Körpers vom vorderen Stirnrande bis zur Spitze des Schwanzanhanges.

4°. Totallänge heisst die Länge des Thieres von den Enden der ausgestreckten Fühler bis zur Spitze der Steuerbeine.

5°. Höhe des Körpers heisst die Höhe vom unteren Rande der 4ten Seitenplatte bis zur Medianlinie der Rückenplatte des 4ten Rumpfsegmentes.

6°. Breite des Körpers heisst die grösste Breite am 4ten Rumpfsegmente.

7°. Länge der Hand heisst die Länge vom Carpalrande bis zur Basis des Fingers.

Gattung **Gammarus** Fabr.

Allgemeine Bemerkungen.

Der Körper ist in den meisten Fällen verlängert, schwach seitlich zusammengedrückt, auf dem Rücken gewölbt und mässig abgerundet; von der schlanken Gestalt, wie wir sie bei *G. verrucosus*, *G. Maacki* u. s. w. sehen, sind allgemeine Uebergänge zu den Formen mit breitem asselförmigen Körper zu beobachten. Die Chitinhaut, welche den Körper überdeckt, ist entweder glatt, glänzend, halbdurchsichtig, z. B. bei *G. aheneus*, *Sarmatus*, *pulex*, oder undurchsichtig, verdickt und an einigen Stellen in Kiele, Höcker und Hörner verlängert. Die frisch gefangenen Thiere sind meistens sehr schön gefärbt und nur die Arten, die grössere Tiefen bewohnen, sind weisslich. Die Farbe des Körpers wird durch ein öliges oder fettiges Pigment bedingt, welches in der Matrix abgelagert wird und welches im Spiritus vollkommen verloren geht: die Intensität der Färbung wechselt nach dem Aufenthalte des Thieres und je nachdem dasselbe den geschlechtlichen Functionen obliegt oder nicht; während der Brunstperiode werden die Thiere intensiver gefärbt, besonders aber die Weibchen.

Der Kopf oder das Kopfsegment ist immer abgesondert, aber in der Form der Stirn, der Augen, der oberen Wölbung des Kopfes, des Gestaltung des Augenlappens, ist es sehr bedeutenden Modificationen unterworfen, so kann z. B. die Stirn vorn abgestutzt sein, oder mit einer kurzen medianen Spitze vortreten, oder helmartig gesenkt sein, oder endlich in einem langen schnabelförmigen Fortsatz sich verlängern.

Die Augen sind gewölbt, so bei vielen Arten, welche sich gehend auf dem Boden bewegen, d. h. den Rücken nach oben gekehrt, z. B. bei *G. rhodophthalmus*; oder sehr stark gewölbt, wie bei *G. Brandti*, *Lorenzi*; oder sie sind flach, wie bei *G. lividus*, *viridis* u. s. w.; sie sind klein punktförmig, z. B. bei *G. Lagowskii*, *Cabanisi*, oder regelmässig nierenförmig, wie bei den meisten Arten, oder unregelmässig, mit zerrissenen Conturen, z. B. bei *G. albinus*, *flavus*, *amethystinus*, und können endlich auf die vordere Fläche des Kopfsegmentes treten und hier zwischen die Ansatzstelle der Fühler sich verbreiten, z. B. bei *G. pulchellus*.

Die Fühler zeigen die grösstmöglichste Verschiedenheit, leider sind aber dieselben durch so allmähliche Uebergänge vereinigt, dass diese wichtigen Organe sehr schwer zur Charakterisirung der Untergruppen benutzt werden können.

Im Allgemeinen unterscheiden wir 3 Typen, nach der Gestaltung der Fühler und nach der Zahl der Glieder in der Nebengeissel:

1°. Die Stielglieder sind cylindrisch, die Nebengeissel vielgliedrig (zwei- bis vierzig-gliedrig); die Stiele der oberen Fühler sind kürzer als die der unteren [1]).

2°. Die Stielglieder sind cylindrisch, die Nebengeissel vielgliedrig, die Stiele der oberen Fühler sind länger als die der unteren [2]).

---
[1]) Die Zahl der Geisselglieder in den oberen Fühlern schwankt zwischen 26 bis 350, in den unteren zwischen 15 und 110.
[2]) Die Zahl der Geisselglieder in den oberen Fühlern schwankt zwischen 9 und 117, in den unteren zwischen 3 und 22.

3°. Die Stielglieder sind verflacht, oben gewölbt, ziemlich breit, der Unterschied in der Länge der Stiele gering, so dass bald die oberen Stiele, bald die unteren länger sind. Die Nebengeissel ist immer eingliedrig [1]).

Die oberen Fühler sind in der Regel länger als die unteren, ausnahmsweise gleich lang oder kürzer. Die Geissel der oberen Fühler sind im Allgemeinen länger als ihre Stiele, die Geissel der unteren Fühler kürzer als ihre Stiele; es kommen von der letzten Regel Ausnahmen vor, so z. B. bei *G. Sarmatus*, *Petersi* u. s. w. An den oberen Fühlern ist immer eine Nebengeissel vorhanden, die Geisselglieder der oberen Fühler sind immer mit Gefühlsorganen versehen, welche entweder auf jedem Gliede zu je eines vertheilt sind, oder nur auf jedem zweiten, dritten oder vierten auftreten; sie sind als Stäbchen oder als Cylinder entwickelt und stehen am inneren Rande der Glieder unter dem Schutze von Randborsten: — diese Cylinder werden Leydig'sche Cylinder genannt. An den Geisselgliedern der unteren Fühler kommen Kolbenorgane — Lavalett'sche Kolbenorgane — vor, welche entweder bei beiden Geschlechtern ausgebildet sind oder den Weibchen fehlen, so z. B. bei *G. pulex*; ausnahmsweise kommen die Kolbenorgane an den Geisseln der beiden Paare der Fühler vor, so z. B. bei *G. Wohlii*. Die Zahl der Glieder in der Geissel der Fühler hängt vom Alter des Thieres ab, so dass bei Angabe dieser Zahlen immer auch die Grösse des Thieres angegeben werden muss. An der Basis des ersten Stielgliedes der unteren Fühler ist auf der unteren Fläche des Kopfes ein zapfenartiger Fortsatz vorhanden, welcher mit einem Endcylinder endet und als Riechorgan gedeutet wird.

Die Rückenplatten der Segmente sind entweder glatt wie bei den meisten Arten, oder mit Stacheln versehen, oder mit Kielen, Höckern, Hörnern und dergleichen. Diese Verschiedenheit in der Ausrüstung der Rückenplatten wurde von uns benutzt, um die Arten, welche eine vielgliedrige Nebengeissel haben, in zwei Untergruppen zu spalten. Die eine derselben wurde durch die Abwesenheit der Kiele, Höcker und Hörner charakterisirt; bei dieser Untergruppe ist die Kopfplatte und die 5 bis 6 ersten Rückenplatten immer glatt und auf den übrigen kommen entweder Stachel vor, oder sie sind ebenfalls glatt. Die zweite Untergruppe wurde durch das Vorhandensein der Kiele, Höcker und Hörner charkterisirt, welche entweder alle Segmente besetzen oder wenigstens auf den Rückenplatten des letzten Rumpfsegmentes und einiger Schwanzsegmente auftreten.

Bei der Betrachtung der Fortsätze, welche auf den Rückenplatten ausgebildet sind, in der ganzen Reihe der *Gammarus*-Arten aus dem Baikalsee, sind wir zur Erkenntniss einer gewissen Regelmässigkeit in der Bildung derselben gelangt, so dass man eine Homologie zwischen den Fortsätzen, welche auf verschiedenen Rückenplatten auftreten, durchführen kann, und zwar:

---

[1]) Die Zahl der Geisselglieder in den oberen Fühlern schwankt zwischen 8 und 43, in den unteren zwischen 4 und 43. — Mit dem Unterschiede in dem Baue der Fühler sind auch einige andere Eigenthümlichkeiten der Thiere verbunden, so dass wir diesen Charakter der Fühler zur Bildung dreier Gruppen benutzt haben; leider aber sind Uebergangsformen vorhanden, welche die Möglichkeit, die ganze Masse der Arten in drei streng charakterisirte Gruppen zu theilen, verhindert haben. Man vergleiche die synoptische Tafel.

1º. Es erheben sich auf der Medianlinie des Körpers entweder kleine tuberkelartige Kiele, Höcker oder Kämme: die Reihe solcher Kiele, Kämme etc. nennen wir Medianreihe; diese Reihe von medianen Kielen zerfällt oft in zwei nebeneinanderliegende Reihen, welche wir Mittelreihen nennen.

2º. An den Seiten dieser Reihen kommen wieder neue Reihen von Fortsätzen vor; diese Reihen, welche jederseits eine, seitlich von der Median- oder Mittelreihe gelagert ist, nennen wir Seitenreihen oder Lateralreihen.

3º. Endlich die Reihen, welche unmittelbar über die Seitenplatten zu stehen kommen, nennen wir Randreihen oder Marginalreihen.

Nachdem wir zur Erkenntniss der Lagerung einzelner Fortsätze auf den Rückenplatten der Rumpfsegmente gelangt sind, führen wir die Homologie auf die Schwanzsegmente folgendermaassen durch:

1º. Die Medianreihe oder die Mittelreihen sind als Fortsetzung derselben, von den Rückenplatten der Rumpfsegmente aus, sehr leicht zu erkennen, wenn nämlich ein Höcker oder Kiel, sei er mit Stacheln versehen oder ohne denselben, auf der Medianlinie steht, so nennen wir ihn Medianfortsatz; wenn zwei Höcker neben einander stehen, nennen wir sie Mittelfortsätze oder Mittelhöcker.

2º. Wenn der Medianraum auf der Rückenplatte frei von Höckern ist, und andere Höcker ungefähr an der Grenze des Dorsaltheiles der Rückenplatten stehen, so nennen wir sie Lateralhöcker.

3º. Wenn neben den Lateralhöckern nach Aussen hin noch andere Höcker stehen, so werden sie Randhöcker genannt.

4º. Wenn zwei Höcker, gerade einer hinter dem anderen, auf der Rückenfläche des Schwauzsegmentes, seitlich vom Medianfortsatz auftreten, und wenn am Aussenrande der Höcker keine Lateralwölbung der Rückenplatte ausgebildet ist, dann entspricht der vordere Höcker dem Lateralhöcker und der hintere dem Randhöcker.

5º. Falls aber die Lateralwölbung des Segmentes entwickelt ist, so sind beide Höcker, welche einer hinter dem anderen stehen, als Lateralhöcker zu betrachten, denn die Wölbung des Segmentes muss als homologe Bildung des Randhöckers des Rumpfsegmentes betrachtet werden.

6º. Stehen aber zwei Höcker einer neben dem anderen am Hinterrande der Schwanzsegmente, seitlich vom Medianfortsatz, so sind die äusseren als Randhöcker, die inneren als Lateralhöcker zu betrachten.

Was die Fortsätze anbelangt, welche auf dem Kopfsegmente vorkommen, so sind:

1º. Diejenigen, welche auf dem unteren Rande des Wangenlappens stehen, als homologe Theile der Randhöcker der Rumpfsegmente zu betrachten.

2º. Diejenigen, welche auf der Scheitelfläche stehen, mögen sie paarig oder einfach sein, müssen als homologe Bildungen der Median- oder Mittelfortsätze gedeutet werden.

3º. Zuletzt die Dornen, welche hinter dem Auge vorkommen oder unter dem Auge stehen, und zwar in letzterem Falle in einiger Entfernung vom Rande des Wangenlappens, betrachten wir als homologe Bildungen mit den Lateralhöckern der Rumpfsegmente.

Die Stacheln, welche die Rückenplatten des Segments besetzen, stehen gewöhnlich in kleine einreihige Gruppen geordnet, entweder auf schwachen höckerartigen Verdickungen der Platten, oder unmittelbar auf der Fläche derselben. Die Gruppen bilden in der Regel deutliche Querreihen; die erste, welche unmittelbar am Hinterrande der Rückenplatte gelegen ist, nennen wir hinterste oder erste Querreihe, die ihr zunächst liegende zweite Querreihe, u. s. w.; es kommen in einigen Fällen 5 Querreihen vor, gewöhnlich aber 1, 2 bis 3.

Die vier ersten Seitenplatten sind in der Regel bedeutend höher als die drei folgenden, nur in seltenen Fällen sind sie niedrig und klein; ihr unterer Rand ist entweder abgerundet oder gerade oder eingeschnitten und tief bogig, wie z. B. bei *G. Grewingkii* und *Godlewskii*; dieser untere Rand trägt oft einen Borstenbesatz, die Borsten aber sind einfach, bei keiner einzigen Art fanden wir Fiederborsten. Das Bewachsen des Randes mit Borsten kann bei den *Gammarus*-Arten aus dem Baikalsee nicht als Merkmal benutzt werden, um Untergruppen zu bilden, weil wir hier ganz allmähliche Uebergänge finden, und in einigen Fällen ist man vollkommen unbewusst, zu welcher Kategorie man die Art stellen soll, so z. B. *G. vortex*, *intermedius*, *puella* und mehrere andere. Der hintere Rand der 4ten Seitenplatte ist gewöhnlich in eine Ecke ausgezogen; diese Ecke wird Zahn genannt, sie liegt bald höher, bald niedriger, je nachdem der hintere Rand der Seitenplatte tief ausgeschnitten oder nur schief von oben nach hinten abgestutzt ist. Die 5te, 6te und 7te Seitenplatte sind niedrig, ihre vorderen und hinteren Ränder sind abgerundet, der untere Rand ist in der Mitte tief ausgeschnitten und in zwei Lateralecken abgerundet; die vordere Ecke dieser Seitenplatten wird bei einigen Arten in eine stachelartige Spitze verlängert, z. B. bei *G. calcaratus* und *margaritaceus*.

Die Rückenplatten der drei ersten Schwanzsegmente treten nach unten mit einem abgerundeten oder schief zugeschnittenen, lappenförmigen Theil, welchen wir Seitenlappen des Schwanzsegmentes nennen. Ueber die Fläche des Seitenlappens läuft gewöhnlich eine schwache Leiste in der Richtung von vorn und oben nach unten und hinten; diese Leiste ist entweder auf allen drei Seitenlappen ausgebildet, z. B. bei *G. ahenens*, *murinus*, oder sie fehlt auf dem dritten, wie bei *G. flavus*, *fuscus* u. s. w. Der untere Rand der Seitenlappen ist gewöhnlich mit kurzen und dünnen Stacheln besetzt, deren Zahl nicht constant ist, oder er trägt Büschel langer Borsten, z. B. bei *G. Gerstaeckeri*.

Der Schwanzanhang ist entweder zweitheilig oder einfach blattförmig oder zweispitzig. Die allgemeinen Uebergänge, welche wir von den blattförmigen bis zu den zweitheiligen antreffen, erlauben nicht, die Gestalt des Schwanzsegmentes zur Charakterisirung der Untergruppen zu benutzen; so sehen wir z. B. bei sehr nahe verwandten Formen, welche sogar bis jetzt als eine Art betrachtet worden sind, so bei *G. cancelloides*, *Brandti*, *Grubei*, *asper*, die Gestalt des Schwanzsegmentes ihre äussersten Grenzen erreichen.

Die Mundtheile der *Gammarus*-Arten aus dem Baikalsee bestehen: aus einer Oberlippe, aus starken Oberkiefern mit dreigliedrigen Tastern, aus einer dünnen, oben tief zweilappigen Zunge, den Unterkiefern mit zweigliedrigen Tastern, den Unterlippen mit eingliedrigen

Tastern und aus den Unterkieferbeinen, welche von unten die Mundtheile bedecken und viergliedrige Taster haben, deren letztes Glied ein Klauenglied ist.

Die vier ersten Beinpaare sind nach einem Typus gebaut, ihr Basalglied oder der Oberarm ist cylindrisch, schmal, nicht erweitert. Das Rollstück ist vorn niedriger als unten, es ist vorn eingebogen, hinten gewölbt, und das Bein kann in diesem Gelenke nur nach vorn gebogen werden. An den beiden ersten Beinpaaren ist der Fuss in die sogenannte Hand umgestaltet. Die Hände sind bei den *Gammarus*-Arten des Baikalsees ziemlich ähnlich geformt, die vorderen sind mehr oder weniger birnförmig, die hinteren becherförmig; diese letzteren sind entweder in ihrer ganzen Länge gleich breit, oder sie sind nach vorn erweitert. Die Hände sind in der Regel grösser bei den Männchen als bei den Weibchen; bei den ersten erfüllen sie ausser den Functionen, welche beiden Geschlechtern gemeinschaftlich zukommen, wie das Ergreifen und Festhalten der Beute, Putzen der Fühler und Mundtheile, noch einen wesentlichen Dienst bei dem Ergreifen und Festhalten des Weibchens. Die beiden vorderen Beinpaare werden Handbeine genannt. Die beiden folgenden Beinpaare unterstützen die Thätigkeit der Handbeine und werden theilweise benutzt beim Fortbewegen des Körpers während des Kriechens und Gehens; sie werden Afterhandbeine genannt. Das erste Paar Afterhandbeine ist gewönlich länger als das zweite, selten nur so lang wie dieses letztere.

Die drei folgenden Beinpaare, d. h. das 5te, 6te und 7te Paar, sind ganz nach einem anderen Typus gebaut; ihr Basalglied oder der Schenkel ist in der Regel erweitert und in sehr vielen Fällen sehr breit, vorzüglich aber das Basalglied des 3ten Paares. Dieser Charakter, welcher bei den *Gammariden* benutzt worden ist, um sie in Gattungen und Untergattungen zu theilen, z. B. die Gattung *Pontoporeia* Kröyer, kann bei der Eintheilung derjenigen Formen, die den Baikalsee bewohnen, nicht denselben Dienst leisten; wir sehen hier so allmähliche Uebergänge, dass man zweifelhaft wird, zu welcher Kategorie das in Betracht kommende Glied gestellt werden soll, so z. B. die Beine des *G. vortex, amethystinus* und vieler anderer Arten. Der hintere Rand der Basalglieder wird oft mit langen Borsten besetzt, welche immer einfach sind (bei keiner einzigen Art haben wir Fiederborsten gefunden); der Uebergang von den dicht bewachsenen Basalgliedern zu den mit ganz kurzen Borsten versehenen geschieht so allmählich, dass dieses Merkmal nicht zur Charakterisirung der Gruppen benutzt werden kann. — Das Rollstück oder das zweite Glied ist vorn höher als hinten und ist vorn gewölbt, hinten eingebogen; das Bein kann in diesem Gelenke nur nach hinten gebogen werden. Die drei Beinpaare, von welchen hier die Rede ist, werden zum Fortbewegen der Thiere auf dem Boden benutzt, sowohl in den Fällen, wo das Thier schreitet, den Rücken nach oben gekehrt, wie z. B. der *G. Godlewskii, Tuczanowskii, latus, Carpenteri* u. s. w., oder auch in den Fällen, wo es kriechend auf der Seite sich bewegt, wie *G. verrucosus, pulex, viridis* und andere, wesshalb wir diese Beine Gangbeine nennen. Das Basalglied der Gangbeine trägt Muskel (welche es in Bewegung setzen) nur in seinem vorderen Theile, diesen Theil nennen wir den muskeltragenden Theil; die hintere Ausbreitung des Gliedes nennen wir Flügel oder flügelartige Ausbreitung, und an dem Flügel unterscheiden wir eine obere, meist abgerundete Ecke und eine untere Ecke, welche aber nicht immer zur Entwickelung kommt. — In vielen Fällen ist die untere Ecke lappenförmig nach unten verlängert, so bei *G. Czyrnianskii, Flori, albula,* oder in einen Stachel zugespitzt, z. B. bei *G. calcaratus, margaritaceus,* oder endlich stumpfwinkelig zugeschnitten. Das zweite Paar der Gangbeine ist in der Regel das längste, selten ist es nur so lang wie das 3te Paar.

Die eben besprochenen 7 Paar Beine gehören dem Rumpfe oder dem Vorderleibe an, die übrigen 6 Paare gehören dem Schwanztheile oder dem Hinterleibe und sind alle sechs nach einem Typus gebaut; sie bestehen alle aus einem Basalgliede[1]) und zwei Endgliedern, welche nebeneinander am Ende des Basalgliedes eingefügt sind. Die drei ersten Paare dienen bei angestrengter Thätigkeit zum Schwimmen und sind als eigentliche Schwimmorgane zu betrachten; wir nennen sie Schwimmbeine. Ausser der Locomotionsthätigkeit wird ihnen noch eine andere Function zu Theil, und zwar die Erneuerung des Wassers zum Zwecke des Athmens, was durch eine langsame, rhytmische, gleichzeitige Bewegung aller 3 Paare bewerkstelligt wird[2]). Die zwei nächstfolgenden Beinpaare sind als eigentliche Springorgane zu bezeichnen; mit Hülfe dieser Beine springt das Thier auf dem Boden, wesshalb wir sie Springbeine nennen; die Scheerenglieder dieser Beine sind eingliedrig und an den Rändern entweder mit Stacheln, oder mit einfachen Borsten, oder Fiederborsten besetzt, oder endlich sind sie ganz glatt. Die vorderen Springbeine sind in der Regel länger und reichen nach hinten weiter als das zweite Paar, seltener reichen sie nur so weit wie die hinteren Springbeine. Das letzte Paar der Schwanzbeine ist sehr mannigfaltig gestaltet, es dient, wenn es gehörig entwickelt ist, als Steuerorgan und wird Steuerbein genannt; in den Fällen, wo diese Beine verkümmert sind und als Stummel auftreten, unterstützen sie nur die Thätigkeit der Springbeine. Die Scheerenglieder der Steuerbeine sind blattförmig und werden Blätter der Steuerbeine genannt, sie sind selten gleich lang, noch seltener ist das äussere Blatt kürzer als das innere, z. B. bei *G. Cabanisi* und *Zienkowiczi,* — in der Regel ist das äussere Blatt länger, dabei ist es oft zweigliedrig. Das Endglied des äusseren Blattes ist entweder klein, verkümmert und zwischen den Endstacheln versteckt, oder ziemlich lang und deutlich zu sehen, z. B. bei *G. Petersi.* Die Ränder der Blätter sind entweder einzig mit Stacheln besetzt, z. B. bei *G. Maacki,* oder nur mit einfachen Borsten, z. B. bei *G. Gerstueckeri,* oder sie sind mit Fiederborsten versehen, wie bei *G. Sarmatus,* oder mit Büscheln einfacher Borsten, zwischen welchen vereinzelte Fiederborsten stehen. Die Ueppigkeit der Borsten und die Zahl ihrer Büschel, welche die Ränder der Blätter besetzen, wechselt mit dem Alter des Thieres, seltener nach dem Geschlecht des Individuums. Die relative Länge der Steuerbeine ist dem grössten Wechsel unterworfen, so erreichen die Springbeine bei *G. Czerskii* $2/5$ der Körperlänge und bei *G. Grewingkii* nur $1/20$ dieser Länge. Die langen Steuerbeine brechen sehr leicht ab und man findet oft Exemplare mit Stummeln von Steuerbeinen[3]). In einigen Fällen, wo die Steuerbeine verkümmert klein sind, kann das innere Blatt äusserst rudimentär entwickelt sein, und in einem einzigen Falle haben wir es vermisst, und zwar bei *G. Czyr-*

---

[1]) Die Basalglieder der Beine sind nie mit einander verwachsen, wie ich es an einigen *Gammariden* der Tatarschen Meerenge gesehen habe.
[2]) Die Scheerenglieder oder die Blätter der Schwimmbeine sind vielgliedrig und an beiden Rändern mit langen Fiederborsten besetzt.
[3]) Dieser Umstand soll besonders bei Bestimmung der Arten berücksichtigt werden.

nianskii. Die Uebergänge von den rudimentären Steuerbeinen bis zu den langen und mächtig entwickelten sind sehr allmählich; man kann eine ganze Reihe gradueller Abnahmen sowohl in Hinsicht der Länge der Steuerbeine selbst, als auch ihrer Blätter, unter den vielen Arten des Baikalsees finden, wobei man sich auch leicht überzeugen kann, dass weder die Form, noch die Länge und Beschaffenheit der Steuerbeinblätter wegen ihrer Unbeständigkeit benutzt werden können, um Gruppen zu charakterisiren.

Als Athmungsorgane dienen 6 Paar Kiemenblätter, welche an der Basis der 6 hinteren Rumpfbeine, und zwar an ihrer inneren Fläche, angebracht sind; das letzte Paar der Kiemenblätter ist gewöhnlich schwächer entwickelt als die übrigen und in einigen Fällen ist es ganz rudimentär oder nicht vorhanden; diese beiden letzterwähnten Fälle kommen öfters bei den Thieren vor, deren Körper breit, asselförmig ist. Die Kiemenblätter stellen platte, abgerundete Säckchen dar und hängen auf ganz kurzen Stielen frei nach unten.

Die Weibchen legen Eier, welche in den Brutraum gelangen und sich hier entwickeln. Die Zahl der Eier ist verschieden, je nach der Grösse der Thiere; so fanden wir in dem Brutraume des *G. puella* 10—15 Eier und in dem des *G. Godlewskii* 650 Eier. Als Brutraum dient die ganze untere Fläche des Körpers vom 2ten bis zum 6ten Rumpfsegmente; der Raum wird unten durch vier Paar blättriger Anhänge überdeckt, welche an der Basis des 2ten, 3ten, 4ten und 5ten Paares der Rumpfbeine, unter der Ansatzstelle der Kiemenblätter, angebracht sind; sie liegen kreuzweise über einander [1]). Diese Blätter oder Brutplatten stellen grosse gewölbte Blätter dar [2]), welche während der Brunstperiode an den Rändern mit langen und dicken, einfachen Borsten bewachsen; ausser dieser Zeit haben wir die Brutplatten ohne Borsten angetroffen. Die aus den Eiern entschlüpfte Brut bleibt noch eine lange Zeit in dem Brutraume und wird von den Müttern herumgetragen. Uns scheint es sehr wahrscheinlich, dass die Jungen in dem Brutraume Nahrungsstoffe aufnehmen, denn sonst würde kaum die starke Grössezunahme der Jungen und das lange Verbleiben derselben in dem Brutraume zu erklären sein. Als ein fernerer Beweis für die Wahrscheinlichkeit unserer Vermuthung kann der Umstand erwähnt werden, dass es uns nie gelingen wollte, die aus der Bruthöhle gewaltsam herausgenommenen Jungen längere Zeit beim Leben zu erhalten, ungeachtet der reichlichen Nahrung, die ihnen vorgelegt wurde.

Die zwei männlichen äusseren Geschlechtsorgane liegen auf der Bauchplatte des 7ten Rumpfsegmentes und sind gewöhnlich als dünne, mehr oder weniger cylindrische Penis entwickelt, deren Endhöckerchen nebeneinander auf der Medianlinie der Bauchplatte sich wölben. Bei der Copulation greift das in der Regel grössere Männchen sein Weibchen mit der Klaue des zweiten Handbeines rechterseits unter die 5te Rückenplatte, und zwar in der Medianlinie des Hinterrandes derselben, und mit der Klaue des vorderen linken Handbeines unter die Rückenplatte des ersten Rumpfsegmentes in der Medianlinie des Vorderrandes derselben; die Klauen werden tief unter die Rückenplatten geschoben, und das Männchen hält sein Weibchen

---

[1]) Und zwar es liegt die erste rechte Brutplatte über der ersten linken und die dritte rechte über der dritten linken, die zweite rechte unter der zweiten linken und die vierte rechte unter der vierten linken.

[2]) Das erste und vierte Paar der Brutplatten sind kleiner als die beiden mittleren.

fest und schleppt es überall mit sich fort; man kann sehr leicht die Hände des Männchens abschneiden und die Art dieses Anklammerns untersuchen. Nach einiger Zeit, sobald das Weibchen bereitwillig den Bewegungen des Männchens nachfolgt, lässt es die Klauen der Vorderhand fahren und hält das Weibchen nur mit der Klaue der Hinterhand, welche letztere mit ihrem vorderen Ende nach hinten gekehrt ist. Bei einigen Arten haben wir oft beobachtet, dass das Männchen mit der zweiten Hand der linken Seite unter die 5te Rückenplatte griff, aber hielt dann stets mit der rechten vorderen Hand an dem ersten Segmente fest. Wie die Uebertragung des Samens geschieht, haben wir nicht beobachten können.

Die Bewegung der Thiere geschieht auf sehr mannigfaltige Weise. Auf dem Boden bewegen sie sich entweder gehend, den Rücken nach oben gekehrt, oder kriechend, indem sie auf der Seite liegen. Gehend bewegen sich fast alle Arten, bei denen die Stiele der oberen Fühler länger sind als die der unteren, deren Körper breit, asselförmig ist, deren Augen gewölbt sind; ferner fast alle Arten, deren Nebengeissel eingliedrig ist [1]). Auf der Seite liegend bewegen sich alle Arten mit flachen Augen, schmalem und schlankem Körper, bei denen die Stiele der unteren Fühler länger sind als die der oberen. Ausser dem Kriechen und Gehen, springen die Thiere, meistens aber nur in den Fällen, wo sie beunruhigt werden. Ferner sind fast alle Arten des Baikalsees gute Schwimmer [2]); sie schwimmen entweder stossweise, indem sie sich mit dem ganzen Kraftaufwande des Schwanztheiles emporschnellen, oder indem sie bei steifer Haltung des Körpers nur die Schwimmbeine in Bewegung setzen; beim Schwimmen halten sie sich immer in der Nähe des Bodens, und wir haben sie nie entfernt vom Boden gefunden. Fast alle Arten bewohnen ausschliesslich den Baikalsee, wenige steigen im Sommer in die Mündungen der Flüsse, so z. B. *G. zebra, vortex, Wohlii*, und nur sehr wenige leben beständig in den Flüssen, so der *G. canus, verrucosus, cancellus*.

Alle Arten des Baikalsees sind omnivor und die meisten sind sehr gefrässig; man kann diesen Umstand benutzen, um die Thiere mit Köder zu den verschiedensten Fangapparaten anzulocken; wir haben diese Methode mit dem besten Erfolg beim Fangen der *Gammarus*-Arten in allen Tiefen angewandt [3]). Was die Verbreitung der Thiere nach den Tiefenregionen des Sees anbelangt, so können wir nur Folgendes mittheilen. Alle Tiefen des Sees sind bewohnt; die grösste bis jetzt von uns ermittelte Tiefe, von 1373 Meter, haben wir ebenso reichlich bewohnt gefunden wie die Uferregion, freilich ist die Zahl der Arten, welche wir dort antrafen, geringer, als die aus kleineren Tiefen; dieses aber muss dem Umstande zugeschrieben werden, dass die Exploration grösserer Tiefen, wegen den ansehnlicheren Kosten, nur kurz betrieben werden konnte, und es lässt sich schon jetzt leicht voraussehen, dass neue Untersuchungen, in den Tiefen von 500—1300 Meter unternommen, eine reiche Ausbeute neuer Arten versprechen. Die Farbe des Körpers bei den *Gammarus*-Arten ist sehr ver-

---

[1]) Als Ausnahme von dieser letzteren Regel ist *G. vortex* zu nennen.
[2]) Als Ausnahme kann *G. Taczanowskii* genannt werden, welchen wir nie schwimmend gesehen haben.
[3]) Ausser dieser Methode haben wir noch das Schleppnetz und endlich ein Fangapparat, welcher von uns speciel zum Fangen in grösseren Tiefen construirt wurde, benutzt. Die Modification dieses Apparates zum Zweck der Tiefenmessungen haben wir in den «Извѣстія Сибирскаго Отдѣла Императорскаго Русскаго Географическаго Общества», Band 2, Heft 5 abgebildet und beschrieben.

schieden, wir haben fast alle mögliche Farben beobachtet; — mit der Tiefenzunahme nimmt allmählich die Farbenintensität ab, und schon in einer Tiefe von 700 Meter werden die Thiere alle mehr oder weniger weisslich gefärbt.

Was zuletzt die Grösse der *Gammariden* des Baikalsees anbelangt, so sind hier gigantische Formen, deren Körperlänge 70—80 mill. erreicht und deren Totallänge öfters 118—120 mill. beträgt, nicht selten; es kommen aber weit häufiger kleine Arten vor und es giebt auch viele winzige Formen, deren Totallänge nur 7—8 mill. erreicht.

Nach den hier vorausgeschickten allgemeinen Bemerkungen will ich nun versuchen, die Gattung *Gammarus* Fabr. kurz zu charakterisiren [1]), um sie gegenüber der anderen Gattung aus dem Baikalsee, von mir *Constantia* genannt, zu stellen.

Diagnose. Die Fühler sind als Gefühlsorgane ausgebildet; an den Stielgliedern kommen nämlich einzelne Fiederborsten [2]), an den Geisselgliedern der oberen Fühler Leydig'sche Cylinder und an den Geisselgliedern der unteren Fühler oft Lavalett'sche Kolbenorgane vor. Die Stiele der oberen und der unteren Fühler sind immer länger als das Kopfsegment. Die Nebengeissel ist immer vorhanden, sie ist 1—40gliedrig. Die Geissel der oberen Fühler ist immer länger als ihr Stiel. Der Riechconus endet mit einem cylinderförmigen Röhrchen. Die Seitenplatten der Rumpfsegmente tragen oft an ihren unteren Rändern einfache Borsten, nie Fiederborsten. Die Oberkieferbeine haben 4gliedrige Taster. Die Basalglieder der Hand und Afterhandbeine sind cylindrisch, schmal, nicht erweitert. Die Hände haben eine deutliche Palmarrinne. Die Basalglieder der Gangbeine sind meist erweitert, oft mit langen einfachen Borsten am Hinterrande besetzt, nie mit Fiederborsten. Der Schwanzanhang ist zweitheilig oder einfach. Die Steuerbeine sind einblättrig oder zweiblättrig. Die Thiere dieser Gattung sind eigentlich Grundthiere, welche sich nie weit von dem Boden entfernen.

---

[1]) Zur Charakterisirung der Gattung benutzte ich die Merkmale, welche nur den Baikal'schen Arten eigenthümlich sind.
[2]) Diese Fiederborsten sind klein und stehen auf der oberen Fläche der Stielglieder, zu je 2—3, gewöhnlich am vorderen Ende des Gliedes oder auf einer höckerartigen Wölbung an der Basis des ersten Stielgliedes der oberen Fühler.

UEBERSICHT DER ARTEN.

Erste Abtheilung.

Die Nebengeissel vielgliedrig: zwei- bis vierzig-gliedrig.[1]

A. Das Kopfsegment, sowie die Rückenplatten der 6 ersten Rumpfsegmente. glatt. ohne Stachel, Kiele und dergleichen, selten behaart.[2] Die Rückenplatten des 7ten Rumpfsegmentes und aller Schwanzsegmente sind entweder mit Stacheln versehen, oder die vier bis fünf ersten sind glatt und nur die drei bis zwei letzten tragen Stachel.

   I. Die Rückenplatten der Rumpfsegmente enden über den Seitenplatten mit einem deutlichen Rande, welcher sich eng an die Seitenplatte anschliesst und von dieser nur durch eine furchenartige Nath getrennt wird; sie verlängern sich nie über die Basis der Seitenplatten nach unten in einen Fortsatz, der die Verbindungsnath überdeckt.

     a. Die Basalglieder des dritten Paares der Gangbeine sind bedeutend breiter als die der beiden vorderen Paare; sie sind auch anders gestaltet, ihr Hinterrand ist gewölbt, mit dichten einfachen Borsten besetzt und endet unten mit einer abgerundeten, tief hinuntersteigenden, lappenförmigen Ecke.[3]

       a'. Die Stiele der oberen Fühler sind so lang, aber dicker als die der unteren. Das Basalglied der oberen Stiele ist an seinem vorderen Ende nur mit ein Paar kurzer Borsten versehen. Die oberen Fühler sind ungefähr 2 mal länger als die unteren, aber kürzer als die Hälfte des Körpers. Die Geissel der unteren Fühler ohne Kolbenorgane. Die Springbeine erreichen nicht ganz die Spitze der Steuerbeine. Das äussere Blatt der Steuerbeine um $1/3$ länger als das innere; beide Blätter ohne Fiederhorsten. Nur die Rückenplatten der drei letzten Schwanzsegmente sind mit Stacheln besetzt. Die Zahl der Glieder: in der Geissel der oberen Fühler 27, der Geissel der unteren Fühler 8, der Nebengeissel 3—4. Die Länge des Körpers 21 mill. Der Körper und die Augen weiss.   1. **G. Flori** mihi.

       b'. Die Stiele der oberen Fühler dicker und kürzer als die der unteren. Ihr Basalglied trägt an seinem vorderen Ende, sowohl oben als unten, 3—5 starke Stacheln. Die oberen Fühler sind länger als die Hälfte des Körpers und um $2/3$ länger als die unteren. Die Geissel der unteren Fühler ohne Kolbenorgane. Die Springbeine reichen über die Spitzen der Steuerbeine hinaus, das äussere Blatt der Steuerbeine ist um $2/5$ länger als das innere, beide Blätter ohne Fiederhorsten. Nur die Rückenplatten der drei letzten Schwanzsegmente sind mit Stacheln versehen. Die Zahl der Glieder: in der Geissel der oberen Fühler 27, in der Geissel der unteren 8, in der Nebengeissel 3—4. Die Länge des Körpers 18 mill. Der Körper und die Augen weiss.   2. **G. Flori** var. **albula** mihi.

---

[1] Dieses Merkmal ist einer der constantesten Charaktere bei den *Gammariden* des Baikalsees; nach demselben ist man im Stande, sogar die Embrionen zu bestimmen, welche aus der Bruthöhle herausgenommen worden sind.

[2] Man muss sehr sorgfältig die Rückenplatten der Rumpfsegmente untersuchen, denn bei vielen Arten sind die Mediankiele sehr schwach entwickelt.

[3] Dieses Kennzeichen vereinigt nur zwei Formen, welche in ihrem ganzen Habitus sich den *Pontoparcia*-ähnlichen Arten des Baikalsees nähern, von diesen aber durch die Zahl der Glieder in der Nebengeissel und die Abwesenheit der Borsten am unteren Rande der Seitenplatten deutlich unterscheiden.

b. Die Basalglieder der Gangbeine aller drei Paare sind mehr oder weniger ähnlich gestaltet, ihr Hinterrand meistens mit wenigen, kurzen, weit auseinanderstehenden Borsten besetzt, oder ganz ohne Borsten.
   a'. Der Hinterrand der Basalglieder der Gangbeine endet unten mit einer langen, stachelartigen Ecke, welche weit über das zweite Gelenkglied der Beine hinunterreicht; ähnliche, aber kürzere Ecken findet man noch am unteren Rande der 5ten oder 6ten Seitenplatte.[1])
     a". Die stachelartigen Ecken der Basalglieder der Gangbeine sind schwach nach aussen gebogen, vom Körper abstehend. Die Augen nierenförmig, schwarz. Das äussere Blatt der Steuerbeine ist um $1/4$ länger als das innere, beide Blätter tragen an ihren beiden Rändern Fiederborsten. Die Stiele beider Fühlerpaare gleich lang. Die oberen Fühler 2 mal länger als die unteren und wenig länger als die Hälfte des Körpers. Die Zahl der Glieder: in der Geissel der oberen Fühler 60, der unteren 22, der Nebengeissel 10. Die Länge des Körpers 30 mill. Der Körper gelblich gefärbt. Die Geisselglieder der unteren Fühler tragen nur bei den Männchen Kolbenorgane.
                                                    3. **G. calcaratus** mihi.
                                                         Taf. VII. Fig. 4.
     b". Die stachelartigen Ecken der Basalglieder der Gangbeine sind kürzer und gerade nach unten verlängert. Die Augen sind linear-nierenförmig, ihre hintere Contourlinie zerrissen; sie sind weiss und an Spiritus-Exemplaren fast gar nicht zu sehen. Das äussere Blatt der Steuerbeine ist um $1/4$ länger als das innere und nur an seinem Innenrande mit Fiederborsten besetzt. Die Zahl der Glieder: in der Geissel der oberen Fühler 63, der unteren 27, der Nebengeissel 7. Die Länge des Körpers 24 mill. Der Körper hell-gelblich. Die Geisselglieder der unteren Fühler tragen nur bei den Männchen Kolbenorgane.
                                                      4. **G. margaritaceus** mihi.
   b'. Der Hinterrand der Basalglieder der Gangbeine endet unten mit einer kurzen Ecke, welche nie in einen Stachel ausgezogen, sondern gewöhnlich mehr oder weniger abgestumpft ist [2]), oder er endet ohne eine Ecke zu bilden [3]); in den seltensten Fällen endet er mit einer abgerundeten oder lappenförmigen oder zugespitzten, aber hoch gestellten Ecke [4]). Die 5te und 6te Seitenplatte sind abgerundet, in keine spitze Ecken vorgezogen.
     a". Die Stiele der oberen Fühler sind kürzer als die der unteren [5]).
       a'''. Die Geissel der unteren Fühler trägt Lavalett'sche Kolbenorgane, welche in der Regel bei beiden Geschlechtern vorkommen und nur ausnahmsweise den Weibchen fehlen (z. B. bei *G. pulex*).
         1. Die Blätter der Steuerbeine sind mit Fiederborsten versehen, welche entweder ihre beiden Ränder besetzen, oder nur ihre Innenränder, oder zuletzt nur den Innenrand des längeren Blattes.
           α. Die Rückenplatten der drei ersten Schwanzsegmente glatt, ohne Stachel, nur die drei letzten bestachelt.

---

[1]) Die beiden Arten, welche durch dieses Charakterzeichen aus der folgenden Gruppe ausgeschlossen werden, stehen dem *G. pulex* näher als den übrigen, sie unterscheiden sich aber von der ganzen Gruppe, ausser der oben angeführten Merkmale noch durch die Länge der Stiele der oberen Fühler.
[2]) Dieses ist das gewöhnlichste Verhältniss; so z. B. bei *G. verrucosus*, *Maacki* etc.
[3]) Z. B. bei *G. Sophianosi*, bei *G. ignotus*, theilweise bei *G. pulex* u. a. m.
[4]) Z. B. bei *G. virescens*, oder bei *G. amethystinus*, wo die untere Ecke mehr zugespitzt ist, aber keineswegs mit einem Stachel endet.
[5]) Dieses Merkmal scheidet die eigentlichen Seitenschwimmer von den gehenden Arten, d. h. von denen, die sich auf dem Boden bewegen, den Rücken nach oben gekehrt.

α′. Die oberen Fühler sind merklich dünner und kaum länger als die unteren. Die Zahl der Glieder in der Geissel der oberen Fühler gewöhnlich kleiner als die in den unteren, ausnahmsweise gleich gross. Das längere zweigliedrige Blatt der Steuerbeine trägt am Aussenrande keine Fiederborsten.

α″. Die Länge der Steuerbeine = $1/7$ der Körperlänge, ihr äusseres Blatt ist nur um die Hälfte länger als das innere. Die Zahl der Glieder in der Geissel der oberen Fühler fast so gross wie die der unteren Fühler oder nur um $1/8$ kleiner. Der untere Rand der Seitenlappen des 2ten und 3ten Schwanzsegmentes ist schief von hinten nach vorn abgestutzt, die vordere untere abgerundete Ecke dieser Seitenlappen ist niedriger gestellt als die hintere untere spitze Ecke. Die Zahl der Glieder: in der Geissel der oberen Fühler 75, der unteren 82, der Nebengeissel 14. Die Länge des Körpers 70—80 mill. Der Körper roth. Die Augen schwarz.

5. **G. Kietlinskii** mihi.
Taf. I, Fig. 1.

β″. Die Länge der Steuerbeine♂ = $1/4$ der Körperlänge; ihr äusseres Blatt ist 4—5 mal länger als das innere. Die Zahl der Glieder in der Geissel der oberen Fühler zwei mal kleiner als die der unteren. Der untere Rand der Seitenlappen des 2ten und 3ten Schwanzsegmentes horizontal; die vordere untere Ecke abgerundet; sie ist in gleicher Höhe mit der hinteren unteren spitzen Ecke dieser Seitenlappen gestellt. Die Zahl der Glieder: in der Geissel der oberen Fühler 25, der unteren 53, der Nebengeissel 6. Die Länge des Körpers 16 mill. Der Körper hell-röthlich. Die Augen schwarz.

6. **G. Stanislavi** mihi.

β′. Die Stiele der oberen Fühler beinahe so dick wie die der unteren. Die Zahl der Geisselglieder der oberen Fühler zwei mal grösser als der unteren. Das längere zweigliedrige Blatt der Steuerbeine, sowie auch das kürzere Blatt, sind an beiden Rändern mit Fiederborsten besetzt. Die Zahl der Glieder: in der Geissel der oberen Fühler 29, der unteren 14, der Nebengeissel 3—4. Die Länge des Körpers 20 mill. Der Körper schmutzig-grünlich. Die Augen schwarz.

7. **G. pulex** De Geer.
Taf. VIII, Fig. 1.

β. Die Rückenplatten aller Schwanzsegmente, oder nur die der 5 hintersten, mit Stacheln besetzt.

α′. Nur die Rückenplatten der 5 letzten Schwanzsegmente tragen Stachel. Die Fiederborsten kommen nur am Innenrande des längeren Blattes des Steuerbeine vor. — Die Basalglieder der Gangbeine breit, ihr Hinterrand ist gewölbt und endet unten mit einer vortretenden Ecke. Die Seitenplatten der 4 ersten Rumpfsegmente ziemlich hoch. Die Augen nierenförmig, mässig gross. Die oberen Fühler zwei mal länger als die unteren. Die Zahl der Glieder: in der Geissel der oberen Fühler 50, der unteren 19, der Nebengeissel 6—7. Die Länge des Körpers 18 mill. Der Körper bräunlich. Die Augen schwarz.

8. **G. testaceus** mihi.

β′. Die Rückenplatten aller Schwanzsegmente sind mit Stacheln versehen.

α″. Die Stacheln stehen auf allen Segmenten nur in einer Querreihe von Gruppen geordnet. Die Fiederborsten kommen nur auf dem Innenrande des längeren Blattes der Steuerbeine vor. — Die Basalglieder der Gangbeine sind schlank und schmal[1]), ihr Hinterrand ist schwach eingebogen und endet unten, ohne eine vortretende Ecke zu bilden. Die Seitenplatten der 4 ersten Rumpfsegmente sind niedrig und ziemlich klein. Die Augen sind klein, meist eiförmig. Die oberen Fühler sind um $1/3$ länger als die unteren. Die Zahl der Glieder: in der Geissel der oberen Fühler 30, der unteren 14, der Nebengeissel 6. Die Länge de Körpers 14 mill. Der Körper gelblich. Die Augen schwarz. 9. **G. Sophiae** mihi.

β″. Die Stacheln stehen auf den Rückenplatten der drei bis vier ersten Schwanzsegmente, oder nur auf der Rückenplatte des 2ten und 3ten Schwanzsegmentes, in mehrfachen (2, 3 bis 4) Querreihen von Gruppen geordnet. Die Fiederborsten kommen am Innenrande des kürzeren Blattes der Steuerbeine und am Innenrande des längeren Blattes vor.

α‴. Nur die Seitenlappen der zwei ersten Schwanzsegmente sind mit einer Leiste versehen. — Auf den Rückenplatten des 2ten und 3ten Schwanzsegmentes sind nur 2 Querreihen von Stachelgruppen vorhanden. Die oberen Fühler sind kaum länger als die unteren. Die Zahl der Glieder: in der Geissel der oberen Fühler 31, der unteren 21, der Nebengeissel 7. Die Länge des Körpers 35 mill. Der Körper violett-bräunlich. Die Augen schwarz. 10. **G. fuscus** mihi.
Taf. V, Fig. 2.

β‴. Die Seitenlappen der drei ersten Schwanzsegmente sind mit einer Leiste versehen.
a. Die oberen Fühler sind um $1/3$ länger als die unteren. Die Steuerbeine betragen $1/5 - 1/6$ der Körperlänge, ihr inneres Blatt ist um $3/8$ kürzer als das äussere. Die Rückenplatten des 3ten und 4ten Schwanzsegmentes tragen 3 Querreihen von Stachelgruppen. Die Zahl der Glieder: in der Geissel der oberen Fühler 57, der unteren Fühler 28, der Nebengeissel 10—12. Die Länge des Körpers 22 mill. Der Körper bräunlich. Die Augen schwarz.
11. **G. murinus** mihi.
Taf. V, Fig. 1.

b. Die oberen Fühler sind zwei mal länger als die unteren. Die Steuerbeine betragen $1/4$ der Körperlänge, ihr inneres Blatt ist mehr als um die Hälfte kürzer als das äussere. Die Rückenplatten des 3ten und 4ten Schwanzsegmentes tragen 3 bis 4 Querreihen von Stachelgruppen. Die Zahl de Glieder: in der Geissel der oberen Fühler 108—117, der unteren Fühler 30—36, der Nebengeissel 13. Die Länge des Körpers 37 mill. Der Körper röthlich oder röthlich-gelb. Die Augen schwarz. 12. **G. aheneus** mihi.
Taf. VII. Fig. 2.

2. Die Blätter der Steuerbeine sind mit einfachen Borsten besetzt, unter welchen nie Fiederborsten vorkommen. Das innere Blatt ist sehr kurz, beträgt kaum $1/6 - 1/7$ des längeren.
α. Die Rückenplatten des 2ten und 3ten Schwanzsegmentes sind mit 5 Querreihen von Stachelgruppen versehen, welche beinahe die ganze Oberfläche der Rückenplatte einnehmen; auf der Rückenplatte des ersten Schwanzsegmentes sind 3 Querreihen vorhanden. Die oberen Fühler erreichen etwa $2/3$ der Körperlänge und sind um $1/5$ länger als die unteren. Die Zahl der Glieder: in der

---

[1]) Aehnlich wie z. B. bei *G. Kietlinskii*.

Geissel der oberen Fühler 50, der unteren Fühler 26, der Nebengeissel 7. Die Länge des Körpers 34 mill. Der Körper ist grünlich mit schmalen horngelben Querbinden. Die Augen schwarz.   13. **G. verrucosus** Gerstf.
Taf. IV, Fig. 1.

β. Die Rückenplatten des 2ten und 3ten Schwanzsegmentes sind mit 4 Querreihen von Stachelgruppen versehen, die so gestellt sind, dass die Mitte der Dorsalfläche, mit Ausnahme des hinteren Randes, frei von Stacheln erscheint. Die oberen Fühler erreichen $3/4$ der Körperlänge und sind um $1/8$ länger als die unteren. Die Zahl der Glieder: in der Geissel der oberen Fühler 70, der unteren Fühler 24, der Nebengeissel 7—9. Die Länge des Körpers 32 mill. Der Körper schmutzig violett-braun oder grünlich-violett. Die Augen schwarz.   14. **G. lividus** mihi.
Taf. VI, Fig. 1.

b'''. Die Geissel der unteren Fühler trägt keine Kolbenorgane; ihre Glieder, besonders aber die Glieder ihrer Stiele, sind in der Regel mit langen Borsten besetzt.

1. Die Blätter der Steuerbeine sind mit Fiederborsten versehen, welche entweder ihre beiden Ränder, oder nur ihre Innenränder besetzen.

    α. Die Rückenplatten der drei ersten Schwanzsegmente und des letzten Rumpfsegmentes sind glatt, ohne Stachel, nur die Rückenplatten der drei letzten Schwanzsegmente mit Stacheln versehen. Das kürzere Blatt der Steuerbeine trägt Fiederborsten an seinen beiden Rändern, das längere Blatt nur an seinem Innenrande.

        α'. Die Augen sind regelmässig nierenförmig. — Die oberen Fühler sind um $1/4$ länger als die unteren und der halben Körperlänge gleich. Die Stiele der oberen Fühler sind nur so lang wie das Kopfsegment. Die Steuerbeine betragen $1/7$ der Körperlänge; ihr inneres Blatt ist um $1/5$ kürzer als das äussere. Die Zahl der Glieder: in der Geissel der oberen Fühler 26, der unteren Fühler 14—15, in der Nebengeissel 4. Die Länge des Körpers 13 mill. Der Körper grünlich oder gelblich. Die Augen schwarz.   15. **G. hyacinthinus** mihi.

        γ'. Die Augen sind unregelmässig gestaltet, ihr Hinterrand, sowie der untere Rand, ist zerrissen oder eckig.

            α''. Die Stiele der oberen Fühler, sowie auch die der unteren, sind kürzer als das Kopfsegment. — Die Stirn ist hoch, senkrecht gestellt, das heisst, nach unten umgebogen. Die Augen sind schmal, sie sind sehr unregelmässig gestaltet, ihr hinterer Rand ist zerrissen, unregelmässig lappig, ihre Höhe beträgt eine Kopflänge und ist 3—4 mal grösser als die Breite des Auges. Die oberen Fühler sind 2 mal länger als die unteren, aber sie erreichen kaum $1/3$ der Körperlänge. Die Steuerbeine betragen $2/5$ der Körperlänge, ihr inneres Blatt ist um die Hälfte kürzer als das äussere. Die Zahl der Glieder: in der Geissel der oberen Fühler 36, der unteren Fühler 13, der Nebengeissel 7—8. Die Länge des Körpers 24 mill. Der Körper ist gelblich. Die Augen sind fleischroth.   16. **G. albinus** mihi.
Taf. IX, Fig. 3.

            β''. Die Stiele der oberen Fühler sind immer länger als das Kopfsegment.

                α'''. Die Stirn ist hoch, senkrecht gestellt, das heisst, nach unten umgebogen. — Die Augen sind sehr gross, unregelmässig dreieckig, sie nehmen beinahe die Hälfte der ganzen Kopfplatte ein. Die oberen Fühler sind ungefähr um $2/5$ länger als die unteren und der halben Körperlänge gleich. Die Steuerbeine betragen $1/5$ der Körperlänge, ihr äusseres Blatt ist um die Hälfte länger als das innere.

Die Zahl der Glieder: in der Geissel der oberen Fühler 13, der unteren Fühler 18—19, in der Nebengeissel 4—5. Die Länge des Körpers 26 mill. Der Körper pomeranzgelb. Die Augen schwarz. 17. **G. flavus** mihi.
Taf. IX, Fig. 1.

β'''. Die Stirn ist, wie gewöhnlich, niedrig, das heisst, nach unten nicht umgebogen.

 a. Die Augen sind gross, unregelmässig gestaltet. Die Fühler und Hände sind mit sehr langen Borsten besetzt. — Die oberen Fühler erreichen $1/5 - 1/3$ der Körperlänge und sind fast 2 mal so lang wie die unteren. Der Höhendiameter des Auges erreicht $3/4$ der Kopflänge und ist 2 mal grösser als die Breite des Auges. Die Steuerbeine betragen $1/5 - 1/6$ der Körperlänge; ihr inneres Blatt ist um die Hälfte kürzer als das äussere. Die Zahl der Glieder: in der Geissel der oberen Fühler 45, der unteren 15, in der Nebengeissel 5. Körperlänge 15 mill. Der Körper hell-fleischroth. Die Augen rubinroth.
18. **G. carneolus** mihi.

 b. Die Augen sind klein, linear-nierenförmig. Die Fühler und die Hände sind mit kurzen Borsten besetzt. — Die oberen Fühler erreichen $4/5$ der Körperlänge und sind 2 mal länger als die unteren. Der Höhendiameter des Auges erreicht die Hälfte des Kopfsegmentes und ist 4 mal gösser als die Breite des Auges. Die Steuerbeine betragen $1/5 - 1/6$ der Körperlänge; ihr inneres Blatt ist um $1/2 - 1/3$ kürzer als das äussere. Die Zahl der Glieder: in der Geissel der oberen Fühler 62, der unteren 16, in der Nebengeissel 5. Körperlänge 20 mill. Der Körper ist zart-röthlich. Die Augen sind röthlich-weiss (an Spiritus-Exemplaren sind sie fast gar nicht zu sehen).
19. **G. amethystinus** mihi.
Taf. IX. Fig. 6.

β. Die Rückenplatten aller Schwanzsegmente und öfters auch die Rückenplatten des 7ten Rumpfsegmentes sind mit Stacheln besetzt.[1]

 α'. Die Rückenplatte des 7ten Rumpfsegmentes hat keine Stacheln, höchstens nur ein Paar äusserst schwache borstenähnliche Spitzchen (z. B. *G. Petersii*).

  α''. Die Augen sind regelmässig gestaltet, in der Regel nierenförmig. Ihr Hinterrand erscheint nie zerrissen oder eckig.

   α'''. Die Augen sind schwarz oder röthlich und sie sind an Spiritus-Exemplaren immer deutlich zu sehen. Die Geissel der unteren Fühler ist kürzer als ihr Stiel.

---

[1] Zum Verständnis mehrerer Ausdrücke, welche hier gebraucht werden sollen, möge eine kurze Recapitulation der schon in den Allgemeinen Bemerkungen auseinander gesetzten Verhältnisse nicht überflüssig erscheinen. Die Stacheln stehen auf den Rückenplatten meistens in regelmässige Gruppen geordnet; diese Gruppen können in Querreihen und Längsreihen zerlegt werden. Der Querreihen giebt es 1, 2, 3, 4 bis 5. Die hinterste Querreihe heisst diejenige, welche hart am Hinterrande der Rückenplatten gelegen ist. Die Längsreihen zerfallen in: 1) Medianreihe, welche in der Medianlinie des Rückens gelegen ist; 2) Lateralreihen, welche jederseits längs der Medianreihe verlaufen, und 3) Randreihen, welche jederseits je eine an der Aussenseite der Lateralreihe verlaufen. Die Medianreihe kann ihrerseits in 2 Mittelreihen zerfallen. — In solchen Fällen, wo alle Längsreihen ausgebildet werden, kommen 6 Längsreihen vor: 2 Mittelreihen, 2 Lateralreihen und 2 Randreihen. — Dieser Eintheilung in Längsreihen gemäss, müssen die Gruppen jeder Querreihe in folgende Gruppen zerfallen: Mediangruppe, Lateralgruppen und Randgruppen; falls aber die Medianreihe in 2 Mittelreihen getheilt ist, dann sind 2 Mittelgruppen, 2 Lateralgruppen und 2 Randgruppen in jeder Querreihe vorhanden. — Dieses Schema habe ich immer zur Grundlage gelegt bei der Deutung der Stachelgruppen, welche auf den Rückenplatten vorkommen.

a. Die Augen sind klein. ihr Höhendiameter ist immer kleiner als die halbe Länge des Kopfsegmentes. — Die oberen Fühler sind 2 mal länger als die unteren und fast so lang wie der Körper. Beide Springbeine reichen gleich weit nach hinten und berühren mit ihren Spitzen das letzte Drittel der Steuerbeine. Das äussere Blatt der Steuerbeine ist etwa um $1/3$ länger als das innere. Die Stachelgruppen stehen in einer Querreihe geordnet; in jeder Querreihe sind 2 Lateralgruppen und 2 Mittelgruppen vorhanden. Die Zahl der Glieder: in der Geissel der oberen Fühler 148. der unteren 25, in der Nebengeissel 8. Die Körperlänge 32 mill. Der Körper violettroth. Die Augen schwarz.   20. **G. violaceus** mihi.
Taf. X, Fig. 3.

b. Die Augen sind gross: ihr Höhendiameter ist stets grösser als die halbe Länge des Kopfsegmentes.
 a'. Die Stachelgruppen stehen nur in einer Querreihe geordnet. Die Blätter der Steuerbeine sind an beiden Rändern mit Fiederborsten besetzt.
  a''. Die Augen sind schmal-nierenförmig, stark bogig gekrümmt. — Die oberen Fühler sind um $1/7$ länger als die unteren und um $1/5$ kürzer als der Körper. Die Enden der Springbeine erreichen die Mitte der Steuerbeine. Das äussere Blatt der Steuerbeine ist nur wenig länger als das innere, etwa nur um $1/8$. Die Stacheln stehen in einer Querreihe geordnet; in jeder Querreihe sind 2 Lateralgruppen und 2 Mittelgruppen vorhanden. Die Zahl der Glieder: in der Geissel der oberen Fühler 45, der unteren 26, in der Nebengeissel 5. Körperlänge 27 mill. Der Körper schmutzig-hell-violett. Die Augen schwarz.   21. **G. toxophthalmus** mihi.

 b''. Die Augen sind breit-nierenförmig, sehr schwach gekrümmt.
  a'''. Das äussere Blatt der Steuerbeine ist kaum um $1/7$ länger als das innere. — Die oberen Fühler sind über 2 mal länger als die unteren und nur wenig kürzer als der Körper. Die Enden der Springbeine erreichen die Mitte der Steuerbeine. In den Querreihen der Stachelgruppen sind 2 Mittelgruppen und 2 Lateralgruppen vorhanden. Die Zahl der Glieder: in der Geissel der oberen Fühler 80, der unteren 30, in der Nebengeissel 8. Körperlänge 11 mill. Der Körper ist gelblich. Die Augen schwarz.   22. **G. ibex** mihi.

  b'''. Das äussere Blatt der Steuerbeine ist um $1/3$ länger als das innere.
   1'. Die Stiele der oberen Fühler sind dicker als die der unteren. Die vorderen Hände sind breit-birnförmig, aber nicht an dem Volarrande bauchig-aufgetrieben.
    1''. Die oberen Fühler sind 3 mal länger als die unteren und sind um $1/3$ länger als der Körper; die Enden der Springbeine erreichen die Mitte der Steuerbeine. In jeder Querreihe von Stachelgruppen sind nur 2 Mittelgruppen und 2 Lateralgruppen vorhanden. Die Zahl der Glieder: in der Geissel der oberen Fühler 250, der unteren 29, in der Nebengeissel 16. Körperlänge 26 mill. Der Körper ist röthlich-gelb. Die Augen sind schwarz.   23. **G. longicornis** mihi.

2″. Die oberen Fühler sind 4 mal länger als die unteren und um ⅓ länger als der Körper. Die Enden der Springbeine erreichen die Mitte der Steuerbeine. Die Zahl der Glieder: in der Geissel der oberen Fühler 340, der unteren 29, in der Nebengeissel 16. Körperlänge 25 mill. Der Körper ist röthlich-gelb. Die Augen sind schwarz oder röthlich.   24. **G. longicornis** var. **polyarthrus** mihi.

2′. Die Stiele der oberen Fühler sind dünner als die der unteren. Die vorderen Hände sind am Volarrande bauchig-aufgetrieben. — Die oberen Fühler sind fast 3 mal länger als die unteren und beinahe 2 mal so lang wie der Körper. Die Scheerenglieder der Springbeine sind länger als ihre Basalglieder. Die Springbeine erreichen fast die Mitte der Steuerbeine. In jeder Querreihe von Stachelgruppen sind nur 2 Mittelgruppen und 2 Lateralgruppen vorhanden. Die Zahl der Glieder: in der Geissel der oberen Fühler 310, der unteren 26, in der Nebengeissel 17. Körperlänge 22 mill. Der Körper ist gelb-orangefarben. Die Augen sind schwarz.
    25. **G. Parvexii** mihi.
Taf. X, Fig. 2.

b′. Die Stachelgruppen stehen auf dem 2ten, 3ten und 4ten Schwanzsegmente in 2—3 Querreihen geordnet. Die Blätter der Steuerbeine tragen nur an ihrem Innenrande Fiederborsten. — Die oberen Fühler sind nur um ⅓—¼ kürzer als die unteren und erreichen nicht einmal die halbe Länge des Körpers. Die Springbeine berühren mit ihren Spitzen das Ende des kürzeren Blattes der Steuerbeine, welches um ⅓—¼ kürzer ist als das äussere Blatt. Die Zahl der Glieder: in der Geissel der oberen Fühler 39, der unteren 15, in der Nebengeissel 6. Körperlänge 19 mill. Der Körper ist grünlich mit bräunlichen schmalen Querbinden. Die Augen sind schwarz.
    26. **G. vittatus** mihi.

d‴. Die Augen sind weiss und sie sind an Spiritus-Exemplaren gar nicht zu sehen. Die Geissel der unteren Fühler ist länger als ihr Stiel. — Die oberen Fühler sind 5 mal länger als die unteren und 3 mal länger als der Körper. Die Springbeine erreichen die Enden der inneren Blätter der Steuerbeine, welche um ⅓ kürzer sind als die äusseren. In der Querreihe von Stachelgruppen auf den drei ersten Schwanzsegmenten sind 6 Gruppen vorhanden: 2 Mittelgruppen, 2 Lateral- und 2 Randgruppen. Die Zahl der Glieder: in der Geissel der oberen Fühler 350,..... der unteren 12—57, in der Nebengeissel 16. Körperlänge 28 mill. Der Körper ist röthlich-weiss.
    27. **G. Petersii** mihi.
Taf. X, Fig. 1.

d″. Die Augen sind gross, unregelmässig gestaltet, ihr Hinterrand ist zerrissen oder eckig. Die Geissel ist in den unteren Fühlern kürzer als ihr Stiel. — Die oberen Fühler sind 3 mal länger als die unteren, aber nur wenig länger als der Körper. Die Springbeine erreichen mit ihren Spitzen die Mitte der Steuerbeine, deren äusseres Blatt kaum länger ist als das innere. Die Stachelgruppen bilden nur eine Querreihe am Hinterrande der Rückenplatten. Die Gruppen sind auf den 3 ersten Schwanzsegmenten nicht deutlich von einander geschieden und fliessen oft zu einer

continuirlichen Reihe zusammen. Die Zahl der Glieder: in der Geissel der oberen Fühler 90...., der unteren 17—18, in der Nebengeissel 5—6. Körperlänge 11 mill. Der Körper ist röthlich-gelb. Die Augen sind schwarz. 28. **G. leptocerus** mihi.
Taf. VIII, Fig. 2.

    α. Die Augen sind gross, unregelmässig gestaltet, ihr Hinterrand ist zerrissen oder eckig. Die Geissel der unteren Fühler ist länger als ihr Stiel.
29. **G. leptocerus** var. **nematocerus** mihi.
Taf. VIII, Fig. 3.

β'. Die Rückenplatte des 7ten Rumpfsegmentes ist mit Stacheln versehen.
  α''. Die Geissel der unteren Fühler ist bedeutend länger als ihr Stiel. Die Augen sind unregelmässig gestaltet, ihr unterer Rand ist eingebogen. — Die Augen sind retortenförmig, stark gewölbt. Die oberen Fühler sind um $1/8$ länger als die unteren. Beide Fühlerpaare sind länger als der Körper. Die Springbeine erreichen die Spitzen der Steuerbeine. Das äussere Blatt der Steuerbeine ist nur wenig länger als das innere. Die Stachelgruppen bilden eine einzige Reihe am Hinterrande der Segmente; in der Querreihe sind 4 Gruppen vorhanden. Die Zahl der Glieder: in der Geissel der oberen Fühler 130..., der unteren 115, in der Nebengeissel 39. Körperlänge 42 mill. Der Körper ist weisslich. Die Augen sind sehr hell fleischfarbig (dem Tageslichte ausgesetzt, werden die Augen röthlich).
30. **G. Sarmatus** mihi.
Taf. I, Fig. 3. Taf. VIII, Fig. 4.

  β''. Die Geissel der unteren Fühler ist nur wenig länger als ihr Stiel. Die Augen sind regelmässig gestaltet, nierenförmig, nach unten etwas verdickt. — Die Stacheln bilden auf dem Hinterrande des letzten Rumpfsegmentes und auf den Rückenplatten der drei ersten Schwanzsegmente eine continuirliche Reihe, oder einen Stachelsaum. Die oberen Fühler sind zwei mal länger als die unteren und länger als der Körper. Die vorderen Springbeine reichen bis zu den Spitzen der Steuerbeine. Die Zahl der Glieder: in der Geissel der oberen Fühler 90—95, der unteren 30—43, in der Nebengeissel 8—10. Körperlänge 19 mill. Der Körper ist grünlich oder gelblich. Die Augen sind schwarz.
31. **G. capreolus** mihi.
Taf. XI, Fig. 1.

γ''. Die Geissel der unteren Fühler ist bei erwachsenen Individuen immer kürzer als ihr Stiel. Die Augen sind regelmässig gestaltet, nierenförmig, unten schwach verdickt.
  α'''. Auf den Rückenplatten des 7ten Rumpfsegmentes stehen die Stacheln in einer Querreihe geordnet, welche aus 6 Gruppen besteht; auf den 3 ersten Schwanzsegmenten ist die hinterste Querreihe undeutlich in Gruppen geschieden und vor dieser Reihe tritt noch eine andere Querreihe auf, welche aus 2 Lateralgruppen und 2 Randgruppen besteht. — Die oberen Fühler sind gewöhnlich $2^{1}/_{2}$—3 mal länger als die unteren und fast um $1/3$ länger als der Körper. Die Springbeine reichen nach hinten bis zum Ende des kürzeren Blattes der Steuerbeine, welches um $1/4$ bis $1/3$ kürzer ist, als das äussere Blatt.
    a. Der äussere Rand des längeren Blattes der Steuerbeine ohne Fiederborsten. Die Zahl der Glieder: in der Geissel der oberen Fühler 191, der unteren 20—26, in der Nebengeissel 17. Körperlänge 34 mill. Der Körper ist röthlich-gelb. Die Augen sind schwarz.
32. **G. Ussolzevii** mihi.
Taf. IX, Fig. 2.

b. Der äussere Rand des längeren Blattes der Steuerbeine mit Fiederborsten besetzt. Die Zahl der Glieder: in der Geissel der oberen Fühler 201. der unteren 38—42, in der Nebengeissel 15. Körperlänge 41 mill. Der Körper ist röthlich-gelb. Die Augen sind röthlich.   33. **G. Ussolzevii**
  var. **abyssorum** mihi.

3‴. Auf der Rückenplatte des 7ten Rumpfsegmentes stehen die Stacheln in einer Querreihe geordnet, welche nur aus 2 Mittelgruppen besteht. Auf der Rückenplatte jedes Schwanzsegmentes ist nur eine Querreihe von Stachelgruppen vorhanden.
  a. Die Augen sind schmal-nierenförmig, beinahe linear-nierenförmig, ihr Höhendiameter ist nur wenig kleiner als die Länge des Kopfes, aber 4 mal grösser als die Breite des Auges. Die oberen Fühler sind 3 mal länger als die unteren, aber nur so lang wie der Körper. Die Springbeine reichen nach hinten bis zur Mitte der Steuerbeine, deren äusseres Blatt um $1/3$ kürzer ist als das innere und am Aussenrande keine Fiederborsten trägt. Die Zahl der Glieder: in der Geissel der oberen Fühler 121, der unteren 23, in der Nebengeissel 8. Körperlänge 26 mill. Der Körper ist röthlich-gelb. Die Augen sind schwarz.
  34. **G. stenophthalmus** mihi.
  b. Die Augen sind gross und breit, nierenförmig, sie bedecken beinahe $2/5$ der ganzen Seitenfläche des Kopfsegmentes, ihr Höhendiameter erreicht fast die Länge des Kopfes und ist nur 2 mal so gross wie die Breite des Auges. Die oberen Fühler sind etwa nur um $2/5$ länger als die unteren und fast so lang wie der Körper. Die Springbeine reichen nach hinten bis zum letzten Drittel der Steuerbeine, deren äusseres Blatt um $1/3$ länger ist als das innere und am Aussenrande keine Fiederborsten trägt. Die Zahl der Glieder: in der Geissel der oberen Fühler 84, der unteren 35, in der Nebengeissel 6. Körperlänge 19 mill. Der Körper ist röthlich-gelb. Die Augen sind schwarz.
  35. **G. schamanensis** mihi.

2. Zwischen den Büscheln der einfachen Borsten, welche die Ränder der Steuerbeinblätter besetzen, oder zwischen den Stachelbündeln der Steuerbeine sind keine Fiederborsten vorhanden.
  a. Die Steuerbeine sind lang, sie reichen weit über die Springbeine hinaus. Die Rückenplatten aller Schwanzsegmente oder wenigstens der fünf oder vier letzten Schwanzsegmente sind mit Stacheln versehen.
    α'. Die Stacheln der Rückenplatten sind zart und meistens borstenartig (wenigstens auf den drei ersten Schwanzsegmenten); sie stehen am Hinterrande der Segmente in einer Querreihe geordnet. Die Rückenplatten der vier letzten Schwanzsegmente sind behaart, so dass die Stacheln in der Regel von den Haaren überdeckt werden. — Die oberen Fühler sind um die Hälfte kürzer als der Körper und um $1/4$ länger als die unteren. Die Springbeine reichen nur bis zum Ende des inneren Blattes der Steuerbeine, welches um $1/3$—$1/4$ kürzer ist als das äussere. Die Zahl der Glieder: in der Geissel der oberen Fühler 35, der unteren 13, in der Nebengeissel 4—5. Körperlänge 15 mill. Der Körper ist schmutzig-blau. Die Augen sind schwarz.
    36. **G. cyaneus** mihi.

β'. Die Stacheln der Rückenplatten sind ziemlich stark entwickelt, ziemlich dick und sie stehen in regelmässigen Gruppen geordnet, ohne jemals durch Borsten oder Haare überdeckt zu werden.

α". Die Blätter der Steuerbeine tragen an ihren Rändern Büschel von langen und üppigen Borsten.

α'''. Die oberen Fühler sind stets länger als der Körper. — Die Rückenplatten aller Schwanzsegmente sind mit Stacheln bewaffnet, welche auf dem 2ten und 3ten Schwanzsegmente in mehreren Querreihen geordnet stehen und meist 4 Längsreihen bilden. Die Dorsalfläche der Rückenplatten dieser Segmente ist gewöhnlich frei von Stacheln, weil hier die Mittelgruppen fehlen und nur in der hintersten Querreihe auftreten. Die Steuerbeine erreichen, wenn sie normal entwickelt sind¹), ²/₃ der Körperlänge. Die oberen Fühler sind um ¹/₃ länger als die unteren und bei den Männchen um ¹/₃ länger als der Körper. Das äussere Blatt der Steuerbeine ist 9 mal länger als das innere. Die Zahl der Glieder: in der Geissel der oberen Fühler 91, der unteren 28, in der Nebengeissel 9—10. Körperlänge 28 mill. Der Körper ist veilchenblau. Die Augen sind schwarz. 37. **G. Czerskii** mihi.
Taf. I, Fig. 4, Taf. III, Fig. 8.

β'''. Die oberen Fühler sind immer kürzer als der Körper. — Die Steuerbeine betragen ¹/₄—¹/₅ der Körperlänge. Die oberen Fühler sind ungefähr um ¹/₃ länger als die unteren. Das äussere Blatt der Steuerbeine ist um ¹/₄—¹/₆ länger als das innere.

a. Die Rückenplatten aller Schwanzsegmente sind bestachelt. Die Stacheln stehen auf dem 3ten Schwanzsegmente in 3—4 Querreihen geordnet. Die Zahl der Glieder: in der Geissel der oberen Fühler 66, der unteren 16—19, in der Nebengeissel 5—6. Körperlänge 25 mill. Der Körper ist grasgrün. Die Augen sind schwarz. 38. **G. viridis** mihi.
Taf. VI, Fig. 2.

b. Nur die Rückenplatten der fünf letzten Schwanzsegmente sind bestachelt. Die Stacheln stehen auf dem dritten Schwanzsegmente in 2—3 Querreihen geordnet. Die Zahl der Glieder: in der Geissel der oberen Fühler 47—50, der unteren 14—16, in der Nebengeissel 5—6. Körperlänge 24 mill. Der Körper ist grünlich. Die Augen sind schwarz. 39. **G. viridis** var. **canus** mihi.
Taf. V, Fig. 3, Taf. IV, Fig. 4.

c. Nur die Rückenplatten der vier letzten Schwanzsegmente sind bestachelt. Die Stacheln stehen auf dem 3ten Schwanzsegmente in einer einzigen Quergruppe geordnet. Die Zahl der Glieder: in der Geissel der oberen Fühler 29—35, der unteren 10—11, in der Nebengeissel 4. Körperlänge 21 mill. Der Körper ist oliven-grünlich. Die Augen sind schwarz. 40. **G. viridis** var. **olivaceus** mihi.

β". Die Blätter der Steuerbeine tragen an ihren Rändern Gruppen von kurzen Stacheln, zwischen welchen nur vereinzeltstehende kurze Borsten auftreten. — Die oberen Fühler erreichen kaum ³/₅ der Körperlänge; sie sind um ¹/₃ länger als die unteren. Die Rückenplatten aller Schwanzsegmente sind bestachelt, die Stacheln stehen auf dem 2ten und 3ten Schwanzsegmente in 4 Längsreihen und 2 Quer-

---

¹) Das heisst, wenn sie nicht verloren gegangen und dann regenerirt sind.

reihen geordnet. Die Steuerbeine betragen $1/5$ der Körperlänge; ihr äusseres Blatt ist 9 mal länger als das innere. Die Zahl der Glieder: in der Geissel der oberen Fühler 52—54, der unteren Fühler 14—17, in der Nebengeissel 4—5. Körperlänge 27 mill. Der Körper ist grünlich. Die Augen sind schwarz.
41. **G. Maackii** Gerstf.

β. Die Steuerbeine sind kurz, sie reichen nach hinten nur so weit wie die Springbeine. — Die Rückenplatten des 7ten Rumpfsegmentes und aller Schwanzsegmente sind bestachelt, die Stacheln stehen am Hinterrande der Segmente in einer Querreihe geordnet, in welcher 2, 3 bis 4 Stachelgruppen vorkommen; diese sind nicht deutlich von einander getrennt. Die oberen Fühler sind nur wenig kürzer als der Körper, aber 3 mal länger als die unteren. Die Steuerbeine erreichen kaum $1/10$ der Körperlänge; ihr äusseres Blatt ist etwa um $3/5$ länger als das innere, beide Blätter tragen vereinzeltstehende einfache Borsten, unter welchen keine Fiederborsten vorkommen. Die Zahl der Glieder: in der Geissel der oberen Fühler 87, der unteren 15—16, in der Nebengeissel 7. Körperlänge 17 mill. Der Körper ist hell saphir-bläulich. Die Augen sind röthlich.
42. **G. saphirinus** mihi.

b″. Die Stiele der oberen Fühler sind länger und dicker als die der unteren.
a‴. Die Blätter der Steuerbeine sind an ihren Rändern mit Fiederborsten versehen.
1. Nur die Rückenplatten der drei letzten Schwanzsegmente sind am Hinterrande mit Stacheln besetzt.
α. Das äussere Blatt der Steuerbeine ist zweigliedrig und länger als das innere. Die Augen sind schwach gewölbt.
α′. Die vorderen Springbeine reichen nach hinten kaum bis zur Mitte der Steuerbeine.
α″. Der vordere Stirnrand ist beinahe gerade oder mit einer sehr schwachen medianen Wölbung. Die oberen Fühler sind 1 mal länger als die unteren und länger als der Körper, ihre Stiele sind um $1/3$ länger und bedeutend dicker als die der unteren. Das äussere Blatt der Steuerbeine ist um $1/3$ länger als das innere. Die Zahl der Glieder: in der Geissel der oberen Fühler 52, der unteren 9, in der Nebengeissel 4. Körperlänge 11 mill. Der Körper ist röthlich-gelb. Die Augen sind schwarz.
43. **G. capellus** mihi.

β″. Der vordere Stirnrand ist beinahe gerade oder mit einer sehr schwachen medianen Spitze vortretend. Die oberen Fühler sind 2 mal länger als die unteren und nur $1/2$ so lang wie der Körper, ihre Stiele sind wenig länger als die der unteren. Das äussere Blatt der Steuerbeine ist wenig länger als das innere.
α‴. Die Zahl der Glieder: in der Geissel der oberen Fühler 50, der unteren 11, in der Nebengeissel 7—8. Körperlänge 39 mill. Der Körper ist schmutzigolivengrün oder bräunlich mit eleganten braunen oder dunkelziegelrothen Zeichnungen.
44. **G. Sophianosii** mihi.
Taf. V, Fig. 4.

β‴. Die Zahl der Glieder: in der Geissel der oberen Fühler 30, der unteren 8, in der Nebengeissel 4. Körperlänge 11 mill. Der Körper ist abwechselnd

dunkelbraun und hellbraun oder weisslich gefärbt. Die Augen sind schwarz. Ein heller Nackenfleck steht am Hinterhaupte.   45. **G. Sophianosii** var. **Scirtes** mihi.[1])
Taf. XI, Fig. 2.

β'. Die vorderen Springbeine reichen bis an die Spitzen der Steuerbeine. — Der vordere Stirnrand ist beinahe gerade oder tritt mit einer sehr schwachen medianen Spitze hervor. Die oberen Fühler sind 2 mal länger als die unteren und $1/2$ so lang wie der Körper, ihre Stiele sind um $1/7$ länger als die der unteren. Das äussere Blatt der Steuerbeine ist nur wenig länger als das innere. Die Zahl der Glieder: in der Geissel der oberen Fühler 29, der unteren 5—6, in der Nebengeissel 3. Körperlänge 11 mill. Der Körper hat 2 helle Querbinden. Der Kopf ist hell gefärbt. Die Augen sind aschgrau.   46. **G. bifasciatus** mihi.
Taf. XII, Fig. 8.

β. Das äussere Blatt der Steuerbeine ist eingliedrig. Beide Blätter der Steuerbeine sind gleich lang. Die Augen sind stark gewölbt. — Die vorderen Springbeine reichen bis an die Spitzen der Steuerbeine. — Der vordere Stirnrand ist beinahe gerade oder tritt mit einer sehr schwachen medianen Spitze oder medianen Wölbung vor. Das erste Stielglied der oberen Fühler ist länger als das Kopfsegment.

α'. Die Basalglieder der Gangbeine sind hinten mit mässig langen Borsten besetzt, deren Zahl etwa 30 beträgt. Die Stiele der oberen Fühler sind ungefähr um $1/3$ länger als die unteren.

α". Die oberen Fühler sind 2 mal länger als die unteren und länger als die Hälfte des Körpers. Die Zahl der Glieder: in der Geissel der oberen Fühler 45, der unteren 10, in der Nebengeissel 6. Körperlänge 28 mill. Der Körper ist weisslich-gelb, bräunlich gezeichnet. Die Augen sind schwarz.   47. **G. pictus** mihi.
Taf. XII, Fig. 3.

β". Die oberen Fühler sind 3 mal länger als die unteren und um $1/4$ kürzer als der Körper. Die Zahl der Glieder: in der Geissel der oberen Fühler 41, der unteren 9, in der Nebengeissel 6. Körperlänge 14 mill. Der Körper ist weisslich, gelbbräunlich gezeichnet. Die Augen sind schwarz.   48. **G. pictus** var. α.

β'. Die Basalglieder der Gangbeine sind hinten mit kurzen Borsten besetzt, deren Zahl etwa 10—17 beträgt. Die Stiele der oberen Fühler sind um $1/5$—$2/5$ länger als die der unteren. — Die oberen Fühler sind 4 mal länger als die unteren und länger als der Körper. Die Zahl der Glieder: in der Geissel der oberen Fühler 58, der unteren 9, in der Nebengeissel 6. Körperlänge 13 mill. Der Körper ist weisslich, gelbbräunlich gefleckt. Die Augen sind schwarz.   49. **G. pictus** var. β.
Taf. XII, Fig. 2.

2. Die Rückenplatten aller Schwanzsegmente und öfters auch die Rückenplatten der Rumpfsegmente sind mit kurzen Borsten oder Stachelspitzen bedeckt; in den meisten Fällen sind die Rumpfsegmente nur behaart.

---

[1]) Der Vorderkopf ist dunkelbraun, der Hinterkopf ist weisslich, die Rückenplatten der beiden ersten Rumpfsegmente sind einfarbig dunkelbraun, die Rückenplatten des 3ten und 4ten Segmentes sind hellbraun gefärbt; die übrigen Segmente sind dunkelbraun gefleckt.

α. Das äussere Blatt der Steuerbeine ist eingliedrig und so lang wie das innere.
   α'. Die vorderen Springbeine reichen nur bis zur Mitte der Steuerbeine. — Die Stirn tritt helmartig vor.
      α". Der helmartig vortretende Theil der Stirn ist kurz, die Entfernung seiner Spitze vom vorderen Rande des Auges ist der Augenbreite gleich oder beträgt $^1/_4$ der Kopflänge. Die oberen Fühler sind beinahe 2 mal so lang wie die unteren und etwa um $^1/_6$ kürzer als der Körper. Die Stiele der oberen Fühler sind nur wenig länger als die der unteren. Die Zahl der Glieder: in der Geissel der oberen Fühler 21, der unteren 7, in der Nebengeissel 2. Körperlänge 7 mill. Der Körper ist hell-gelblich, bräunlich gefleckt. Die Augen sind schwarz.   50. **G. orchestes** mihi.

      β". Der helmartig-vortretende Theil der Stirn ist lang und spitz, die Entfernung seines Endes vom vorderen Rande des Auges ist grösser als die Höhe des Auges. Die oberen Fühler sind beinahe 3 mal so lang wie die unteren und etwas länger als der Körper. Die Stiele der oberen Fühler sind um $^1/_3$ länger als die der unteren. Die Zahl der Glieder: in der Geissel der oberen Fühler 36—39, der unteren 11, in der Nebengeissel 4—6. Körperlänge 12 mill. Der Körper ist hell-gelblich, hell-bräunlich gefleckt. Die Augen sind schwarz.   51. **G. talitrus** mihi.
                  Taf. XI, Fig. 5.

   β'. Die vorderen Springbeine reichen nach hinten bis zur Spitze der Steuerbeine.
      α". Der helmartig-vortretende Theil der Stirn ist kurz und abgerundet, die Entfernung seiner Spitze vom vorderen Augenrande ist etwa der halben Augenbreite gleich. Die oberen Fühler sind fast 2 mal so lang wie die unteren und erreichen eine halbe Körperlänge. Die Stiele der oberen Fühler sind um $^1/_4$ länger als die der unteren. Die Zahl der Glieder: in der Geissel der oberen Fühler 22—25, der unteren 6—8, in der Nebengeissel 3—4. Körperlänge 10—12 mill.
         α'". Der Körper ist hell-grünlich gefärbt und bräunlich gefleckt. Die Augen sind schwarz.   52. **G. araneolus** mihi.
                    Taf. XI, Fig. 3.

         β'". Der Körper hat 2 helle und 3 bräunliche Querbinden.
                  53. **G. araneolus** var. **quinquefasciatus** mihi.
                    Taf. XI, Fig. 7.

         γ'". Der Körper bräunlich gefärbt, mit einer hellen Querbinde.
                  54. **G. araneolus** var. **ephippiatus** mihi.
                    Taf. XI, Fig. 8.

b'". Die Blätter der Steuerbeine haben an ihren Rändern keine Fiederborsten.
1. Die Augen weiss (an Spiritus-Exemplaren gar nicht zu sehen).
   α. Das innere Blatt der Steuerbeine ist so lang wie das äussere. — Die vorderen Springbeine reichen bis zu den Enden der Steuerbeine. Die Stirn tritt mit einer kurzen Spitze vor. Die oberen Fühler sind wenig kürzer als der Körper und ungefähr 4 mal länger als die unteren. Die Stiele der oberen Fühler sind um $^1/_5$—$^1/_4$ länger als die der unteren. Die Zahl der Glieder: in der Geissel der oberen Fühler 47, der unteren 4, in der Nebengeissel 3—4. Körperlänge 12—16 mill. Der Körper ist gelblich. Die Augen sind weiss.   55. **G. Gerstaeckeri** mihi.
                    Taf. XIV, Fig. 5.

β. Das innere Blatt der Steuerbeine ist bedeutend kürzer als das äussere. — Die vorderen Springbeine reichen nur bis zur Mitte der Steuerbeine. Die Stirn ist beinahe gerade, sie tritt mit einer medianen, sehr kurzen Spitze vor. Das äussere Blatt der Steuerbeine ist 4—5 mal länger als das innere. Die Augen sind punktförmig. Die oberen Fühler sind länger als die Hälfte des Körpers und ungefähr 2 mal so lang wie die unteren. Die Stiele der oberen Fühler sind um $1/4$ länger als die der unteren. Die Zahl der Glieder: in der Geissel der oberen Fühler 24, der unteren 9—10, in der Nebengeissel 2—3. Körperlänge 8 mill. Der Körper und die Augen sind weiss.

56. **G. ignotus** mihi.
Taf. IV, Fig. 3.

2. Die Augen roth oder schwarz (an Spiritus-Exemplaren sind sie immer deutlich). — Das innere Blatt der Steuerbeine ist um die Hälfte kürzer als das äussere. Die Springbeine erreichen beinahe die Spitzen der Steuerbeine. Die oberen Fühler sind über 2 mal länger als die unteren, sie betragen aber etwa nur $1/4$ der Körperlänge. Die Stiele der oberen Fühler sind nur wenig länger als die der unteren. Die Zahl der Glieder: in der Geissel der oberen Fühler 17, der unteren 4—5, in der Nebengeissel 2. Körperlänge 13 mill. Die Farbe des Körpers ist violett oder röthlich. Die Augen sind schwarz.

57. **G. branchialis** mihi.
Taf. XIV, Fig. 1.

II. Die Rückenplatten der Rumpfsegmente verlängern sich über die Ansatzstelle der Seitenplatten nach unten und überdecken die Verbindungsnath derselben. Der überhängende Theil der Rückenplatten ist zugespitzt. — Die Rückenplatten aller Rumpf- und Schwanzsegmente sind glatt, ohne Stacheln oder Borsten. Die oberen Fühler sind fast zwei mal länger als die unteren und erreichen kaum $1/3$ der Körperlänge. Die Geisselglieder der unteren Fühler tragen keine Kolbenorgane. Die vorderen Springbeine erreichen nicht die Spitze der Steuerbeine, deren Blätter fast gleich lang sind. Das innere Blatt trägt Fiederborsten an seinen beiden Rändern, das äussere Blatt nur an seinem Innenrande. Die Zahl der Glieder: in der Geissel der oberen Fühler 8—10, der unteren 3, in der Nebengeissel 2. Körperlänge 9 mill. Der Körper ist mehr oder weniger braun gefärbt. Die Augen sind dunkelbraun.

58. **G. Strauchii** mihi.
Taf. XII, Fig. 4.

* * *

B. Die Rückenplatten der Segmente sind an einigen Stellen verdickt, diese Verdickungen kommen entweder auf allen Segmenten vor, oder sie beschränken sich nur auf die letzten (1, 2 bis 3) Rumpfsegmente und die 3 ersten Schwanzsegmente; sie treten in Form von Kielen, Höckern, Dornen und Zähnen auf, oder als wulstige Erhöhungen und Verdickungen der Integumente.[1]

I. Die Steuerbeine reichen immer über den Schwanzanhang weit hinaus; der Schwanzanhang ist zweitheilig oder zweispitzig, wenigstens in seinem letzten Drittel oder Viertel getheilt, ausnahmsweise nur seicht am Hinterrande ausgeschnitten. Die Rückenplatten der Rumpfsegmente enden über den Seitenplatten mit einem deutlichen Rande, welcher oft wulstig verdickt ist oder sich zu Randkielen gestaltet.[2]

---

[1] Das Auffinden dieser Erhöhungen bei den kleinen Arten ist nicht immer leicht; es kommen namentlich die kleinen Kiele auf der Medianlinie der Segmente sehr schwach entwickelt vor, sie können bei genauer Untersuchung aber nicht übersehen werden.

[2] Um die Stellung einzelner Fortsätze oder Verdickungen der Chitinhaut dem Leser zu vergegenwärtigen, recapitulire ich die Benennungen derselben (man vergleiche die Allgemeinen Bemerkungen). 1) Medianfortsätze oder einfach

a. Die Seitenplatten der vier ersten Rumpfsegmente sind entweder glatt, oder nur mit kleinen Höckern oder Kielen versehen, selten mit ganz kurzen Dornen ausgerüstet, diese Dornen aber erreichen nie die Länge der übrigen Dornen aus den Längsreihen der Körperoberfläche.

    a'. Die Stirn ist in einen medianen, langen, schnabelartigen Fortsatz verlängert. — Die oberen Fühler sind um $1/3$ länger als die unteren, sie erreichen aber nur ein Viertel der Körperlänge. Die Stiele der oberen Fühler sind fast so lang wie die der unteren. Die Augen sind mässig gross, gewölbt, biscuitförmig. Die Rückenplatten aller Segmente sind mit Randwölbungen und einem Mediankiel versehen. Die Springbeine reichen bis an die Spitzen der Steuerbeine, deren inneres Blatt um $1/3$ kürzer als das äussere ist. Die Zahl der Glieder: in der Geissel der oberen Fühler 12—29, der unteren 4—8, in der Nebengeissel 2—5. Körperlänge 10—28 mill. Der Körper ist bräunlich gefärbt. Die Augen sind schwarz.   59. **G. Carpenterii** mihi.
                                                                                                                                                 Taf. XIII, Fig. 2.

    b'. Die Stirn endet mit einer medianen, kurzen Spitze, oder sie ist vorn abgerundet.
        a". Die Höcker, oder Leisten, oder Dornen der Lateralreihen tragen keine secundären Stacheln auf ihrer Oberfläche.
            a'''. Der untere Rand der 4 ersten Seitenplatten ist entweder abgerundet oder gerade, nie aber bogenförmig eingeschnitten.
                1. Die Medianreihe ist immer vorhanden, sei es auch nur als eine Reihe von kleinen Tuberkeln.
                    α. Ausser der Medianreihe kommen keine anderen Längsreihen auf den Rückenplatten vor.
                        α'. Auf den Rückenplatten der Rumpf- und Schwanzsegmente ist die Medianreihe aus einer Reihe kleiner Kiele gebildet.
                            α". Die Kiele sind ziemlich stark auf den Rückenplatten aller Rumpfsegmente und der 3 ersten Schwanzsegmente entwickelt. — Die oberen Fühler erreichen beinahe die halbe Länge des Körpers und sind fast 2 mal so lang wie die unteren. Die Stiele der oberen Fühler sind in der Regel etwas länger als die der unteren. Die Augen sind ziemlich gross, gewölbt, abgerundet. Die vorderen Springbeine reichen bis zur Mitte der Steuerbeine, deren inneres Blatt um $1/3$ oder um die Hälfte kürzer ist als das äussere Blatt. Die Zahl der Glieder: in der Geissel der oberen Fühler 27, der unteren 12, in der Nebengeissel 3. Körperlänge 15 mill. Der Körper ist zimmtbraun. Die Augen sind schwarz.   60. **G. cinnamomeus** mihi.
                                                                                                                                           Taf. VII, Fig. 3.

                          β". Die Kiele sind schwach entwickelt, sie treten nur auf den (1—2) letzten Rumpfsegmenten und den 3—5 Schwanzsegmenten vor.
                              α'''. Die Augen sind abgerundet und stark gewölbt.
                                  a. Die Augen sind sehr gross, sie nehmen beinahe die Hälfte der Seitenfläche des Kopfsegmentes ein. Die oberen Fühler sind über 2 mal länger als die unteren, sie erreichen aber nur die Hälfte der Körperlänge. Die Seitenplatten der 4 ersten Rumpfsegmente tragen einen Borstenbesatz. Die vorderen Springbeine reichen fast bis zu den Enden der Steuerbeine, deren inneres Blatt nur wenig kürzer ist als das äussere. Die Zahl

---

Medianreihe nenne ich die Reihe der Fortsätze, welche in der Medianlinie des Rückens gelagert sind; 2) Mittelfortsätze oder Mittelreihen — diejenigen, welche in der Mitte der Rückenplatte gelegen und aus dem Zerfallen der Medianreihe in 2 Reihen entstanden sind; 3) Lateralreihen oder Seitenreihen oder Lateralfortsätze — diejenigen, welche an der Aussenseite der Medianreihe oder der Mittelreihen gestellt sind; sie stehen immer ziemlich hoch über der Ansatzstelle der Seitenplatten; 4) Randreihen oder Marginalreihen — diejenigen, welche unmittelbar über der Seitenplatte zu stehen kommen.

der Glieder: in der Geissel der oberen Fühler 44, der unteren 11, in der Nebengeissel 4—5. Körperlänge 15 mill. Der Körper ist weisslich. Die Augen sind rubinroth.   61. **G. rhodophthalmus** mihi.
Taf. XIV, Fig. 10.

   b. Die Augen sind mässig gross und nehmen $1/3 - 1/4$ der Seitenfläche des Kopfes ein. Die oberen Fühler sind über 2 mal länger als die unteren und sind länger als die Hälfte des Körpers. Die Zahl der Glieder: in der Geissel der oberen Fühler 34—42, der unteren 8—9, in der Nebengeissel 3—4. Körperlänge 13 mill. Der Körper ist weisslich. Die Augen sind schwarz.   62. **G. rhodophthalmus**
var. **microphthalmus** mihi.

β'''. Die Augen sind flach.

   a. Die Augen sind unregelmässig halbmondförmig, mit dem gewölbten Rande nach unten und nach vorn gekehrt. Der vordere Theil des Auges tritt auf die vordere Fläche des Kopfes zwischen die Ansatzstelle beider Fühlerpaare. — Die oberen Fühler sind fast 2 mal länger als die unteren, aber sie erreichen nur $1/3$ der Körperlänge. Die Stiele der oberen Fühler sind um $1/5 - 1/6$ länger als die der unteren. Die Springbeine erreichen die Spitze der Steuerbeine, deren inneres Blatt nur wenig kürzer ist als das äussere. Die Zahl der Glieder: in der Geissel der oberen Fühler 29, der unteren 9, in der Nebengeissel 3—4. Körperlänge 21 mill. Der Körper ist weisslich. Die Augen sind rosaroth.
       63. **G. pulchellus** mihi.
Taf. V, Fig. 4.

   b. Die Augen sind eiförmig, klein, ganz auf den Seitenflächen des Kopfes gelagert. — Die oberen Fühler sind etwas kürzer als die Hälfte des Körpers und 2 mal länger als die unteren. Die Stiele der oberen Fühler sind um $1/4$ länger als die der unteren. Die Springbeine reichen bis zu den Spitzen der Steuerbeine, deren inneres Blatt um $1/4$ kürzer ist als das äussere. Die Zahl der Glieder: in der Geissel der oberen Fühler 34, der unteren 9, in der Nebengeissel 4—5. Körperlänge 17 mill. Der Körper ist weisslich. Die Augen sind röthlich.
       64. **G. Seidlitzii** mihi.
Taf. V, Fig. 5.

β'. Die Medianreihe besteht aus einer Reihe hoher Kiele, welche auf den Rückenplatten aller Rumpfsegmente und der 3 ersten Schwanzsegmente in Form stark seitlich zusammengedrückter hoher Fortsätze auftreten, so dass dadurch auf dem Rücken des Thieres eine Art von Kamm gebildet wird. — Die oberen Fühler sind 2 mal so lang wie die unteren und um $1/3$ kürzer als der Körper. Die Stiele der oberen Fühler sind um $1/5 - 1/10$ länger als die der unteren. Die Springbeine reichen nur bis zur Mitte der Steuerbeine, deren Blätter fast gleich lang sind. Die Zahl der Glieder: in der Geissel der oberen Fühler 70, der unteren 12, in der Nebengeissel 12—13. Körperlänge 39—42 mill. Der Körper ist hell-gelblich, orangen-roth gefleckt. Die Augen sind schwarz.   65 **G. Wagii** mihi.
Taf. I, Fig. 4.

β. Ausser der Medianreihe kommen noch andere, schwach entwickelte Längsreihen vor, und zwar die Lateral- und Randreihen; die ersteren werden aus einer Reihe kleiner Tuberkeln oder Höcker gebildet, die letzteren aus einer Reihe flacher Wölbungen.

α'. Die Medianfortsätze treten auf den fünf letzten Rumpfsegmenten in Form niedriger, schmaler, zahnartiger Fortsätze, auf den drei ersten Schwanzsegmenten in Form von Dornen oder Zähnen auf, deren Spitzen mit zwei Stacheln bewaffnet sind. Der Innenrand der unteren Geissel ist sägeförmig ausgeschnitten. — Die oberen Fühler sind länger als der Körper und 4 bis 6 mal länger als die unteren. Die Stiele der oberen Fühler sind um $1/3 - 2/5$ länger als die der unteren. Die vorderen Springbeine reichen über die Spitzen der Steuerbeine hinaus. Das äussere Blatt der Steuerbeine ist um $1/7$ kürzer als das innere.[1]) Die Zahl der Glieder: in der Geissel der oberen Fühler 108, der unteren 17, in der Nebengeissel 8. Körperlänge 50 mill. Der Körper ist weisslich. Die Augen sind weiss.   66. **G. Cabanisii** mihi.
Taf. XIII, Fig. 3.

β'. Die Medianfortsätze treten in Form niedriger Kiele auf, deren oberer Rand zwei bis drei dornenartige oder höckerartige Fortsätze trägt. Das Endglied der unteren Stiele ist an seinem Ende verdickt und mit einem Haufen von Fiederborsten versehen. — Die oberen Fühler sind fast zwei mal länger als der Körper und 7 mal länger als die unteren. Die Stiele der oberen Fühler sind um $1/3 - 1/4$ länger als die der unteren. Die vorderen Springbeine reichen nach hinten über die Enden der Steuerbeine, deren äusseres Blatt um $1/10$ kürzer ist als das innere. Die Zahl der Glieder: in der Geissel der oberen Fühler 119, der unteren 7, in der Nebengeissel 4—5. Körperlänge 29 mill. Der Körper ist hell-rosaroth. Die Augen sind violettfarbig.   67. **G. Zienkowiczii** mihi.
Taf. III, Fig. 5.

γ. Ausser der Medianreihe kommen noch andere stark entwickelte Längsreihen vor. Die Fortsätze, welche diese Reihe bilden, treten als Dornen oder Höcker auf.

  α'. Die Scheitelfläche des Kopfes ist mit dornenartigen Fortsätzen oder starken Stacheln bewaffnet. — Die Medianreihe ist auf den fünf ersten Rumpfsegmenten durch zwei Mittelreihen von kleinen Höckern ersetzt, auf den übrigen Segmenten tritt sie als eine Reihe von Mediankielen auf, welche auf den drei ersten Schwanzsegmenten durch eine sattelförmige Depression in zwei Theile zerfallen, von denen der hintere zahn- oder hornartig verlängert ist. Die Randreihen sind durch starke Dornen repräsentirt. Die oberen Fühler sind um $1/2$ länger als die unteren, sie erreichen nur eine halbe Körperlänge. Die Stiele der oberen Fühler sind fast so lang wie die der unteren. Die Springbeine reichen bis zur Mitte der Steuerbeine, deren innere Blätter um $1/5$ kürzer sind als die äusseren. Die Zahl der Glieder: in der Geissel der oberen Fühler 32, der unteren 12, in der Nebengeissel 3. Körperlänge 25 mill. Der Körper ist schmutzig-weiss. Die Augen sind weiss.   68. **G. Reissnerii** mihi.
Taf. III, Fig. 3. Taf. IV, Fig. 7.

  β'. Die Scheitelfläche des Kopfes trägt keine Dornen oder Stacheln, sie ist entweder glatt, oder rauh und wird öfters durch eine mediane Furche durchzogen.

    α''. Von den Längsreihen der Fortsätze sind die Lateralreihen am stärksten entwickelt und das fünfte Dornenpaar aus diesen Reihen ist das längste von allen. Die Randreihen sind nur durch eine Reihe von schwachen Kielen dargestellt.

      α'''. Das fünfte Paar der Lateraldornen ist etwas höher als die übrigen Dornen dieser Reihen gegen die Medianlinie gerückt. Diese Dornen sind etwa um $1/2$

---

[1]) Also umgekehrt wie bei den übrigen Arten, bei denen gewöhnlich das innere Blatt kürzer ist.

länger als die ihnen zunächst gelegenen und sind schwach hakenförmig gebogen. — Die oberen Fühler sind zwei mal länger als die unteren und etwas länger als die Hälfte des Körpers. Die Stiele der oberen Fühler sind um $1/3-1/5$ länger als die der unteren. Die vorderen Springbeine reichen bis zum Ende des zweiten Drittels der Steuerbeine, deren Blätter fast gleich lang sind. Die Zahl der Glieder: in der Geissel der oberen Fühler 67, der unteren 8—14, in der Nebengeissel 5—6. Körperlänge 63 mill. Der Körper ist grünlich-hornbraun. Die Augen sind schwarz.   69. **G. cancellus** Pall.

β'''. Das fünfte Paar der Lateraldornen ist bedeutend stärker entwickelt als die übrigen und sie stehen etwas höher. Diese Dornen gestalten sich zu Hörnern um, welche hoch über den Körper hinausragen; sie sind schwach bogig gekrümmt und enden hakenförmig. — Die oberen Fühler erreichen meistens $2/3$ der Körperlänge und sind mehr als die Hälfte länger als die unteren. Die Stiele der oberen Fühler sind um $1/3$ länger als die der unteren. Die Zahl der Glieder: in der Geissel der oberen Fühler 52—72, der unteren 14, in der Nebengeissel 6. Körperlänge 67 mill. Der Körper ist bräunlich gefärbt. Die Augen sind schwarz.
    70. **G. cancellus**
    var. **Gerstfeldtii** mihi.
    Taf. II, Fig. 1.

β''. Von den Längsreihen der Fortsätze sind die Randreihen am stärksten entwickelt.

α'''. Auf den Schwanzsegmenten fehlen die Randreihen, oder die Rand- und Lateralreihe auf jeder Seite schmelzen zu einer einzigen Reihe zusammen. Die aus dieser Verschmelzung entstandenen Dornen sind auf den zwei ersten Schwanzsegmenten, oder nur auf dem zweiten Segmente allein, stärker entwickelt als alle übrigen Dornen der Längsreihen.

a. Die Medianreihe stellt eine Reihe von Kielen dar, welche sogar auf den 4 ersten Schwanzsegmenten deutlich zu sehen sind. Die Dornen der Lateralreihen und die Dornen der Randreihen sind ziemlich lang und spitz. — Die oberen Fühler erreichen nur etwa $1/4$ der Körperlänge und sind nur um $1/3$ länger als die unteren. Die Stiele der oberen Fühler sind um $1/4$ länger als die der unteren. Die vorderen Springbeine reichen bis zu den Spitzen der Steuerbeine, deren inneres Blatt um $1/3$ kürzer ist als das äussere. Der Schwanzanhang ist in seinem hintersten Viertel seicht eingeschnitten. Die Zahl der Glieder: in der Geissel der oberen Fühler 26, der unteren 9, in der Nebengeissel 3. Körperlänge 25 mill. Der Körper ist hell-grünlich, bräunlich gefleckt. Die Augen sind bräunlich-schwarz.
    71. **G. cancelloides** Gerstf.
    Taf. XIII, Fig. 6.

b. Die Medianreihe ist schwach entwickelt und auf den 4—5 ersten Rumpfsegmenten durch zwei Mittelreihen ersetzt. In den Lateralreihen kommen Höcker oder kurze Dornen, in den Randreihen stumpfe höckerartige Kiele vor. — Die oberen Fühler sind beinahe 2 mal länger als die unteren und weniger als 2 mal in der Körperlänge enthalten. Die Stiele der oberen Fühler sind um $1/3$ länger als die der unteren. Die vorderen Springbeine reichen fast bis zu den Spitzen der Steuerbeine, deren inneres Blatt $4^{1}/_{2}$ mal kürzer ist als das äussere. Der Schwanzanhang ist an seinem hinteren Rande bogig eingeschnitten und seine obere Fläche muldenförmig vertieft. Die Zahl der Glieder: in der

Geissel der oberen Fühler 29, der unteren 8. in der Nebengeissel 2—3. Körperlänge 32 mill. Der Körper ist bräunlich-grün, braun gefleckt. Die Augen sind dunkelbraun.

                 72. **G. Grubii** mihi.
                    Taf. I, Fig. 5.

ɩ. Die Medianreihe ist schwach entwickelt. Die Lateralreihen fehlen. Die Randreihen sind nur durch 5 starke Dornen dargestellt.

 a'. Die Dornen der Randreihen stehen auf den 5 ersten Rumpfsegmenten, auf dem 6ten und 7ten sind keine Randdornen, Höcker oder Kiele vorhanden. Die Scheitelfläche des Kopfes ist durch eine mediane Furche durchsetzt. — Die oberen Fühler sind fast 2 mal länger als die unteren und 2 mal kürzer als der Körper. Die Stiele der oberen Fühler sind um $1/3 - 1/4$ länger als die der unteren. Die vorderen Springbeine reichen nach hinten über die Spitzen der Steuerbeine, deren inneres Blatt um $1/7$ kürzer ist als das äussere. Der Schwanzanhang ist an seinem Hinterrande sehr schwach ausgeschnitten. Die Zahl der Glieder: in der Geissel der oberen Fühler 28, der unteren 8—9, in der Nebengeissel 3—4. Körperlänge 33 mill. Der Körper ist hellgrünlich, braun gefleckt. Die Augen sind dunkelbraun.

                 73. **G. Kesslerii** mihi.
                    Taf. I, Fig. 7.

 b'. Hinter den 5 Dornen, welche schwächer entwickelt sind als bei der vorigen Art, stehen auf dem 6ten und 7ten Rumpfsegmente schwache Höcker. Auf der Scheitelfläche des Kopfes fehlt die mediane Rinne.

             74. **G. Kesslerii** var. **europaeus** Kessl.

β'''. Auf den Schwanzsegmenten sind die Randreihen entwickelt, sie bestehen aus einer Reihe wulstiger Kiele, welche seitlich von den Lateraldornen zu stehen kommen. — Die Medianreihe zerfällt in 2 Mittelreihen von kleinen Tuberkeln, welche sogar auf den Schwanzsegmenten deutlich zu sehen sind. Die Lateralreihen werden durch kurze Dornen dargestellt, von welchen die längsten auf den zwei ersten Schwanzsegmenten stehen. In den Randreihen kommen dicke, stark entwickelte, etwas platt gedrückte höckerartige Kiele vor. — Die oberen Fühler sind 2 mal so lang wie die unteren und einer halben Körperlänge gleich. Die oberen Stiele sind etwa um $1/5$ länger als die Stiele der unteren Fühler. Die vorderen Springbeine reichen bis zu den Spitzen der Steuerbeine, deren Blätter beinahe gleich lang sind. Der Schwanzanhang ist bis zur Hälfte getheilt. Die Zahl der Glieder: in der Geissel der oberen Fühler 47, der unteren 12, in der Nebengeissel 6. Körperlänge 32 mill. Der Körper ist bräunlich gefärbt. Die Augen sind bräunlich-grau.

                 75. **G. Brandtii** mihi.
                    Taf. XIV, Fig. 3.

2. Die Medianreihe fehlt. Auf der Medianlinie der 7 Rumpfsegmente und der 3 ersten Schwanzsegmente ist keine Spur von Tuberkeln vorhanden.

 a. Von den Längsreihen sind nur die Randreihen entwickelt. — Die Randfortsätze kommen nur auf den 5 ersten Rumpfsegmenten vor, in Form von spitzen, langen Dornen. Die oberen Fühler sind um $1/3$ länger als die unteren und sind fast einer halben Körperlänge gleich. Die Stiele der oberen Fühler sind nur um $1/7 - 1/8$ länger als die der unteren. Die vorderen Springbeine reichen nach hinten etwas über die Spitzen der Steuerbeine, deren inneres Blatt um $1/10$ kürzer ist als das äussere. Der hintere Rand des Schwanzanhanges ist seicht eingeschnitten. Die Zahl der Glieder: in der Geissel der oberen Fühler 32, der unteren 8, in der Nebengeissel 4. Körperlänge 30 mill. Die Farbe des Körpers ist röthlich-braun, weisslich gefleckt. Die Augen sind braun.

76. **G. Lovenii** mihi.
Taf. XIII, Fig. 7.

β. Von den Längsreihen sind nur die Lateral- oder auch die Randreihen entwickelt; erstere treten meistens als Reihen von Dornen, seltener als Reihen von Kielen auf, letztere als Reihen von schwachen Wölbungen oder Wülsten.

α'. Die Lateralreihen werden durch eine Reihe von Dornen dargestellt, welche auf den 3 letzten Rumpfsegmenten und allen Schwanzsegmenten ausgebildet sind und die auf den 3 letzten Schwanzsegmenten die Form von Höckern annehmen. Auf diesen letztgenannten Schwanzsegmenten sind kleine Mediankiele vorhanden. Die Augen sind mässig gross, gewölbt. — Die oberen Fühler sind um $1/4$—$1/5$ kürzer als der Körper und zwei mal länger als die unteren Fühler. Die Stiele der oberen Fühler sind um $1/5$—$1/10$ länger als die der unteren. Die vorderen Springbeine reichen nach hinten nicht bis zur Mitte der Steuerbeine, das äussere Blatt dieser letzteren Beine ist um $1/5$ länger als das innere. Die Zahl der Glieder: in der Geissel der oberen Fühler 71—74, der unteren 17—20, in der Nebengeissel 8—10. Körperlänge 48—50 mill.

α". Die beiden vorderen Dornenpaare sind beinahe gerade oder sehr schwach hakig gebogen. Der Körper ist hell-orangenroth. Die Augen sind schwarz.

77. **G. Borowskii** mihi.
Taf. II, Fig. 3.

β". Die beiden vorderen Dornenpaare sind hakig gebogen. Der Körper ist schmutzig-violett gefärbt, mit horngelblichen Rändern der Segmente. Die Augen sind schwarz.

78. **G. Borowskii**
var. **dichrous** mihi.

γ". Die beiden vorderen Dornenpaare sind hakig gebogen. Der Körper ist weisslich gefärbt. Die Augen sind weisslich.

79. **G. Borowskii**
var. **abyssalis** mihi.

β'. Die Lateralreihen werden durch Reihen von dicken zitzenartigen Dornen dargestellt, welche nur auf den 3 letzten Schwanzsegmenten die Form von Höckern annehmen. Die Mediankiele fehlen sogar auf den letzten Schwanzsegmenten. Die Augen sind punktförmig, weiss. — Die oberen Fühler sind um $1/5$ kürzer als der Körper und zwei mal so lang wie die unteren Fühler. Die Stiele der oberen Fühler sind um $1/5$ länger als die der unteren. Die Springbeine erreichen die Mitte der Steuerbeine, deren inneres Blatt um $1/5$ kürzer ist als das äussere. Die Zahl der Glieder: in der Geissel der oberen Fühler 63, der unteren 22, in der Nebengeissel 10. Körperlänge 53 mill. Der Körper ist weisslich. Die Augen sind weiss. 80. **G. Zagowskii** mihi.
Taf. II, Fig. 2.

γ'. Die Lateralreihen werden auf allen Rumpfsegmenten und den 3 ersten Schwanzsegmenten durch eine Reihe von flach seitwärts ausgebreiteten Kielen dargestellt. Auf den 3 letzten Schwanzsegmenten sind die Kiele höckerartig gestaltet. Die Augen sind klein, gewölbt. — Die oberen Fühler sind beinahe der halben Körperlänge gleich und sind 2 mal so lang wie die unteren. Die Stiele der oberen Fühler sind nur wenig länger als die der unteren. Die vorderen Springbeine reichen fast bis zur

Mitte der Steuerbeine, deren inneres Blatt um $^2/_5$ kürzer ist als das äussere. Die Zahl der Glieder: in der Geissel der oberen Fühler 47, der unteren 14—16, in der Nebengeissel 6—7. Körperlänge 47 mill. Der Körper ist bräunlich-roth. Die Augen sind schwarz.   81. **G. Puzylli** mihi.
Taf. III, Fig. 4.

b'''. Der untere Rand der 4 ersten Seitenplatten ist bogig eingeschnitten. — Die Medianreihe tritt als eine Reihe von Dornen auf. Die Rand- und Lateralreihe verschmelzen jederseits zu einer einzigen Reihe zusammen, so dass über die Rückenplatten des Körpers nur 3 Dornenreihen verlaufen. Das vierte Dornenpaar der Randreihen ist mächtig entwickelt.

α. Die Stiele der oberen Fühler sind länger und dicker als die der unteren. Der 4te Dorn aus der Randreihe ist abgerundet und spitz. Die oberen Fühler sind länger als die Hälfte des Körpers und $2^1/_2$ mal länger als die unteren. Die Springbeine reichen über die Spitzen der Steuerbeine hinaus. Die Blätter der Steuerbeine sind fast gleich lang. Die Zahl der Glieder: in der Geissel der oberen Fühler 61, der unteren 11, in der Nebengeissel 9—10. Körperlänge 51 mill. Der Körper ist hell-horngelblich, dunkel-hornbraun gebändert. Die Augen sind schwarz.   82. **G. Godlewskii** mihi.
Taf. I, Fig. 6.

β. Die Stiele der oberen Fühler sind kürzer als die der unteren. Der 4te Dorn aus der Randreihe ist etwas plattgedrückt. Die oberen Fühler sind kürzer als die Hälfte des Körpers und 2 bis $2^1/_2$ mal länger als die unteren. Die Zahl der Glieder: in der Geissel der oberen Fühler 53, der unteren 9, in der Nebengeissel 9—10. Körperlänge 70 mill. Der Körper ist schmutzig-bräunlich gefärbt. Die Augen sind schwarz.   83. **G. Godlewskii** var. **Victorii** mihi.

b''. Die Leisten, Höcker oder Dornen der Lateralreihen sind mit secundären Stacheln besetzt, deren Zahl 2, 4, 5 bis 7 beträgt. — Eine Medianreihe ist deutlich ausgebildet. Die Randreihen fehlen oder sie sind nur durch schwache Wölbungen angedeutet. Die oberen Fühler sind 4—5 mal länger als die unteren, ihre Stiele sind 2 mal länger als die der unteren. Die vorderen Springbeine reichen bis zur Mitte der Steuerbeine, deren äusseres Blatt um $^1/_4$—$^1/_5$ länger ist als das innere. Die Zahl der Glieder: in der Geissel der oberen Fühler 47, der unteren 5—8, in der Nebengeissel 3—5. Körperlänge 21 mill. Der Körper ist hell-bräunlich, dunkel-braun gefleckt. Die Augen sind schwarz.   84. **G. armatus** mihi.
Taf. XII, Fig. 1.

c''. Die Fortsätze der Medianreihe, so wie die der Randreihen sind mit secundären Stacheln besetzt. Die Scheitelfläche des Kopfes ist mit 3 Paar starken Stacheln bewaffnet. Die oberen Fühler erreichen beinahe eine Körperlänge und sind 3 mal länger als die unteren. Die Stiele der oberen Fühler sind fast 2 mal so lang wie die der unteren. Die vorderen Springbeine reichen bis an die Enden der Steuerbeine, deren beide Blätter beinahe gleich lang sind. Die Zahl der Glieder: in der Geissel der oberen Fühler 26, der unteren 8, in der Nebengeissel 2. Körperlänge 11 mill. Die Farbe des Körpers ist grünlich. Die Augen sind schwarz.   85. **G. parasiticus** mihi.
Taf. III, Fig. 2.

b. Die 4te Seitenplatte ist mit einem Dorne oder Stachel versehen, dessen Länge die Länge der übrigen Dorne, welche auf den Rückenplatten des Körpers vorkommen, übertrifft.

a'. Der hintere Rand der 4ten Seitenplatte, und zwar an demjenigen Theile, wo sich die Seitenplatte in den hinteren zahnartigen Fortsatz verlängert, erhebt sich in Form eines halbtrichterförmigen Stachels gerade nach aussen. Die Rückenplatten aller Segmente tragen Mediankiele, Lateral- und Randerhöhungen. Die oberen Fühler erreichen kaum ein Drittel der Körperlänge und sind etwa 2 mal so lang wie die unteren. Die Stiele der oberen Fühler sind kürzer als die der unteren. Die vorderen Springbeine reichen über die Mitte der Steuerbeine, deren beide Blätter fast gleich lang sind. Die Zahl der Glieder: in der Geissel der oberen Fühler 34, der unteren 10, in der Nebengeissel 4. Körperlänge 41 mill. Der Körper ist schmutzig-gelb. Die Augen sind weiss. 86. **G. Radoszkowskii** mihi.

Taf. XIII, Fig. 3.

II. Die Steuerbeine sind rudimentär, sie reichen kaum über den hinteren Rand des Schwanzanhanges hinaus. Der Schwanzanhang ist blattförmig, sein hinterer Rand ist etwas eingebogen oder abgerundet, äusserst selten zweispitzig.

a. Die Springbeine sind mächtig entwickelt und ragen weit über die Steuerbeine hinaus. — Die 4te Seitenplatte ist mit einem starken Dorne bewaffnet, welcher oft die Länge aller übrigen Dorne des Körpers übertrifft. Der untere Rand der Seitenplatte ist bogig ausgeschnitten. Die Medianreihe tritt als eine Reihe mächtig entwickelter Dornen auf. Die Lateral- und Randreihen werden durch schwache Kiele dargestellt.

a'. Der Dorn der vierten Seitenplatte ist etwas plattgedrückt und schief nach unten gerichtet. Der Schwanzanhang ist an seinem hinteren Rande flach eingeschnitten. Die oberen Fühler erreichen $^2/_3 - ^2/_5$ der Körperlänge und sind 3 mal länger als die unteren. Die Stiele der oberen Fühler sind um $^1/_4$ länger als die der unteren. Das äussere Blatt der Steuerbeine ist 3 bis 5 mal länger als das innere, beide Blätter sind aber rudimentär. Die Zahl der Glieder: in der Geissel der oberen Fühler 62..., der unteren 14, in der Nebengeissel 22. Körperlänge 63 mill. Der Körper ist gelblich. Die Augen sind weiss. 87. **G. Grewingkii** mihi.

Taf. II, Fig. 4.

b'. Der Dorn der vierten Seitenplatte ist abgerundet, erhebt sich von der Fläche der Seitenplatte beinahe senkrecht und behält eine horizontale Richtung nach aussen; er ist bei weitem länger als die übrigen Dorne des Körpers. Der Schwanzanhang ist zweispitzig. Die oberen Fühler sind um $^1/_5$ kürzer als der Körper und 3—4 mal länger als die unteren. Die Stiele der oberen Fühler sind um $^1/_3$ länger als die der unteren. Das innere Blatt der Steuerbeine ist 2—3 mal kürzer als das äussere; beide Blätter sind rudimentär. Die Zahl der Glieder: in der Geissel der oberen Fühler 39—46, der unteren 7—8, in der Nebengeissel 11—12. Körperlänge 23—31 mill. Der Körper ist gelblich. Die Augen sind weiss. 88. **G. Reichertii** mihi.

Taf. XIII, Fig. 4.

b. Die Springbeine sind rudimentär oder sehr schwach entwickelt, sie reichen nach hinten fast so weit wie die Steuerbeine. — Die Rückenplatte des 3ten Schwanzsegmentes ist eigenthümlich gestaltet, sie bietet einige Aehnlichkeit mit einem Fettschwanz der *Ovis steatopyga* dar. Das Segment wird durch eine tiefe, horizontale, gewölbartige Furche eingeschnürt. Die oberen Fühler sind wenig länger als die unteren, sie erreichen nur $^1/_4$ der Körperlänge. Die Stiele der oberen Fühler sind etwas kürzer als die der unteren. Die Blätter der Steuerbeine sind gleich lang. Die Zahl der Glieder: in der Geissel der oberen Fühler 17, der unteren 12, in der Nebengeissel 3. Körperlänge 23 mill. Der Körper ist schmutzig-gelb. Die Augen sind schwarz. 89. **G. Solskii** mihi.

Taf. III, Fig. 2.

Zweite Abtheilung.

Die Nebengeissel eingliedrig.[1]

A. Die Steuerbeine sind einblättrig, es fehlt das innere Blatt derselben. Der Schwanzanhang ist am Hinterrande abgerundet, nicht eingeschnitten, blattförmig. — Die oberen Fühler sind um $1/4 - 1/5$ länger als die

---

[1] Dieser Charakter vereinigt eine Gruppe von Arten, welche in ihrer Lebensweise und ihrem allgemeinen Habitus ziemlich übereinstimmen. Es sind meistens kleine Thiere, deren Körperlänge selten 20 Millimeter überschreitet, in der Regel aber 10—15 Millimeter beträgt. Die Thiere bewegen sich auf dem Boden gehend, selten springend; die einzige Ausnahme hievon bildet *G. vortex*, welcher sich auf der Seite liegend — also kriechend — auf dem Boden fortbewegt; die meisten Arten dieser Gruppe schwimmen schnell (so z. B. *G. latior*, *G. latus*), andere habe ich nie schwimmend gesehen (z. B. *G. Taczanowskii*). Der Körper bei den Thieren dieser Gruppe ist kurz, dick, am Rücken flach gewölbt, der Schwanztheil, besonders aber die 3 letzten Schwanzsegmente, sind schwach entwickelt; dies fällt um so mehr auf, als der Rumpftheil sich stärker als bei den anderen Arten ausgebildet hat. Die Seitenplatten der vier ersten Rumpfsegmente sind an ihrem unteren Rande mit einfachen Borsten versehen, welche entweder einen dichten Borstenbesatz bilden (so bei *G. inflatus*, *tuberculatus*, *pachytus*, *latus*), oder nur weit auseinander stehen (so z. B. bei *G. vortex*, *pullus*), oder sogar fehlen können (wie bei *G. asper*). Die Körperintegumente sind entweder glatt (so bei *G. talitroides*, *inflatus* etc.), oder sind verdickt, rauh und mit Härchen bedeckt (z. B. bei *G. rugosus*), oder es treten auf der Medianlinie der Rückenplatten Kiele oder schwache Tuberkeln vor, oder die Haut ist verdickt und in Höcker oder Schwielen aufgetrieben, oder es sind endlich die Rückenplatten in reifenartige Wülste verdickt, welche die ganze Rückenwölbung umspannen (z. B. bei *G. Taczanowskii*). Der Schwanzanhang ist entweder zweitheilig oder einblättrig, das heisst am Hinterrande nicht eingeschnitten (z. B. bei *G. Czyrnianskii*, *Taczanowskii*, *asper*). Die Fühler sind gewöhnlich kurz, die oberen erreichen in der Regel $1/3$ der Körperlänge, ausnahmsweise sind sie so lang wie der Körper (wie z. B. bei *G. smaragdinus*). Die Geisselglieder der oberen Fühler tragen bei allen Arten dieser Gruppe Leydig'sche Cylinder, nur bei *G. Wahlii* finden sich kleine Kolbenorgane. Die Nebengeissel ist immer eingliedrig. Die Geisselglieder der unteren Fühler sind nur bei wenigen Arten mit Kolbenorganen versehen (so z. B. bei den Männchen des *G. talitroides* und *vortex* und bei Männchen und Weibchen des *G. Wahlii*). Das basale Stielglied der oberen Fühler ist in den meisten Fällen stark verdickt, etwas plattgedrückt, ziemlich breit und oben gewölbt (so bei *G. pachytus*, *tuberculatus*, *inflatus* etc.), oder das Basalglied ist cylindrisch, an seinem vorderen Ende angeschwollen (z. B. bei *G. latus*, *latior*). Die Stiele der oberen Fühler sind entweder länger als die der unteren (so bei den meisten Arten dieser Gruppe), oder sie sind kürzer als die unteren Stiele (wie z. B. bei *G. talitroides*, *Wahlii*, *Zebra*, *vortex*, *glaber*, *latus*, *latior*), der Unterschied aber in der Länge beider Stiele ist meist sehr gering und es kommen Fälle vor, wo bei einem Geschlechte die oberen Stiele länger sind, während bei dem anderen Geschlechte das umgekehrte Verhältniss stattfindet. Aus diesem letztgenannten Grunde kann dieses Merkmal zur Charakterisirung der Untergruppen nicht allgemein angewandt werden. Die Extremitäten sind gewöhnlich kurz; die Hände sind klein, beide Paare in der Regel beinahe gleich gross. Die Basalglieder der Gangbeine sind in den meisten Fällen erweitert und ihr Hinter- und Vorderrand mit langen Borsten besetzt, welche aber nie gefiedert sind; von der obengenannten Regel kommen jedoch öfters Ausnahmen vor: so bei *G. puella*, wo die Basalglieder der Gangbeine zwar erweitert sind, aber ihr Hinterrand trägt nur kurze und spärliche Borsten; ferner bei *G. asper* ist das Basalglied des 3ten Gangbeines erweitert, aber der Hinterrand ist nur mit sehr kurzen Borsten besetzt; endlich bei *G. latior* sind die Basalglieder nicht erweitert und tragen keine langen Borsten. Dieser Charakter also giebt uns kein Mittel, Untergruppen zu bilden; höchstens kann er benutzt werden, um die Arten von einander zu unterscheiden. Die Springbeine sind kurz. Die Steuerbeine sind entweder ganz verkümmert und nur auf kurze Stummel reducirt, oder sie sind ziemlich gut entwickelt und ragen über die Enden der Springbeine hinaus. In dem ersten Falle sind die Blätter der Steuerbeine rudimentär und sogar bei einer Art (*G. Czyrnianskii*) fehlt das innere Blatt vollständig; in dem zweiten Falle sind die Blätter entwickelt und an ihren Rändern mit einfachen Borsten oder Fiederborsten besetzt. Zwischen diesen beiden Extremen kommen solche allmähliche Uebergänge vor, dass dieses, scheinbar so wichtige Merkmal bei der Eintheilung der Untergruppen von keinem Nutzen werden kann. Die Farbe der zu dieser Gruppe gehörigen Thiere ist gewöhnlich schmutzig weisslich oder gelblich, selten grünlich oder braun, in einigen Fällen kommen braune oder schwarze Flecken auf dem Körper vor, oder es treten braune Querbinden an den Segmenten auf; im Allgemeinen aber sind die

unteren und sind 4 mal in der Körperlänge enthalten. Die Stiele der oberen Fühler sind etwas länger als die der unteren. Die Springbeine reichen über die Spitzen der Steuerbeine hinaus. Die Zahl der Glieder: in der Geissel der oberen Fühler 9—11, der unteren 8. Körperlänge 11 mill. Der Körper ist dunkel-braun. Die Augen sind schwarz. 90. **G. Czyrniańskii** mihi.

Taf. IX, Fig. 5.

* * *

B. Die Steuerbeine sind zweiblättrig.
  I. Der Schwanzanhang ist blattförmig, hinten nicht eingeschnitten, höchstens ist der hintere Rand schwach eingebogen.
   a. Die Rückenplatten aller Rumpfsegmente tragen jede zwei zahnartige Randkiele und zwei Lateralkiele. Die Medianreihe fehlt. — Die oberen Fühler erreichen in den meisten Fällen $1/3$ der Körperlänge und sind fast 2 mal so lang wie die unteren. Die Stiele der oberen Fühler sind in der Regel länger als die der unteren. Die vorderen Springbeine reichen bis zum Ende der Basalglieder der Steuerbeine, deren Blätter beinahe gleich lang sind. Die Zahl der Glieder: in der Geissel der oberen Fühler 15—17, der unteren 7. Körperlänge 15 mill. Der Körper ist dunkelgrau-braun, hell gezeichnet. Die Augen sind braun. 91. **G. asper** mihi.

Taf. XIII, Fig. 1.

   b. Die Rückenplatten aller Rumpfsegmente tragen jede: starke, wulstartige, rauhe, mit Granulation bedeckte Reifen, welche continuirlich die ganze Rückenplatte der Segmente umspannen. — Die oberen Fühler sind fast 2 mal länger als die unteren und erreichen nur $1/4$ der Körperlänge. Die Stiele der oberen Fühler sind etwas länger als die der unteren. Die Springbeine reichen über die Enden der Steuerbeine hinaus. Die letzteren Beine sind rudimentär, ihr inneres Blatt ist um $1/10$—$1/3$ kürzer als das äussere. Die Zahl der Glieder: in der Geissel der oberen Fühler 10—12, der unteren 5—6. Körperlänge 10 mill. Der Körper ist gelb. Die Augen sind schwarz. 92. **G. Taczanowskii** mihi.

Taf. XIV, Fig. 2.

 II. Der Schwanzanhang ist zweitheilig, wenigstens bis zur Hälfte gespalten.
   a. Die Rückenplatten aller Rumpfsegmente tragen jede zwei starke, höckerartige Randkiele und einen Mediankiel.
    a'. Das vordere Ende des Basalgliedes der oberen Stiele ist mit starken Dornen versehen, von welchen 2 auf seiner oberen Fläche zu stehen kommen und einer auf seiner unteren. — Auf dem Kopfe sind 10—12 Dornen vorhanden, und zwar 2 am Ende des Rostrum, 6—8 auf der Scheitelfläche des Kopfes und jederseits einer hinter dem Auge. Der starke Mediankiel des zweiten und dritten Schwanzsegments ist mit drei Paar Dornen ausgerüstet (der Mediankiel des ersten Schwanzsegmentes trägt keine Dornen). Der Randkiel des ersten Rumpfsegmentes endet mit einem spitzen Dorn, der Mediankiel desselben Segmentes ist mit einem einzigen oder zwei Dornen versehen. — Die oberen Fühler sind bei dem Männchen kaum länger als die unteren, bei dem Weibchen sind

---

Farben düster. Die Augen sind schwarz, braun oder weiss. Die Thiere dieser Gruppe sind langsam und von phlegmatischem Temperament; berührt, kugeln sie sich asselförmig zusammen und liegen unbeweglich auf dem Boden des Gefässes, wo sie gehalten werden. Die Art der Copulation unterscheidet sich nicht von der der vorigen Gruppen. Diese Gruppe von Arten hat am meisten Aehnlichkeit mit den Formen, welche man unter dem Gattungsnamen *Pontoparcia* vereinigt hat.

Als Uebergangsformen zu den übrigen Gruppen sind folgende Arten zu nennen: *G. latus* und *latior* ist am nächsten dem *G. Reissnerii* verwandt; *G. asper* dem *G. cancelloides*; *G. Morawitzii* dem *G. rhodophthalmus*; *G. vortex* dem *G. fuscus*; *G. pullus* dem *G. ibex* u. s. w. Es sind also, wie es leicht einzusehen ist, ziemlich heterogene Formen in eine Gruppe vereinigt worden, welche als Vereinigungspunkte nur die eingliedrige Geissel, den allgemeinen Habitus und die ziemlich gleiche Lebensweise haben.

sie um die Hälfte länger; sie erreichen bei beiden Geschlechtern nur $^1/_3$ der Körperlänge. Die Springbeine reichen nach hinten bis zum Ende der Basalglieder der Steuerbeine, deren beide Blätter fast gleich lang sind. Die Zahl der Glieder: in der Geissel der oberen Fühler 27, der unteren 10—11. Körperlänge 25 mill. Der Körper ist grünlich-braun. Die Augen sind schwarz.

93. **G. latior** mihi.
Taf. IV, Fig. 6.

b'. Das vordere Ende des Basalgliedes der oberen Stiele trägt nur einfache Borsten.

a''. Auf dem Kopfe sind 8 Dornen vorhanden, und zwar 2 am Ende des Rostrum, 4 auf der Scheitelfläche des Kopfes und jederseits 1 unter dem Auge. Der starke Mediankiel des ersten Schwanzsegmentes trägt nur zwei Dornen, der Mediankiel des zweiten und dritten Schwanzsegmentes zwei Paar Dornen. Nur der Mediankiel des ersten Rumpfsegments ist mit 1—2 Dornen versehen. — Die oberen Fühler sind bei den Männchen um $^1/_7$—$^1/_{30}$ länger als die unteren, bei den Weibchen aber fast um die Hälfte; sie erreichen bei beiden Geschlechtern $^1/_3$ der Körperlänge. Die Springbeine reichen bei den Männchen nur bis zur Mitte der Steuerbeine, bei den Weibchen aber fast bis zur Spitze derselben. Die Blätter der Steuerbeine sind gleich lang. Die Zahl der Glieder: in der Geissel der oberen Fühler 17—19, der unteren 7—9. Körperlänge 18 mill. Der Körper ist grünlich-braun. Die Augen sind schwarz.

94. **G. latus** mihi.
Taf. IV, Fig. 5.

b''. Auf dem Kopfe sind 8 Dornen vorhanden, und zwar 2 am Ende des Rostrum und 6 auf der Scheitelfläche des Kopfes. Nur die starken Mediankiele des zweiten und dritten Schwanzsegmentes sind jeder mit 2—4 Dornen versehen. 95. **G. latissimus** Gerstf.[1])

b. Die Rückenplatten der zwei letzten Rumpfsegmente und der drei ersten Schwanzsegmente sind jede mit einem kleinen, medianen, länglichen Tuberkel versehen. Ausser diesen Tuberkeln kommen auf den Rückenplatten höchstens Randwölbungen vor.

a'. Die Springbeine greifen über die Enden der Steuerbeine hinaus, diese sind sehr kurz, sie erreichen kaum $^1/_{10}$—$^1/_{20}$ der Körperlänge. Die Blätter der Steuerbeine tragen nur wenige kurze Stacheln.

a''. Der Körper ist breit und hoch. Die Stiele der oberen Fühler sind etwas länger als die der unteren. Die Augen sind schwach gewölbt, eiförmig. Das äussere Blatt der Steuerbeine ist zwei mal so lang wie das innere. — Die oberen Fühler sind 2 mal länger als die unteren und etwas kürzer als die Hälfte des Körpers. Die Stiele der oberen Fühler sind kaum um $^1/_{10}$ länger als die der unteren. Das äussere Blatt der Steuerbeine ist 2 mal so lang wie das innere. Die Zahl der Glieder: in der Geissel der oberen Fühler 24, der unteren 8. Körperlänge 16 mill. Der Körper ist schmutzig weisslich, schmal bräunlich quergebändert. Die Augen sind schwarz. 96. **G. tuberculatus** mihi.

b''. Der Körper ist ziemlich langgestreckt. Die Stiele der oberen Fühler sind etwas kürzer als die der unteren. Die Augen sind gewölbt, rundlich. Das äussere Blatt der Steuerbeine ist nur um $^1/_4$ länger als das innere. — Die oberen Fühler erreichen etwas mehr als $^1/_3$ der Körperlänge und sind um $^1/_3$ länger als die unteren. Die Zahl der Glieder: in der Geissel der oberen Fühler 18, der unteren 9. Körperlänge 8—9 mill. Der Körper ist schmutzig weiss. Die Augen sind schwarz oder dunkelroth. 97. **G. Morawitzii** mihi.

b'. Die Springbeine erreichen kaum die Enden der Steuerbeine, oder sie werden sogar von den Steuerbeinen überragt; diese sind zwar kurz und betragen ungefähr $^1/_7$—$^1/_{12}$ der Körperlänge, aber die Ränder ihrer Blätter tragen stets Borsten, entweder einfache oder Fiederborsten.

---

[1]) Wir haben bis jetzt diese Art im Baikalsee nicht aufgefunden. Die hier angeführten Merkmale sind der Beschreibung entnommen, welche von Gerstfeldt in den Memoiren der Petersburger Akademie veröffentlicht wurde.

a″. Die Stiele der oberen Fühler sind merklich länger als die der unteren.

a‴. Der untere Rand der vier ersten Seitenplatten ist nur mit spärlichen Borsten besetzt; die Blätter der Steuerbeine tragen bei den Weibchen keine Fiederborsten an ihren Rändern. — Die oberen Fühler sind beinahe so lang wie der Körper und 4 mal länger als die unteren; bei den Weibchen sind sie halb so lang wie der Körper und 2 mal länger als die unteren. Das äussere Blatt der Steuerbeine ist um $1/3 - 1/4$ länger als das innere. Die Zahl der Glieder: in der Geissel der oberen Fühler 24—44, der unteren 8. Körperlänge 8—10 mill. Der Körper ist smaragd-grünlich. Die Augen sind schwarz. 98. **G. smaragdinus** mihi.
Taf. XI, Fig. 6.

b‴. Der untere Rand der vier ersten Seitenplatten trägt einen dichten Borstenbesatz; die Blätter der Steuerbeine haben auch bei den Weibchen mehrere Fiederborsten an ihren Rändern. — Die oberen Fühler sind 2 mal länger als die unteren; sie erreichen nur $1/3$ der Körperlänge. Das äussere Blatt der Steuerbeine ist um $2/3$ länger als das innere. Die Zahl der Glieder: in der Geissel der oberen Fühler 24, der unteren 8. Körperlänge 11 mill. Der Körper ist weisslich. Die Augen sind schwarz. 99. **G. smaragdinus** var. **intermedius** mihi.

b″. Die Stiele der oberen Fühler sind merklich kürzer als die der unteren. — Die oberen Fühler sind um $1/3 - 1/10$ länger als die unteren, sie betragen $1/4 - 1/3$ der Körperlänge. Die vorderen Springbeine erreichen nicht die Spitzen der Steuerbeine, deren äusseres Blatt um $3/4$ länger ist als das innere. Die Zahl der Glieder: in der Geissel der oberen Fühler 13, der unteren 7. Körperlänge 15 mill. Der Körper ist schmutzig horngrün, mit bräunlichen und schwärzlichen Querbinden. Die Augen sind schwarz. 100. **G. zebra** mihi.
Taf. XIV, Fig. 7.

c. Die Rückenplatten der Rumpf- und der Schwanzsegmente sind glatt oder nur schwach rugos, sie tragen aber nie Mediankiele oder Mediantuberkeln, auch sind keine Lateralkiele oder Randwölbungen vorhanden.[1]

a′. Die Augen sind schwarz oder roth und sind an Spiritusexemplaren recht deutlich zu sehen.

a″. Die Rückenplatten der beiden letzten Rumpfsegmente und der drei ersten Schwanzsegmente sind mit ziemlich langen und dichtstehenden Borsten bedeckt, welche meistens gruppenweise gestellt sind und die ganze Oberfläche des letzten Rumpfsegmentes und der drei ersten Schwanzsegmente einnehmen. — Die oberen Fühler sind etwas kürzer als die unteren, sie betragen $1/4$ der Körperlänge. Die Stiele der oberen Fühler sind um $1/5$ kürzer als die der unteren. Die vorderen Springbeine reichen bis an die Spitzen der Steuerbeine, das äussere Blatt dieser letzteren Beine ist um die Hälfte länger als das innere. Die Zahl der Glieder: in der Geissel der oberen Fühler 8, der unteren 5—7. Körperlänge 9 mill. Der Körper ist schmutzig-weisslich. Die Augen sind schwarz. 101. **G. littoralis** mihi.
Taf. XIV, Fig. 2.

b″. Die Rückenplatten der Rumpf- und Schwanzsegmente sind nie mit dichtstehenden Borsten bedeckt, höchstens sind auf ihrer Oberfläche hie und da ein Paar Borsten vorhanden, oder es bedecken den Körper äusserst kleine Sammthärchen.

a‴. Die oberen Fühler sind länger als die unteren, der Unterschied in der Länge beider Fühlerpaare ist dem blossen Auge sichtbar.

---

[1] Die Mediantuberkeln sind bei einigen Arten, so z. B. bei *G. smaragdinus*, zwar sehr klein, aber sie können schon bei ganz jungen Thieren erkannt werden, wenn man sie, bei der Seitenlage des Thieres, unter dem Microscope betrachtet.

α. Die Augen sind sehr klein, punktförmig; bei erwachsenen Individuen ist der Augendiameter 8 mal in der Kopflänge enthalten. — Die oberen Fühler sind 2 mal länger als die unteren, aber nur halb so lang wie der Körper. Die Stiele der oberen Fühler sind um $^1/_7$ länger als die der unteren. Die Springbeine reichen nach hinten über die Steuerbeine hinaus. Das äussere Blatt der Steuerbeine ist um die Hälfte länger als das innere. Die Zahl der Glieder: in der Geissel der oberen Fühler 23, der unteren 9. Körperlänge 19 mill. Der Körper ist schmutzig-weisslich. Die Augen sind schwarz.

102. **G. inflatus** mihi.
Taf. XII, Fig. 4.

β. Die Augen sind mässig gross, eiförmig oder nierenförmig; bei erwachsenen Individuen ist der Augendiameter 3—4 mal in der Kopflänge enthalten.

α'. Die beiden Endglieder der unteren Stiele sind schwach säbelförmig nach unten gebogen. — Die oberen Fühler sind nur wenig länger als die unteren, sie erreichen eine halbe Körperlänge. Die oberen Stiele sind um $^1/_3$ kürzer als die unteren. Die vorderen Springbeine reichen nach hinten bis zu den Spitzen der Steuerbeine, deren äusseres Blatt um $^1/_3$ länger ist als das innere. Die Zahl der Glieder: in der Geissel der oberen Fühler 18, der unteren 10. Körperlänge 8 mill. Der Körper ist grünlich, braun gefleckt. Die Augen sind schwarz.

103. **G. pullus** mihi.
Taf. XI, Fig. 4.

β'. Die Endglieder der unteren Stiele sind gerade, nach unten nicht säbelförmig gebogen.

α". Die Stirn tritt nach vorn helmartig vor, sie ist schwach gesenkt.

α'". Die Augen sind nierenförmig, ihr Höhendiameter ist 4—3 mal in der Kopflänge enthalten. Die Stirnbreite zwischen den Augen ist dem Augendiameter gleich. Die Entfernung der Stirnspitze vom vorderen Augenrande erreicht 1$^1/_2$ Augendurchmesser. Die Stiele der oberen Fühler sind etwas kürzer als die der unteren. Die Geisselglieder der unteren Fühler tragen bei den Männchen Kolbenorgane. Der Körper ist weiss und schwarzbraun gefleckt. — Die oberen Fühler sind um $^1/_3$ länger als die unteren und betragen $^1/_2$ der Körperlänge. Die Springbeine erreichen die Spitze der Steuerbeine, deren äusseres Blatt um $^2/_7 - ^2/_5$ länger ist als das innere. Die Zahl der Glieder: in der Geissel der oberen Fühler 15—16, der unteren 7. Körperlänge 10—11 mill. Der Körper ist weisslich, schwarz gefleckt. Die Augen sind schwarz.

104. **G. talitroides** mihi.
Taf. XIV, Fig. 3.

β'". Die Augen sind breit-nierenförmig, ihr Höhendiameter erreicht eine halbe Kopflänge. Die Stirnbreite zwischen den Augen ist dem halben Augendiameter gleich oder der Entfernung der Stirnspitze vom vorderen oberen Augenrande. Die Stiele der oberen Fühler sind etwas länger als die der unteren. Die Geisselglieder der unteren Fühler tragen keine Kolbenorgane. Der Körper ist weiss; über den Rücken läuft gewöhnlich eine schwärzliche Längsbinde. — Die oberen Fühler sind 2 mal länger als die unteren und betragen $^1/_3$ der Körperlänge. Die vorderen Springbeine reichen über die Spitze der Steuerbeine hinaus, deren inneres Blatt nur um $^1/_5$ kürzer ist als das äussere. Die Zahl der Glieder: in der Geissel der oberen Fühler 16, der unteren 5. Körperlänge 5 mill. Der Körper ist weisslich. Die Augen sind schwarz.

105. **G. Fixsenii** mihi.

β″. Die Stirn nach vorn höchstens mit einer kurzen, meist abgerundeten Spitze vortretend.

α‴. Die Oberfläche des Körpers ist rauh, die Rauhigkeit als feine Granulationen den Körper bedeckend und mit zarten sammtartigen Härchen bewachsen. (Die Granulationen und die Härchen nur unter dem Microscope sichtbar, aber sie sind schon dem blossen Auge erkennbar dadurch, dass der Körper matt erscheint). — Die oberen Fühler sind um $^1/_6$ länger als die unteren und betragen kaum $^1/_4$ der Körperlänge. Die Springbeine reichen nach hinten über die Spitzen der Steuerbeine, deren inneres Blatt um die Hälfte kürzer ist, als das äussere. Die Zahl der Glieder: in der Geissel der oberen Fühler 10, der unteren 8. Körperlänge 9 mill. Der Körper ist bräunlich-weiss. Die Augen sind schwarz.

106. **G. rugosus** mihi.
Taf. XIV, Fig. 8.

β‴. Die Oberfläche des Körpers ist glatt und glänzend.

a. Die Stiele der oberen Fühler sind merklich länger als die der unteren. Die oberen Fühler sind halb so lang wie der Körper und 2 mal länger als die unteren. Die Seitenplatten der 4 ersten Rumpfsegmente sind mit sehr wenigen und kurzen Borsten besetzt. Die Basalglieder der Gangbeine sind hinten halbkreisförmig erweitert; ihr Hinterrand trägt nur wenige, kurze Borsten. — Die oberen Fühler sind beinahe 2 mal länger als die unteren und betragen die Hälfte der Körperlänge. Die vorderen Springbeine reichen nach hinten bis zu den Spitzen der Steuerbeine, deren inneres Blatt um die Hälfte kürzer ist als das äussere. Die Zahl der Glieder: in der Geissel der oberen Fühler 14, der unteren 4. Körperlänge 5 mill. Der Körper ist weisslich. Die Augen sind schwarz.

107. **G. puella** mihi.

b. Die Stiele der oberen Fühler sind kürzer als die der unteren.

a′. Die Basalglieder der Gangbeine sind am Hinterrande mit dichtstehenden Borsten besetzt, welche besonders an den Basalgliedern des 3ten Gangbeinpaares üppig entwickelt sind; die grösste Breite dieser letztgenannten Glieder fällt auf ihren untersten Theil. Die Blätter der Steuerbeine tragen keine Fiederborsten. Die Geisselglieder der unteren Fühler haben keine Kolbenorgane. — Die oberen Fühler sind um $^1/_3$ länger als die unteren und betragen etwa $^1/_4$ der Körperlänge. Die Springbeine reichen nach hinten bis zum letzten Viertel des äusseren Blattes der Steuerbeine, deren inneres Blatt um $^2/_3$ kürzer ist als das äussere. Die Zahl der Glieder: in der Geissel der oberen Fühler 11, der unteren 4. Körperlänge 8 mill. Der Körper ist schmutzig weisslich. Die Augen sind schwarz.

108. **G. glaber** mihi.
Taf. XIV, Fig. 6.

b". Die Basalglieder der Gangbeine sind wenig erweitert und am Hinterrande mit wenigen, aber ziemlich langen Borsten besetzt. Das Basalglied des 3ten Gangbeinpaares ist herzförmig und oben am breitesten. Die Blätter der Steuerbeine sind am Innenrande mit Fiederborsten versehen. Die Geisselglieder der unteren Fühler tragen bei den Männchen Kolbenorgane. (Diese Kolben sind an Spiritus-Exemplaren ebenso wie bei *G. talitroides* nicht zu erkennen). — Die oberen Fühler sind um $1/4$—$1/7$ länger als die unteren und betragen etwa $1/3$ der Körperlänge. Die Springbeine reichen nach hinten nicht einmal bis zur Mitte der Steuerbeine, deren inneres Blatt um $3/4$—$2/3$ kürzer ist als das äussere. Die Zahl der Glieder: in der Geissel der oberen Fühler 14—16, der unteren 7—9. Körperlänge 9 mill. Der Körper ist hell-grünlich, selten horngrünlich. Die Augen sind schwarz.   109. **G. vortex** mihi.
Taf. IX, Fig. 4.

b'". Die oberen Fühler sind fast so lang wie die unteren; der Unterschied in der Länge beider Fühlerpaare ist mit dem blossen Auge meist schwer zu erkennen.

α. Die Geisselglieder beider Fühlerpaare sind sowohl bei den Männchen als bei den Weibchen mit Lavalett'schen Kolbenorganen versehen. (Die Kolben sind an Spiritus-Exemplaren deutlich zu erkennen).

α'. Die Zahl der Glieder in der Geissel der oberen so wie der unteren Fühler beträgt nur 24—27. Das äussere Blatt der Steuerbeine ist deutlich zweigliedrig. — Die oberen Fühler sind etwas kürzer als die unteren und betragen $3/10$ der Körperlänge. Die vorderen Springbeine reichen nach hinten bis zum letzten Drittel der Steuerbeine, deren inneres Blatt 4 mal kürzer ist als das äussere. Die Zahl der Glieder: in der Geissel der oberen Fühler 23—24, der unteren 24—26. Körperlänge 10 mill. Der Körper ist schmutzig grünlich-weiss. Die Augen sind schwarz.   110. **G. Wahlii** mihi.

β'. Die Zahl der Glieder in der Geissel der oberen Fühler so wie in der unteren beträgt 43. Das äussere Blatt der Steuerbeine ist eingliedrig. — Die oberen Fühler sind etwas länger als die unteren und betragen $2/5$ der Körperlänge. Die Zahl der Glieder: in der Geissel der oberen Fühler 43, der unteren 31—43. Körperlänge 11 mill.
      111. **G. Wahlii**
      var. **platycercus** mihi.

β. Die Geisselglieder ohne Kolbenorgane.

α'. Die oberen Fühler sind um $1/5$ kürzer als die unteren. Ihre Stiele sind ebenfalls um $1/5$ kürzer. Die Steuerbeine reichen über die Springbeine hinaus. — Die oberen Fühler betragen $1/4$ der Körperlänge. Die Zahl der Glieder: in der Geissel der oberen Fühler 10, der unteren 5. Körperlänge 9 mill. Der Körper ist schmutzig-weisslich. Die Augen sind schwarz.   112. **G. Klukii** mihi.

β'. Die oberen Fühler sind kaum länger als die unteren. Ihre Stiele sind etwas länger oder nur so lang wie die der unteren. Die Springbeine reichen nach hinten so weit wie die Steuerbeine.

α". Die beiden Endglieder der oberen Stiele sind ohne Stacheln, nur mit kurzen Borsten besetzt. Die oberen Stiele sind etwas länger als die der unteren. Der hintere Rand der Rückenplatten der Rumpfsegmente ist etwas verdickt und über den Vordertheil jeder nächstfolgenden Platte erhoben. — Die oberen Fühler betragen nur $1/5$ der Körperlänge. Die Zahl der Glieder: in der Geissel der oberen Fühler 11, der unteren 8. Körperlänge 14 mill. Der Körper ist schmutzig-weiss. Die Augen sind schwarz.

113. **G. pachytus** mihi.

β″. Die beiden Endglieder der oberen Stiele sind mit starken Stacheln besetzt, und zwar stehen 7—9 lange Stacheln auf dem vorletzten Gliede, 8—10 auf dem Endgliede. Die oberen Stiele sind so lang wie die unteren. Der Hinterrand der Rückenplatten ist nicht verdickt. — Die oberen Fühler betragen $^1/_5$ der Körperlänge. Die Zahl der Glieder: in der Geissel der oberen Fühler 10, der unteren 9. Körperlänge 14 mill. Der Körper ist schmutzig grünlich-weiss. Die Augen sind schwarz.

114. **G. pachytus** var. **dilatatus** mihi.

b′. Die Augen sind weiss und an Spiritus-Exemplaren gar nicht zu sehen. — Die oberen Fühler sind um $^1/_4$ länger als die unteren und betragen $^1/_4$ der Körperlänge; ihre Stiele sind um $^1/_4$ — $^1/_3$ länger als die der unteren. Die Springbeine reichen nach hinten über die Spitzen der Steuerbeine, deren äusseres Blatt 2 mal länger ist als das innere. Die Zahl der Glieder: in der Geissel der oberen Fühler 8, der unteren 5. Körperlänge 9 mill. Der Körper ist weisslich. Die Augen sind weiss.

115. **G. perla** mihi.

Gattung Costantia mihi.[1])

Diagnose. Die beiden Fühlerpaare sind zu Locomotionsorganen umgewandelt [2]), die oberen Fühler sind mächtiger und länger als die unteren. Die beiden Endglieder der oberen Stiele etwas flach gedrückt, ihr Innenrand mit einem dichten bürstenförmigen Borstenbesatze versehen. Die Geisselglieder beider Fühlerpaare tragen aussen und innen gleich lange, steife, einfache Borsten, was ihnen eine Aehnlichkeit mit einer Federfahne verleiht. Die Nebengeissel fehlt, der Leydig'sche Cylinder, die Lavalett'schen Kolbenorgane und die Stäbchenorgane nicht vorhanden. Der Riechconus mit einem Endcylinder. Die Augen seitlich gestellt, flach. Die Oberkiefer mit dreigliedrigen, stark entwickelten Tastern, die Unterkiefer mit zweigliedrigen, die Unterlippen mit eingliedrigen, die Unterkieferbeine mit viergliedrigen Tastern versehen. Der Körper schwach seitlich zusammengedrückt. Der Schwanztheil stark entwickelt. Der Schwanzanhang lang, zweitheilig. Die Seitenplatten klein, niedrig, ohne Borsten. Alle Beine sind zart und lang, besonders aber das zweite Paar der Gangbeine und das vordere Paar der Springbeine. Die Hände haben eine sehr schwach angedeutete Palmarrinne. Die Basalglieder der Gangbeine schmal.

---

[1]) Die allgemeinen Bemerkungen werden bei der Besprechung der einzigen Art dieser Gattung ihren Platz finden.

[2]) Sie behalten zwar den allgemeinen Typus der Fühler bei, welcher den *Gammarus*-Arten eigenthümlich ist, werden aber in der Weise modificirt, dass ihnen jede specielle Gefühlsorgane fehlen, dass ihre Stiele etwas flachgedrückt sind und die Borsten ihrer Geisselglieder eine andere, dem Ruderorgane mehr angepasste Anordnung bekommen.

Das innere Scheerenglied der hinteren Springbeine und die beiden langen Blätter der Steuerbeine sind mit langen und kräftigen Fiederborsten bewachsen.

Der Typus, nach welchem die Beine, die Kiemenblätter, die Brutplatten geformt sind, ist dem der Gattung *Gammarus* ähnlich. Die Thiere dieser Gattung unterscheiden sich wesentlich von der oben genannten nur durch den Bau ihrer Fühler; im Uebrigen stimmen sie mit einander überein.

Die Thiere dieser Gattung leben nicht auf dem Boden: wir trafen sie immer schwimmend weit von dem Boden entfernt. Sie machen den allgemeinen Eindruck, als wären sie Flohkrebse, welche zum Zweck ihrer oceanischen Lebensweise modificirt wurden.

Einzige Art: **Constantia Branickii** mihi.

BESCHREIBUNG DER ARTEN

I. Gattung. Gammarus.

1. G. Flori n. sp.

Artkennzeichen. Die Stiele der oberen Fühler sind nur wenig dicker und beinahe so lang, wie die der unteren, ihr Basalglied ist ziemlich schmal, oben schwach gewölbt und trägt an seinem vorderen Rande nur ein Paar kurzer Borsten; die Länge des Basalgliedes erreicht kaum $1/2 - 2/3$ der Kopflänge. Die oberen Fühler sind $2 1/2$ mal in der Körperlänge enthalten und weniger denn zwei mal so lang wie die unteren. Die Geisselglieder der unteren Fühler haben keine Kolbenorgane. Die Nebengeissel ist 3-gliedrig. Die weissen Augen markiren sich sehr undeutlich auf den weissen Seitenflächen des Kopfes, so dass ihre Contouren nicht leicht erkannt werden können; sie sind im Allgemeinen rundlich, klein und an Spiritus-Exemplaren gar nicht zu sehen. Die Rückenplatten des 3ten und 4ten Schwanzsegmentes sind mit Bündeln langer Borsten und die der zwei letzten mit 4—5 Gruppen von Stacheln besetzt, deren Zahl in den äusseren, schief gestellten Gruppen in der Regel 5 beträgt. Die Länge der 3 letzten Schwanzsegmente ist grösser, als die Kopflänge. Die Seitenplatten sind niedrig und nur mit 1 - 2 Randborsten versehen. Die vorderen Hände sind grösser, als die hinteren und breit becherförmig, während die hinteren eine schlanke Becherform haben. An dem Palmarrande der vorderen Hände stehen 3 kurze Stacheln und an dem Volarrande kleinere unter den Borsten versteckte Stacheln. Die Basalglieder der beiden vorderen Gangbeine sind um $1/3$ länger als breit, ihr Hinterrand ist schwach eingebogen. Der Hinterrand des ersten Gangbeines ist mit kurzen Borsten besetzt, der des zweiten trägt lange, aber nicht dichtstehende Borsten. Das Basalglied des 3ten Gangbeines ist nach unten erweitert und endet hier in einen abgerundeten, weit nach unten hin reichenden Lappen; die Höhe dieses Lappens beträgt $1/6$ der Länge des ganzen Gliedes, dessen grösste Breite auf seinen unteren Theil fällt und dessen hinterer Rand mit einem dichten Borstenbesatz versehen ist. Die Springbeine sind nicht lang, sie reichen nach hinten gleich weit, berühren aber nicht die Spitze der Steuerbeine, diese letzteren betragen $1/12$ der Körperlänge; sie sind ungleichblättrig, ihr inneres Blatt ist um $1/3$ kürzer, als das äussere zweigliedrige, beide sind ohne Fiederborsten; das längere Blatt trägt einfache Borsten an seinen beiden Rändern (6 am Aussenrande, 1 — 2 am Innenrande), das

kürzere nur an seinem Innenrande. Am Ende jedes Blattes sind 4 — 5 Borsten vorhanden.
Die Farbe des Körpers ist weiss.

	N 1 ♂	N 2 ♀
Die Zahl der Glieder in der Geissel der oberen Fühler .	27	22
„ „ „ „ „ „ „ „ unteren „ .	8	7
„ „ „ „ in der Nebengeissel	3	3

Maassangaben.

	№ 1.	№ 2.
Totallänge	21,25	19,07
Körperlänge	14,42	13,46
Länge der oberen Fühler	5,86	4,82
Länge der unteren Fühler	3,26	2,74
Länge der Stiele der oberen Fühler	1,86	1,52
Länge der Stiele der unteren Fühler	1,82	1.66
Länge des dritten Gangbeines.	5.3	5,4
Länge der Steuerbeine	1,21	1,07
Grösste Höhe des Körpers	2,5	2,3
Grösste Breite des Körpers	2,5	2,0

Die Art ist in einer Tiefe von 50—100 Meter ziemlich häufig.

2. Var. albula.

Kennzeichen. Die Stiele der oberen Fühler sind dicker und kürzer, als die der unteren, ihr Basalglied ist nur um $1/6$ kürzer, als das Kopfsegment; es trägt an seinem vorderen Ende, sowohl oben als unten, 3—5 starke Stacheln. Die oberen Fühler sind länger als die Hälfte des Körpers und um $2/5$ länger als die unteren. Die Geissel der unteren Fühler tragen keine Kolbenorgane. Die Nebengeissel ist kürzer, als bei *G. Flori*, aber 4-gliedrig. Die Augen sind wie bei der Stammart. Die Rückenplatten der Rumpfsegmente und der 3 ersten Schwanzsegmente sind mit je 3 Gruppen von Stacheln versehen, deren Zahl in den äusseren schief gestellten Gruppen 3, in der mittleren nur 2 beträgt. Die 3 letzten Schwanzsegmente sind kürzer, ihre Länge beträgt weniger, als die des Kopfsegmentes. Die vorderen Hände sind grösser, als die hinteren und bedeutend grösser, als die vorderen Hände der Stammart, die beiden Paare becherförmig; längs dem Palmarrande der vorderen Hände stehen 5—6 lange Stacheln und 3 noch längere an dem Volarrande derselben. Das Basalglied des ersten Gangbeines ist 2 mal so lang, wie breit, sein Hinterrand ist schwach gewölbt und ohne Borsten. Das Basalglied des 2ten Gangbeines ist $2^1/2$ mal so lang, wie breit, sein Hinterrand trägt lange und dichtstehende Borsten, ebenso wie sein Vorderrand. Das Basalglied des 3ten Gangbeines ist oben fast 2 mal schmäler, als unten, es endet unten mit einem abgerundeten, weit hinunterreichendem Lappen, dessen Höhe $3/5$ der Breite des Lappens, oder $1/5$ der Höhe des ganzen Gliedes beträgt. Der vordere und der hintere Rand des Basalgliedes des 3ten Gangbeines sind mit üppigen Borsten besetzt. Die Springbeine sind kurz, reichen aber über die Spitze der Steuerbeine hinaus, welche $1/10$ der Körperlänge erreichen; ihr inneres Blatt ist um $2/5$ kürzer, als das äussere zweigliedrige, und trägt einfache Borsten nur an seinem Ende, während das längere Blatt auch längs seinem Aussenrande mit Borsten versehen ist. Die Farbe des Körpers und der Augen ist weiss.

	№ 1 ♂.	№ 2 ♀.
Die Zahl der Glieder in der Geissel der oberen Fühler	24	16
„ „ „ „ „ „ „ der unteren Fühler	8	6
„ „ „ „ in der Nebengeissel	4	3

Maassangaben.

	№ 1.	№ 2.
Totallänge	18,56	11,48
Körperlänge	11,70	7,03
Länge der oberen Fühler	6,27	3,96
Länge der unteren Fühler	3,80	2,40
Länge der Stiele der oberen Fühler	2,03	1,40
Länge der Stiele der unteren Fühler	2,28	1,44
Länge des 3ten Gangbeines	4,7	—
Länge der Steuerbeine	1,03	0,76
Grösste Höhe des Körpers	1,7	0,96
Grösste Breite des Körpers	1,6	1,0

Nur ein Paar Exemplare haben wir in einer Tiefe von 300 Meter mit dem Schleppnetze gefangen.

G. albula unterscheidet sich vom *G. Florii*, ausser durch die oben angeführten Kennzeichen, noch durch weit niedrigere Seitenplatten, durch breitere Glieder und beträchtlichere Kürze der Beine, so dass eine Verwechselung sogar an beschädigten Exemplaren unmöglich ist.

3. G. calcaratus n. sp.
Taf. VII, Fig. 4.

Artkennzeichen. Die Stiele der oberen Fühler sind fast so dick und so lang, wie die der unteren, ihr Basalglied ist beinahe so lang, wie das Kopfsegment und nur wenig länger, als das Endglied der oberen Stiele. Durch die Verlängerung des Endglieder gewinnt der Stiel an Länge, so dass er die Länge des unteren Stieles erreicht [1]). Die oberen Fühler sind zweimal länger, als die unteren und etwas länger als die Hälfte des Körpers. Die Augen sind klein, nierenförmig, ihr Höhendiameter beträgt etwas mehr, als $1/3$ der Kopflänge und ist zweimal grösser, als die Breite des Auges. Die Geissel der unteren Fühler trägt bei den Männchen Lavalettsche Kolbenorgane. Nur die Rückenplatten der 3 letzten Schwanzsegmente sind mit Stacheln versehen, welche am Hinterrande der 2 vorletzten Segmente in 3 kleine Gruppen geordnet stehen, auf dem letzten Schwanzsegmente aber nur 2 kleine Gruppen bilden.

An Stacheln fand ich 2—3 in jeder Gruppe. Die 5te Seitenplatte läuft, in ihrer vorderen Hälfte, nach unten in eine stachelartige Ecke aus, deren Spitze tief hinunter-

---

[1]) Dieses Verhältniss ist bei den Arten, welche dem *G. pulex, verrucosus, Maackii* etc. nahe stehen, äusserst selten und unter den Formen, welche den Baikalsee bewohnen, nur bei *G. calcaratus* und *margaritaceus* anzutreffen.

reicht. Diese Ecke ist schwach nach aussen gebogen und steht vom Körper ab; die hintere Ecke der Seitenplatte tritt fast gar nicht hervor, so dass der untere Rand der Platte hier beinahe geradlinig erscheint. Die 6te Seitenplatte ist auch in ihrer vorderen Hälfte, nach unten, über das Basalglied des entsprechenden Gangbeines hinaus verlängert, läuft aber nicht in einen Stachel aus, sondern ist schwach zugespitzt. Die 7te Seitenplatte ist vorn und unten abgerundet. Die Hände sind gleich gross, die vorderen bei den Männchen breit birnförmig, die hinteren becherförmig, nach vorn erweitert. Die Basalglieder der Gangbeine sind sehr charakteristisch gestaltet und bieten ein Merkmal, nach welchem man immer im Stande ist, diese Art, sowie den *G. margaritaceus*, von allen übrigen des Baikalsees zu unterscheiden. Der vordere Rand ist am ersten und zweiten Gangbeine stark gebogen, bedeutend stärker, als am 3ten Gangbeine; der hintere Rand aller Gangbeine ist schwach eingebogen und endet unten mit einer langen stachelartigen Ecke, welche weit über das 2te Gelenkglied der Beine hinunterreicht. Diese Ecke ist spitz und dünn. Die vorderen Springbeine reichen etwas weiter nach hinten, als die hinteren, und berühren mit ihren Spitzen fast die Mitte der Steuerbeine, welche nicht lang sind und etwa $1/5$ der Körperlänge betragen. Das äussere Blatt der Steuerbeine hat ein ziemlich langes Endglied und ist um $1/4$ länger, als das innere, beide Blätter tragen Fiederborsten an ihren beiden Rändern. Die Farbe des Körpers ist an den Seiten dunkelgelb, perlmutterartig irisirend, der Oberkörper ist grünlich-gelb, ebenfalls irisirend. Die Extremitäten sind gelblich mit hornfarbigen Endspitzen. Die Augen sind schwarz.

	№ 1 ♂.	№ 2 ♀.	№ 3 Pull.
Die Zahl der Glieder in der Geissel der oberen Fühler	60,62	45,42	4
„ „ „ „ „ „ unteren Fühler	21,22	21,17	4
„ „ „ „ in der Nebengeissel.	10	8	2

Maassangaben.

	№ 1.	№ 2.	№ 3.
Totallänge	53,0	45,8	3,700
Körperlänge	30,1	26,6	2,525
Länge der oberen Fühler	19,5	16,8	0,900
Länge der unteren Fühler	9,80	6,9	0,530
Länge der Stiele der oberen Fühler . .	6,00	4,86	0,375
Länge der Stiele der unteren Fühler . .	5,64	4,56	0,280
Länge des 3ten Gangbeines	13,5	4,56	0,885
Länge der Steuerbeine	6,0	5,0	0,435
Höhe des Körpers	5,2	5,2	0,575
Breite des Körpers	3,6	4,0	—

Die Art ist ziemlich häufig, sie lebt in einer Tiefe vom 50—100 Meter. Die ganz jungen Thiere, aus der Bruthöhle herausgenommen, unterscheiden sich von den erwachsenen durch das Fehlen der stachelartigen Verlängerungen der Seitenplatten und der Basalglieder der Gangbeine.

4. G. margaritaceus n. sp.

Artkennzeichen. Diese Art ist zwar der vorigen ähnlich, lässt sich aber immer mit der grössten Leichtigkeit von derselben unterscheiden.

Der Kopf ist mehr gewölbt und vorn stumpfer. Die Augen sind unregelmässig lineal-nierenförmig, ihre hintere Contourlinie ist zerrissen, sie sind weiss und an Spiritusexemplaren gar nicht zu sehen, oder nur in seltenen Fällen als ein schmaler Streifen erkennbar. Der Höhendiameter des Auges beträgt kaum $1/5$ der Kopflänge und ist 2 mal grösser, als die Breite des Auges. Die oberen Fühler sind im Verhältniss zu den unteren, vorzüglich bei den weiblichen Individuen, stärker entwickelt. Die 5te Seitenplatte ist höher, ihre vordere und hintere Ecke sind beinahe gleich lang und laufen in spitze, dreieckige Zacken aus, die vordere ist etwas mehr zugespitzt und etwas länger. Die vordere Ecke der 6ten Seitenplatte ist abgerundet, die hintere spitz nach unten verlängert. Die Basalglieder der Gangbeine sind breiter, ihre untere, hintere Ecke bedeutend schwächer entwickelt. Die Steuerbeine sind kürzer, ihr inneres Blatt aber verhältnissmässig länger; das Endglied des äusseren Blattes ist verkümmert, dünn. Der Aussenrand des längeren Blattes trägt keine Fiederborsten. Die Farbe des Körpers ist hell-gelblich ins Bläuliche spielend. Die Augen sind weiss.

	№ 1 ♂.	№ 2 ♀.
Die Zahl der Glieder in der Geissel der oberen Fühler .	63	53
„ „ „ „ „ „ „ „ unteren Fühler .	27	19
„ „ „ „ in der Nebengeissel	7	7

Maassangaben.

	№ 1.	№ 2.
Totallänge	42,9	39,5
Körperlänge	24,1	21,8
Länge der oberen Fühler	16,6	15,8
Länge der unteren Fühler	8,7	7,0
Länge der Stiele der oberen Fühler	5,0	4,6
Länge der Stiele der unteren Fühler	4,7	3,8
Länge des 3ten Gangbeines	10,5	9,3
Länge der Steuerbeine	4,3	3,6
Höhe des Körpers	5,0	5,0
Breite des Körpers	3,6	3,6

Diese Art haben wir in verschiedenen Tiefen, von 150—1000 Meter, gefangen; je tiefer man sie findet, desto zarter sieht man die Farbe des Körpers, desto durchsichtiger und irisirender die Integumente.

5. G. Kietlinskii n. sp.

Taf. I, Fig. 1.

Artkennzeichen. Die Stiele der oberen Fühler sind dünner und um $^1/_5$ kürzer, als die der unteren, ihr Basalglied ist länger, als das Kopfsegment, aber kürzer, als jedes der beiden Endglieder der unteren Stiele. Die oberen Fühler sind kaum länger, als die unteren, sie betragen ungefähr die Hälfte der Körperlänge. Die Geissel der unteren Fühler trägt bei beiden Geschlechtern Lavalett'sche Kolbenorgane, diese sind kuglig, sitzen auf kurzen Stielen und sind so gross, dass man sie bei erwachsenen Individuen schon mit einer schwachen Loupe deutlich erkennen kann. Die Augen sind nierenförmig, schmal, schwach gewölbt und nach unten etwas verdickt, ihr Höhendiameter erreicht fast $^2/_5$ der Kopflänge und ist zweimal grösser, als die Breite des Auges. Die Stirn tritt mit einer medianen, kurzen, gesenkten Spitze vor. Nur die Rückenplatten der 3 letzten Schwanzsegmente tragen kleine Gruppen von Stacheln, welche auf schwache Erhöhungen des Hinterrandes gestellt sind; es sind auf jeder Rückenplatte 3 Gruppen vorhanden: eine Mediangruppe und 2 Lateralgruppen. Die Mediangruppe zerfällt auf dem drittletzten Schwanzsegmente in 2 Mittelhöcker, von welchen ein jeder mit einem Stachel versehen ist, auf den Lateralerhöhungen stehen 2—3 Stacheln. Die Hände sind bei beiden Geschlechtern gleich gross, beide Paare sind mehr oder weniger birnförmig. Die Seitenplatten sind klein und niedrig. Der Seitenlappen des ersten Schwanzsegmentes ist vorn und hinten schwach abgestutzt und unten stumpf abgerundet, die Seitenlappen der beiden folgenden Schwanzsegmente schief von hinten nach vorn abgestutzt. Dieser abgestutzte Rand ist an dem Seitenlappen des 3ten Schwanzsegmentes seicht eingebogen und mit 2—3 Stachelspitzen versehen. Ueber die Seitenplatten der 2 ersten Schwanzsegmente laufen schwache Seiten in einer schiefen Richtung von vorn nach hinten. Die Basalglieder der Gangbeine sind schlank und schmal, beinahe stab- oder sehr schlank herzförmig. Die Springbeine reichen nach hinten beinahe gleich weit und berühren mit ihren Spitzen die Enden der kürzeren Blätter der Steuerbeine, die letzteren Beine sind mässig lang und betragen ungefähr $^1/_7$ der Körperlänge, ihr äusseres Blatt ist um $^2/_5-^2/_4$ länger, als das innere, beide Blätter sind dicht beborstet; unter den Büscheln einfacher Borsten findet man am Innenrande des längeren Blattes und an beiden Rändern des kürzeren einzelne Fiederborsten. Die Farbe des Körpers ist mehr oder weniger roth, sie wechselt von Zinnoberroth bis Runkelrübenroth. Die Gelenke aller Extremitäten und ihre Endspitzen, sowie die Ränder der Rücken- und Seitenplatten, sind mehr oder weniger gelb-hornfarbig, mitunter olivengrünlich. Die Augen sind schwarz.

	№ 1 ♂	№ 2 ♂	№ 3 ♀	№ 4 juv.
Die Zahl der Glieder in der Geissel der oberen Fühler.	75	66—75	76	52
„ „ „ „ „ „ der unteren Fühler.	82	78—66	84	52—64
„ „ „ „ in der Nebengeissel	14	13	14	11

Maassangaben.

	№ 1.	№ 2.	№ 3.	№ 4.
Totallänge	113,0	108,8	112,6	54,8
Körperlänge	70,5	65,6	70,6	34,3
Länge der oberen Fühler	36,0	36,0	35,0	17,7
Länge der unteren Fühler	30,8	33,0	33,8	17,0
Länge der Stiele der oberen Fühler	16,0	16,2	16,0	7,2
Länge der Stiele der unteren Fühler	18,8	20,5	20,8	10,0
Länge des 3ten Gangbeines	29,0	31,0	33,0	14,5
Länge der Steuerbeine	11,0	10,5	11,0	5,0
Höhe des Körpers	11,0	10,0	13,0	4,7
Breite des Körpers	8,0	8,0	9,8	4,2

Wir haben diese Art in einer Tiefe von 50 Meter gefangen, und zwar in der Nähe des Nordufers der Rultuschnaja-Bucht; sie ist selten.

6. G. Stanislavii n. sp.

Artkennzeichen. Die Stiele der oberen Fühler sind bedeutend dünner, als die der unteren, ihr Basalglied ist etwas kürzer, als das Kopfsegment, oder nur so lang wie dieses, und beinahe um $^1/_3$ kürzer, als das 2te Stielglied der unteren Fühler. Die oberen Fühler sind etwas kürzer, als die unteren, welche fast eine halbe Körperlänge erreichen. Die unteren Geisseln sind mit Lavalett'schen Kolbenorganen versehen. Die Augen sind breit nieren- oder bohnenförmig, unten schwach verdickt; ihr Höhendiameter beträgt eine halbe Kopflänge und ist ungefähr zweimal so gross, wie die Breite des Auges. Die mediane Stirnspitze ist äusserst kurz. Nur die Rückenplatten der 3 letzten Schwanzsegmente sind mit Stacheln versehen, welche auf 3 schwachen Erhöhungen des Hinterrandes der Rückenplatten stehen; die Zahl der Stacheln beträgt auf der Medianerhöhung 2—3, auf den Lateralerhöhungen 1—2. Die Seitenplatten sind klein und niedrig. Die Seitenlappen des 2ten und 3ten Schwanzsegmentes sind vorn gleichmässig abgerundet, an der hinteren Ecke spitz und nicht, wie bei *G. Kietlinskii*, von hinten nach vorn abgestutzt. Die vorderen Hände sind etwas grösser als die hinteren, beide sind zwar birnförmig, allein die vorderen sind an der Basis erweitert, die hinteren dagegen gleichmässig gewölbt. Die Basalglieder der Gangbeine sind breiter, als bei *G. Kietlinskii* und schlank herzförmig. Die vorderen Springbeine reichen nach hinten merklich weiter, als die hinteren und berühren mit ihren Spitzen das Ende des kürzeren Blattes der Steuerbeine, diese sind lang und erreichen $^1/_4$ der Körperlänge. Das äussere Blatt der Steuerbeine ist 4—5 mal länger als das innere und trägt nur Fiederborsten an seinem Innenrande, während das kürzere Blatt an seinen beiden Rändern mit Fiederborsten besetzt ist. Die Farbe des Körpers ist hell röthlichgelb. Die Augen sind schwarz.

	№ 1 juv.	№ 2 juv.	№ 3 juv.
Die Zahl der Glieder in der Geissel der oberen Fühler . .	25	19	19
„ „ „ „ „ „ der unteren Fühler . .	53	44	44
„ „ „ „ in der Nebengeissel	5	6	6

Maassangaben.

	№ 1.	№ 2.	№ 3.
Totallänge	—	24,0	23,3
Körperlänge	16,0	14,0	13,7
Länge der oberen Fühler	7,6	6,24	6,16
Länge der unteren Fühler	8,16	6,83	6,52
Länge der Stiele der oberen Fühler . . .	3,37	2,80	2,88
Länge der Stiele der unteren Fühler . . .	4,48	3,87	3,88
Länge des 3ten Gangbeines	8,0	—	7,5
Länge der Steuerbeine	—	3,68	3,76
Höhe des Körpers	2,5	2,2	2,1
Breite des Körpers	2,0	1,7	1,7

Wir haben nur junge Individuen dieser Art in einer Tiefe von 100 Meter gefangen; sie ist sehr selten.

7. G. pulex auct.
Taf. VIII, Fig. 1.

Artkennzeichen. Die Stiele der oberen Fühler sind beinahe so dick, wie die der unteren und bei den Männchen fast um $1/3$ kürzer [1]); ihr Basalglied ist in der Regel um die Hälfte kürzer, als das Kopfsegment und wenig kürzer, als jedes der beiden Endglieder der unteren Stiele. Die oberen Fühler sind gewöhnlich um $1/4$ länger, als die unteren und erreichen etwas mehr als $1/3$ der Körperlänge. Die Geissel der unteren Fühler trägt nur bei den Männchen Lavalett'sche Kolbenorgane. Die Augen sind klein, abgerundet, etwa bohnenförmig, ihr Höhendiameter beträgt $1/5$ der Kopflänge und ist fast 2 mal so gross, wie die Breite des Auges. Die Stirnspitze ist kurz, gesenkt und abgerundet. Nur die Rückenplatten der 3 letzten Schwanzsegmente haben an ihrem Hinterrande 3 Gruppen zarter Nadeln, je 2 in der Gruppe. Die vorderen Hände sind birnförmig, die hinteren becherförmig, gegen die Palma erweitert. Die Basalglieder der Gangbeine sind mässig breit, ihr Hinterrand ist schwach gewölbt oder beinahe geradlinig und endet unten mit einer stumpfen Ecke. Die vorderen Springbeine reichen nach hinten etwas weiter, als die hinteren und erreichen etwa die Mitte der Steuerbeine, diese letzteren betragen ungefähr $1/5$ der Körperlänge. Das äussere, zweigliedrige Blatt der Steuerbeine ist ungefähr um $1/4$ länger, als das innere, beide Blätter sind

---

[1]) Bei den Weibchen kommt es sowohl bei dieser Art, als auch bei vielen anderen vor, dass die Stiele der unteren Fühler im Verhältniss zu denen der oberen schwächer, als bei den Männchen entwickelt sind. Bei *G. pulex* z. B. ist der Stiel der unteren Fühler der Weibchen kürzer als das Kopfsegment, während er bei den Männchen etwas länger ist, als die Länge des Kopfes.

sowohl am Aussen- als auch am Innenrande mit Fiederborsten besetzt. Die Farbe des Körpers ist schmutzig grünlich-grau. Die Augen sind schwarz.

	№ 1 ♂	№ 2 ♂	№ 3 ♂	№ 4 ♀	№ 5 ♀
Die Zahl der Glieder in der Geissel der oberen Fühler	29	27—25	26	23	21—22
„ „ „ „ „ „ „ der unteren Fühler	15	14—10	12	10	10
„ „ „ „ in der Nebengeissel	4	3	3	3	2

Maassangaben.

	№ 1.	№ 2.	№ 3.	№ 4.	№ 5.
Totallänge	31,6	32,1	24,5	25,8	22,0
Körperlänge	20,5	21,0	16,7	17,4	15,4
Länge der oberen Fühler	8,40	8,28	6,25	6,52	5,28
Länge der unteren Fühler	6,04	6,40	4,33	3,66	3,07
Länge der Stiele der oberen Fühler	2,56	2,68	1,93	1,88	1,68
Länge der Stiele der unteren Fühler	3,22	3,84	2,57	2,06	1,79
Länge des 3ten Gangbeines	7,0	9,0	6,5	6,8	5,0
Länge der Steurbeine	3,58	4,0	2,48	2,52	1,92
Höhe des Körpers	4,5	4,7	3,5	4,0	3,5
Breite des Körpers	3,0	2,8	2,2	2,9	2,3

Diese Art lebt in allen kleineren Seen und in den langsam fliessenden Gewässern, ja sogar in vielen morastigen Pfützen der Umgegend. Im Kossogol-See fanden wir sie ziemlich vereinzelt unter den Steinen und zwar am Nordufer des Sees. Im Frühjahre tritt die Art massenhaft auf; ihre Brunstzeit fällt auf die Monate Mai und Juni. Im Baikalsee haben wir sie nur an den Mündungen einzelner Flüsschen, so an der Mündung des Kultuschnaja-Flusses, gefunden.

8. G. testaceus n. sp.

Artkennzeichen. Die Stiele der oberen Fühler sind nur wenig dicker und fast um $1/5$ kürzer, als die der unteren, ihr Basalglied ist kürzer als das Kopfsegment und als jedes der beiden Endglieder der unteren Stiele. Die oberen Fühler sind 2 mal so lang, wie die unteren und in der Regel um $1/3$ kürzer, als der Körper. Die Geissel der unteren Fühler trägt Lavalett'sche Kolbenorgane. Die Augen sind nierenförmig, unten etwas verdickt und 3 mal so lang, wie breit, ihr Höhendiameter ist 2 mal in der Kopflänge enthalten. Die Stirn tritt mit einer sehr kurzen, gesenkten Spitze hervor. Die Rückenplatte des ersten Schwanzsegmentes trägt keine Stacheln, die Rückenplatten aller übrigen Schwanzsegmente sind bestachelt. Die Stacheln bilden auf dem zweiten Schwanzsegmente zwei Lateralgruppen, zu je 5—6 Stacheln; auf dem 3ten, 4ten und öfters auf dem 5ten Schwanzsegmente stehen die Stacheln in Gruppen geordnet, welche zwei Querreihen darstellen; in der unteren Querreihe kommen 2 Lateral- und 2 Mittelgruppen, in der vorderen meistens nur 2 Lateralgruppen vor. Auf den

2 — 3 vorletzten Schwanzsegmenten sind zuweilen die beiden Gruppen der einen Seite (d. h. die Lateral- und Mittelgruppe) zu einer einzigen verschmolzen. Die vorderen Hände sind etwas grösser als die hinteren, erstere sind birn-, letztere becherförmig. Die Basalglieder der Gangbeine sind breit, ihr Hinterrand ist gewölbt und endet unten mit einer vortretenden Ecke. Die vorderen Springbeine reichen etwas weiter nach hinten, als die hinteren und berühren mit ihren Spitzen die Mitte der Steuerbeine, diese letzteren betragen $1/6$ der Körperlänge, ihr inneres Blatt erreicht etwa $1/3 - 2/5$ des äusseren, zweigliedrigen Blattes. Beide Ränder des kürzeren Blattes und der Aussenrand des längeren sind nur mit einfachen Borsten besetzt, am Innenrande des letzteren dagegen sind unter den einfachen auch Fiederborsten vorhanden. Die Farbe des Körpers ist dunkel-bräunlich, ins Grünliche ziehend, dabei ist der ganze Körper gelb oder hell-grünlich gefleckt. Die Augen sind schwarz.

	№ 1 ♂	№ 2 ♂	№ 3 ♂	№ 4 ♀
Die Zahl der Glieder in der Geissel der oberen Fühler	43	46—50	43—44	32
„ „ „ „ „ „ der unteren Fühler	17	19—14	22—23	11
„ „ „ „ „ in der Nebengeissel	6	7	7	4

Maassangaben.

	№ 1.	№ 2.	№ 3.	№ 4.
Totallänge	27,52	32,42	25,64	16,46
Körperlänge	15,07	18,44	16,15	10,50
Länge der oberen Fühler	10,40	11,72	12,80	6,52
Länge der unteren Fühler	4,64	6,76	6,88	3,15
Länge der Stiele der oberen Fühler	2,88	3,24	3,52	1,82
Länge der Stiele der unteren Fühler	3,68	3,96	4,48	2,03
Länge des 3ten Gangbeines	6,56	7,0	7,0	4,2
Länge der Steuerbeine	2,72	3,08	3,28	1,84
Höhe des Körpers	3,5	3,5	3,7	2,5
Breite des Körpers	1,7	—	2,0	1,4

Diese Art ist häufig; sie lebt längs dem südlichen Ufer des Baikalsees unter den Steinen und wird im Frühjahre ganz nahe am Ufer in einer Tiefe von $1/4$ Meter angetroffen.

9. G. Sophiae n. sp.

Artkennzeichen. Die Stiele der oberen Fühler sind etwas dünner und kürzer, als die der unteren; ihr Basalglied ist fast so lang, wie das Kopfsegment, aber kürzer, als das zweite Glied der oberen und als jedes der beiden Endglieder der unteren Stiele. Die oberen Fühler erreichen beinahe ²/₃ der Körperlänge und sind um ¹/₃ länger als die unteren. Die Geissel der unteren Fühler trägt Lavalett'sche Kolbenorgane. Die Augen sind klein, ei- oder nierenförmig, ihr Höhendiameter beträgt ¹/₃ der Kopflänge und ist 2 mal grösser, als die Breite des Auges. Die Stirn tritt mit einer schwachen Wölbung vor. Die Rückenplatten aller Schwanzsegmente sind mit Stacheln versehen, welche auf den 3 ersten Schwanzsegmenten, am Hinterrande der Rückenplatten, in 2 Lateralgruppen (zu je 2—3 Stacheln in der Gruppe) geordnet stehen. Auf den 3 letzten Schwanzsegmenten sind nur 3—4 feine Stacheln vorhanden und zwar: 1—2 in der Medianlinie und 1 jederseits an der Stelle der Lateralgruppe; die Stacheln sind sehr zart und leicht zu übersehen. Die Hände sind ziemlich gross, die vorderen etwas grösser und kräftiger gebaut als die hinteren. Alle Hände sind birnförmig gestaltet und die vorderen an der Basis etwas bauchig erweitert. Die Basalglieder der Gangbeine sind schlank und schmal, ihr Hinterrand ist schwach eingebogen und endet unten, ohne eine vortretende Ecke zu bilden. Die vorderen Springbeine reichen nach hinten etwas weiter als die hinteren und greifen über die Mitte der Steuerbeine hinaus. Die Steuerbeine betragen etwa ¹/₆ der Körperlänge; ihr inneres Blatt ist um die Hälfte kürzer, als das äussere, zweigliedrige und trägt an seinen beiden Rändern nur einfache Borsten, während das längere am Innenrande Fiederborsten hat. Das Endglied des äusseren Blattes ist sehr klein und zwischen den langen Endstacheln versteckt. Die Farbe des Körpers ist gelblich, etwas ins Röthliche spielend. Die Augen sind schwarz.

	№ 1 ♂	№ 2 ♂
Die Zahl der Glieder in der Geissel der oberen Fühler.	30	17
„ „ „ „ „ „ der unteren Fühler.	14	8
„ „ „ „ in der Nebengeissel	6	3

Maassangaben.

	№ 1.	№ 2.
Totallänge	26,70	15,80
Körperlänge	14,82	8,91
Länge der oberen Fühler	10,53	5,93
Länge der unteren Fühler	6,72	3,80
Länge der Stiele der oberen Fühler	3,53	2,25
Länge der Stiele der unteren Fühler	3,92	2,36
Länge des 3ten Gangbeines	6,5	—
Länge der Steuerbeine	2,19	1,44
Höhe des Körpers	2,2	1,2
Breite des Körpers	1,8	1,00

Diese Art ist ziemlich selten; wir haben sie in einer Tiefe von 200 Meter in einer sehr unbeträchtlichen Anzahl von Exemplaren gefangen.

10. G. fuscus n. sp.
Taf. V, Fig. 2.

Artkennzeichen. Die Stiele der oberen Fühler sind etwas dünner und beinahe um $^1/_3$ kürzer, als die der unteren; ihr Basalglied ist kürzer, als das Kopfsegment und als jedes der beiden Endglieder der unteren Stiele. Die oberen Fühler sind bei den Männchen nur wenig länger, als die unteren (bei den Weibchen sind sie um $^1/_7$ länger) und erreichen bei beiden Geschlechtern ungefähr $^2/_5$ der Körperlänge. Die Geissel der unteren Fühler trägt Lavalett'sche Kolbenorgane. Die Augen sind nierenförmig und ziemlich klein; ihr Höhendiameter erreicht die Hälfte des Kopfsegmentes und ist beinahe zweimal so gross wie die Breite des Auges. Die Stirn tritt mit einer medianen kurzen Spitze vor. Die Stirnbreite zwischen den Augen ist beinahe der Augenhöhe gleich. Die Rückenplatten aller Schwanzsegmente sind mit Stacheln versehen, welche, auf schwachen Erhöhungen des Hinterrandes der Rückenplatten, in meist regelmässigen Gruppen angeordnet stehen. Auf dem ersten und zweiten Schwanzsegmente sind zwei Mittel- und zwei Lateralgruppen, zu je 4 Stacheln vorhanden, zuweilen aber vereinigen sich die beiden Gruppen mit einander und bilden jederseits nur eine einzige Gruppe. Im eben besprochenen Verhältnisse finden wir die Stacheln auch auf allen übrigen Segmenten auftretend [1]). Auf dem 3ten und 4ten Schwanzsegmente kommt ausserdem noch eine Querreihe von Stacheln vor, welche gewöhnlich aus 2 Gruppen besteht. Die Zahl der Stacheln in den letzten Gruppen ist nicht constant. Die Seitenlappen der 2 ersten Schwanzsegmente sind mit Leisten versehen. Das Fehlen der Leisten auf den Seitenlappen des 3ten Schwanzsegmentes giebt uns ein sicheres Mittel an die Hand, den *G. fuscus* von dem ihm in vielen Beziehungen nahe stehenden *G. marinus* zu unterscheiden. Die Hände sind mässig gross, die vorderen birn-, die hinteren becherförmig. Die Basalglieder der Gangbeine sind ziemlich breit, ihr Hinterrand ist schwach gewölbt oder etwas eingebogen und endet unten mit einer kurzen, vortretenden Ecke. Die Springbeine reichen nach hinten beinahe gleich weit hinaus und berühren mit ihren Spitzen die Mitte der Steuerbeine; diese letzteren betragen ungefähr $^1/_8$ der Körperlänge. Das innere Blatt der Steuerbeine ist um die Hälfte kürzer, als das äussere [2]) und beide tragen am Aussenrande nur einfache Borsten, am Innenrande sowohl einfache, als auch Fiederborsten. Die Farbe des Körpers ist schmutzig violett-bräunlich und grünlich gefleckt. Der Hinterrand des Kopfsegmentes und die vordere Hälfte der Rückenplatte des ersten Rumpfsegmentes sind heller gefärbt, wodurch ein Nackenfleck entsteht. Alle Extremitäten sind gebändert; die Augen sind schwarz.

	№ 1 ♂	№ 2 ♂	№ 3 ♀
Die Zahl der Glieder in der Geissel der oberen Fühler.	31	30	30
„ „ „ „ „ „ „ unteren Fühler.	11—21	19	19
„ „ „ „ in der Nebengeissel.	7	7	7

---

[1]) Die Zahl der Stacheln in jeder Gruppe der 2 letzten Schwanzsegmente ist gering, sie beträgt 1, 2 oder höchstens 3; ausserdem werden die Stacheln von langen Borsten überdeckt.

[2]) Dieses Verhältniss ist nicht immer constant; ich fand einige Male das innere Blatt nur um $^1/_3$ kürzer als das äussere.

Maassangaben.

	№ 1.	№ 2.	№ 3.
Totallänge	46,0	32,05	32,61
Körperlänge	35,5	23,50	23,20
Länge der oberen Fühler	8,96	6,99	7,31
Länge der unteren Fühler	8,72	6,11	5,79
Länge der Stiele der oberen Fühler	3,76	2,75	2,51
Länge der Stiele der unteren Fühler	5,28	3,71	3,39
Länge des 3ten Gangbeines	13,3	8,0	7,0
Länge der Steuerbeine	3,6	3,36	3,30
Höhe des Körpers	6,2	4,2	4,0
Breite des Körpers	—	3,2	3,5

Wir fanden diese Art in einer Tiefe von 30—100 Meter; sie ist nicht selten.

11. G. murinus n. sp.
Taf. V, Fig. 1.

Artkennzeichen. Die Stiele der oberen Fühler sind nur wenig dünner und in der Regel um $1/3$—$1/5$ kürzer, als die der unteren, ihr Basalglied ist kürzer, als das Kopfsegment und als jedes der beiden Endglieder der unteren Stiele. Die oberen Fühler sind fast um $1/3$ länger, als die unteren und erreichen beinahe $2/3$ der Körperlänge. Die Geisseln der unteren Fühler sind mit Lavalett'schen Kolbenorganen versehen. Die Stirn tritt mit einer sehr schwachen Spitze vor. Die Augen sind ziemlich gross, nierenförmig, unten verdickt und wenig abgerundet, ihr Höhendiameter beträgt mehr, als eine halbe Kopflänge, und ist zweimal grösser, als die Breite des Auges. Die Stirnbreite zwischen den Augen erreicht nur eine halbe Augenhöhe. Die Rückenplatten aller Schwanzsegmente sind mit Stacheln versehen, welche auf schwachen Erhöhungen der Hinterränder dieser Segmente in 1—4 Querreihen von Gruppen der Art angeordnet stehen, dass auf dem ersten Segmente nur eine Reihe, aus 2 Lateral- und 2 Mittelgruppen, von je 4—5 Stacheln bestehend, vorkommt. Auf dem 2-ten Schwanzsegmente sind 3 Querreihen vorhanden: es stehen in der untersten Querreihe 2 Lateral- und 2 Mittelgruppen von je 4 Stacheln; in der folgenden Querreihe entweder 2 Lateral- und 2 Mittelgruppen, oder 2 Mittelgruppen; die Zahl der Stacheln in den Gruppen dieser und der nächstfolgenden Reihe ist nicht constant, sie wechselt zwischen 1—3; die 3te Querreihe endlich besteht gewöhnlich aus 2 Mittelgruppen von je 2—3 Stacheln. Auf dem 3ten Schwanzsegmente sind ebenfalls 3 Querreihen vorhanden und die Anordnung der Gruppen ist der eben besprochenen ziemlich ähnlich, mit dem Unterschiede jedoch, dass hier öfters noch ganz abgesondert stehende Stachelspitzen und einfache Borsten vorkommen. Auf dem 4ten Schwanzsegmente sind gewöhnlich 2 Querreihen entwickelt, die Stacheln jedoch sind zarter und oft durch Borsten ersetzt, die Vertheilung der Gruppen ist der auf der Rückenplatte des 3ten Schwanzsegmentes ähnlich. Auf dem 5ten und 6ten Schwanzsegmente ist nur eine Querreihe von Gruppen vorhanden, die Lateralgruppen haben gewöhnlich 4 Stacheln, die Mittelgruppen

1—2 Paar Borsten. Die Leisten sind auf den Seitenlappen der drei ersten Schwanzsegmente sehr deutlich entwickelt. Die vorderen Hände sind birn-, die hinteren becherförmig, bei den Männchen breiter und nach vorn erweitert. Die Basalglieder der Gangbeine sind mässig breit, herzförmig, schmäler und länger, als bei *G. fuscus*, ihr Hinterrand ist schwach eingebogen und endet unten mit einer vortretenden, kleinen Ecke. Die Springbeine reichen gleich weit nach hinten und berühren mit ihren Spitzen fast die Mitte der Steuerbeine; diese letzteren betragen $1/3$—$1/4$ der Körperlänge, ihr äusseres Blatt ist kräftig, dick, das innere schmal und schwach entwickelt und erreicht $5/8$ des ersteren, welches am Aussenrande nur einfache Borsten trägt, während sein Innenrand, so wie die beiden Ränder des kürzeren Blattes auch mit Fiederborsten besetzt sind. Die Farbe des Körpers ist hell-violett-bräunlich, oder dunkelgrau, mit hell oliven-grünlichen Flecken. Alle Extremitäten sind gebändert.

	№ 1 ♂.	№ 2 ♀.
Die Zahl der Glieder in der Geissel der oberen Fühler.	56—57	39—53
„ „ „ „ „ „ der unteren Fühler.	28—25	28 - 25
„ „ „ „ in der Nebengeissel	10	12

Maassangaben.

	№ 1.	№ 2.
Totallänge	53,30	47,44
Körperlänge	22,50	20,40
Länge der oberen Fühler	15,60	13,64
Länge der unteren Fühler	10,52	8,88
Länge der Stiele der oberen Fühler . .	4,10	3,68
Länge der Stiele der unteren Fühler . .	2,24	2,30
Länge des 3ten Gangbeines	12,8	12,3
Länge der Steuerbeine	7,0	5,7
Höhe des Körpers	6,3	6,0
Breite des Körpers	4,2	4,2

Diese Art ist nicht häufig, wir haben sie in einer Tiefe von 30—100 Meter gefangen. Sie könnte nur mit dem *G. fuscus* verwechselt werden, von welchem sie sich aber durch grössere Augen, längere obere Fühler, schlankere Basalglieder der Gangbeine, durch die Bestachelung der Schwanzsegmente, so wie endlich durch die Leiste, welche auf den Seitenlappen des 3ten Schwanzsegmentes entwickelt ist, deutlich und leicht unterscheidet.

12. G. aheneus n. sp.
Taf. VII, Fig. 1 u. 2. Taf. VI, Fig. 3.

Artkennzeichen. Die Stiele der oberen Fühler sind in der Regel dünner als die der unteren, selten ebenso dick, immer aber kürzer, ihr Basalglied ist länger als das Kopfsegment oder so lang wie dieses. Die oberen Fühler erreichen $3/4$ oder sogar eine ganze Körperlänge. Die Geissel der unteren Fühler trägt Lavalett'sche Kolbenorgane. Die Augen sind nieren- oder etwa biscuitförmig, unten oft schwach verdickt, ihr Höhendiameter beträgt mehr als eine halbe

Kopflänge und ist 2—3 mal grösser, als die Breite des Auges. Die Rückenplatten aller Schwanzsegmente sind mit Stacheln bewaffnet, deren Zahl und Anordnung grossen Modificationen unterworfen ist. Ich will nur kurz die Zahl der Reihen, in welchen die Gruppen der Stacheln geordnet stehen, in Betracht ziehen und zum Verständniss der speciellen Anordnung derselben auf die beigefügten Abbildungen verweisen. Ich fand auf der Rückenplatte des ersten Schwanzsegmentes 1 oder 2 (ausnahmsweise waren die Querreihen von Stacheln durch Borsten ersetzt), auf dem 2ten, 2—4, auf dem 3ten, 4—5, auf dem 5ten, 1—2 und auf dem 6ten endlich nur eine einzige Querreihe von Stacheln. Ausser den Stacheln kommen noch Borsten auf den Rückenplatten vor, welche die Stacheln in vielen Fällen ersetzen oder sie bedecken. An den unteren Rändern der Seitenlappen der 3 ersten Schwanzsegmente sind gewöhnlich wenige Borsten entwickelt, in seltenen Fällen stehen ganze Büschel solcher Borsten da, wie z. B. bei der Varietät *setosus*. Ueber die Fläche der Seitenlappen der 3 ersten Schwanzsegmente verläuft, ähnlich wie bei *G. murinus*, eine deutlich ausgeprägte Leiste. Die vorderen Hände sind grösser, als die hinteren, birnförmig, während die letzteren eine Becherform haben. Die Basalglieder der Gangbeine sind mässig breit, ihr Hinterrand ist entweder sehr schwach bogig oder etwas concav und endet unten mit einer kleinen Ecke. Die vorderen Springbeine reichen nach hinten etwas weiter als die hinteren, berühren aber mit ihren Spitzen keineswegs die Mitte der Steuerbeine, diese letzteren sind lang und kräftig, sie betragen $\frac{1}{4}$ der Körperlänge, ihr äusseres, zweigliedriges Blatt ist schwach säbelförmig nach innen gebogen und übertrifft um mehr als die Hälfte die Länge des inneren Blattes. Die Ränder des inneren Blattes der Steuerbeine sind mit Büscheln einfacher Borsten, unter welchen auch Fiederborsten vorkommen, besetzt; der äussere Rand des längeren Blattes aber trägt nur einfache Borsten. Die Farbe des Körpers wechselt von Kupferroth bis Weisslichgelb oder Schmutzigweisslich. Nach der Farbe unterscheide ich folgende Subvarietäten: die kupferrothe = *aheneus*, mennigrothe = *miniatus*, bernsteingelbe = *succineus*. Mit dem Namen *setosus* bezeichne ich die Varietät, welche sich durch die sehr üppig entwickelten Borsten auszeichnet. Bei allen Varietäten sind die Augen schwarz.

	aheneus.		aheneus.		miniatus.	succineus.	
	№ 1 ♂	№ 2 ♂	№ 3 ♂	№ 4 ♂	№ 5 ♂	№ 6 ♀	№ 7 ♀
Die Zahl der Glieder in der Geissel der oberen Fühler	108—107	68	41	81	116	79—60	85
Die Zahl der Glieder in der Geissel der unteren Fühler	30—33	29—26	20	33	36	20—28	33
Die Zahl der Glieder in der Nebengeissel	13	9	7	11—12	13	12	11

Maassangaben.

	№ 1	№ 2	№ 3	№ 4	№ 5	№ 6	№ 7
Totallänge	69,0	45,66	23,41	58,1	79,9	62,1	54,4
Körperlänge	31,6	23,40	11,36	28,5	37,0	32,0	28,6
Länge der oberen Fühler	30,5	17,76	8,72	24,1	35,4	26,18	22,42
Länge der unteren Fühler	16,0	10,88	4,80	14,0	19,0	14,3	13,36
Länge der Stiele der oberen Fühler	7,0	4,96	2,32	6,6	9,4	7,68	5,62

	№ 1.	№ 2.	№ 3.	№ 4.	№ 5.	№ 6.	№ 7.
Länge der Stiele der unteren Fühler	9.5	5,84	2,88	7,8	11.0	8,20	7,44
Länge des 3ten Gangbeines	14,5	11.2	5.6	12,5	17.0	13,8	12,0
Länge der Steuerbeine	8,5	6,00	4,00	7,0	10,0	6,5	7,60
Höhe des Körpers	5,0	3.8	1.9	4,6	5,5	5,0	4,0
Breite des Körpers	3,5	2,2	1.28	3,0	3,5	3 5	3,0

Die Art ist nicht häufig, sie wird aber in allen Tiefen von 50—500 Meter angetroffen; bei 300—500 Meter kommt sie nur vereinzelt vor.

13. G. verrucosus Gerstf. l. c.

Taf. IV, Fig. 1.

Artkennzeichen. Die Stiele der oberen Fühler sind beinahe so dick, wie die der unteren, aber etwa um $1/5$ kürzer, ihr Basalglied ist etwas länger, als das Kopfsegment und kürzer, als jedes der beiden Endglieder der unteren Stiele. Die oberen Fühler sind immer kürzer, als der Körper; bei erwachsenen Männchen betragen sie etwa $2/3$ der Körperlänge und sind in der Regel nur $1/4 - 1/5$ länger, als die unteren. Die Geisseln der unteren Fühler sind stets kürzer, als die Stiele selbst, ihre Glieder sind kurz, breit, etwas plattgedrückt und bei beiden Geschlechtern mit Lavalett'schen Kolbenorganen versehen. Die Augen sind flach, lang-nieren- bis lineal-nierenförmig, ihr Höhendiameter erreicht $3/4 - 4/5$ der Kopflänge und ist oft 4 mal grösser, als die Breite des Auges. Die Stirn tritt mit einer kurzen medianen Spitze hervor. Die Rückenplatten aller Schwanzsegmente tragen auf leisten- oder warzenartigen Erhöhungen Gruppen von ziemlich dicken Stachelspitzen, welche gewöhnlich kammartig auf denselben angeordnet sind. Diese Erhöhungen stehen mehr oder weniger deutlich reihenweise auf den Rückenplatten, so dass man auf dem ersten Schwanzsegmente meist 3, auf dem 2ten und 3ten fünf Querreihen unterscheiden kann. Auf dem letztgenannten Segmente sind die Stacheln so zahlreich, dass sie die ganze Dorsalfläche des Segmentes bedecken. Auf den 3 letzten Schwanzsegmenten stehen die Erhöhungen gewöhnlich in 2 Querreihen geordnet. Jede Gruppe besteht aus 3—6 Stacheln [1]) und die Richtung der Stachelreihen zum Hinterrande des Segmentes ist eine schiefe [2]). Die vorderen Hände sind grösser, als die hinteren, die ersten sind birn-, die letzteren becherförmig. Die Basalglieder der Gangbeine sind mässig breit, herzförmig, ihr Hinterrand ist schwach eingebogen und endet ohne eine Ecke zu bilden. Die Springbeine sind kurz, die vorderen reichen etwas weiter nach hinten, als die hinteren und berühren mit ihren Spitzen das Ende des Basalgliedes der Steuerbeine; diese letzteren sind lang,

---

[1]) Die Zahl der Stacheln auf den Rückenplatten des ersten Schwanzsegmentes beträgt durchschnittlich 54, des zweiten 80, des dritten 100, des 4ten 32, des 5ten 24 und des 6ten 12.
[2]) Betrachtet man die Rückenplatten der Segmente nur flüchtig, so glaubt man ein kaum zu entwirrendes Chaos von Warzen vor sich zu haben; erst bei genauer Betrachtung wird es möglich sein, alle diese Warzen auf die Längsreihen zurückzuführen, welche wir bei dem *G. Brandtii* ganz deutlich ausgesprochen finden; es sind nämlich bei der letztgenannten Art 6 Längsreihen von Warzengruppen vorhanden, von welchen 2 mittlere den Mittel-, 2 zunächstliegende den Lateral- und die 2 äussersten den Randreihen entsprechen.

ihr äusseres Blatt ist 6—7 mal länger als das innere, welches verkümmert ist und knospenartig neben dem langen Blatte aussieht. Die beiden Ränder des langen Blattes und die Spitze des kürzeren sind mit langen und dichten Borstenbündeln besetzt. Die Farbe des Körpers ist grünlich ins Gelblich ziehende; auf jedem Segmente und zwar auf seinem Hinterrande bemerkt man eine schmale, bräunliche oder horngelbliche Querbinde. Die Augen sind schwarz.

Die Exemplare aus dem Angara-Flusse zeichnen sich durch kürzere Fühler, kürzere Extremitäten, geringere Zahl von Geisselgliedern und durch einen mehr gedrungenen Körper aus.

	№ 1♂	№ 2♂	№ 3♂	№ 4♀	№ 5♀	№ 6 juv.
Die Zahl der Glieder in der Geissel der oberen Fühler	50	38	39	59	35	29
„ „ „ „ „ „ „ unteren Fühler	24—26	18	17	18	15	11—9
„ „ „ „ in der Nebengeissel	7	6	4	10	5	4

Maassangaben.

	№ 1.	№ 2.	№ 3.	№ 4.	№ 5.	№ 6.	№ 7 Pullus.
Totallänge	62,3	45,44	30,97	63,4	42,84	18,78	8,216
Körperlänge	34,3	27,6	16,62	35,6	26,3	10,11	4,944
Länge der oberen Fühler	19,9	12,94	10,07	21,0	11,64	6,35	1,760
Länge der unteren Fühler	15,8	10,74	6,93	13,3	8,86	3,88	1,086
Länge der Stiele der oberen Fühler	7,6	5,94	4,07	8,0	4,64	2,35	0,688
Länge der Stiele der unteren Fühler	9,6	7,44	4,43	7,0	6,08	2,52	0,686
Länge des 3ten Gangbeines	16,0	11,7	7,9	15,0	10,5	4,3	1,44
Länge der Steuerbeine	9,5	6,2	5,0	8,3	6,2	2,80	0,720
Höhe des Körpers	6,5	5,0	3,0	7,0	5,0	1,9	—
Breite des Körpers	4,8	3,7	2,0	5,0	3,9	—	—

Die Art ist sehr häufig und wird überall am Ufer des Sees unter Steinen gefunden; sie ist auch in dem Angara-Flusse eine der häufigsten.

14. G. lividus n. sp.
Taf. VI, Fig. 1.

Artkennzeichen. Die Stiele der oberen Fühler sind dünner und um $1/5$ — $1/3$ länger als die der unteren, ihr Basalglied ist in der Regel länger, als das Kopfsegment, selten gleich lang, immer aber kürzer, als jedes der beiden Endglieder der unteren Stiele. Die oberen Fühler sind etwa um $1/3$ länger als die unteren und fast um $1/4$ kürzer, als der Körper. Die Augen sind lang-nierenförmig, flach, unten etwas verdickt und geradlinig abgestutzt oder flach eingeschnitten; ihr Höhendiameter beträgt eine halbe Kopflänge und ist fast 3 mal so gross, wie die Breite des Auges. Die Geissel der unteren Fühler ist kürzer, als die Stiele, ihre Glieder sind bei beiden Geschlechtern mit Kolbenorganen versehen. Die Rückenplatten aller Schwanzsegmente sind mit Gruppen von Stacheln besetzt, welche sowohl am Hinterrande der Segmente als auch auf der Dorsalfläche der Rückenplatten stehen. Auf dem 1sten Schwanzsegmente stehen die Gruppen in 2 Querreihen geordnet, die hinterste Reihe hat 4 Gruppen, zu je 4—6 Stacheln, die vorderen 2 zu je 4 Stacheln. In der unteren Querreihe sind also die Lateral- und Mittelgruppen, in der vorderen nur die Lateralgruppen ausgebildet. Auf dem 2ten Schwanzsegmente sind 4 Querreihen vorhanden. Die hinterste, zunächst am Hinterrande gelegene Reihe hat 4 Gruppen zu je 4—6 Stacheln, die 3 vorderen haben jede 2 Gruppen, welche weit von einander gestellt sind, so dass die Mitte der Dorsalfläche frei von Stacheln erscheint. Es sind auch hier in der hintersten Querreihe Lateral- und Mittelgruppen, in den 3 vorderen Querreihen nur Lateralgruppen entwickelt. Auf dem 3ten Schwanzsegmente wiederholt sich das eben besprochene Verhältniss mit dem Unterschiede, dass neben den Gruppen der 3 vorderen Querreihen noch kleine Gruppen am Innenrande derselben vorzukommen pflegen, so dass hier auf dem 3ten Schwanzsegmente die Mittelreihen meist mehrere, hinter einander liegende Stachelgruppen besitzen, deren Zahl aber nicht constant ist und in vielen Fällen sich nur auf 2, am Hinterrande des Segmentes gelegene Gruppen beschränkt. Auf dem 4ten Schwanzsegmente treten gewöhnlich 2 Querreihen auf: die hintere mit Mittel- und 2 Lateralgruppen, die vordere mit 2 Mittel- und 2 Lateralgruppen. Auf den beiden letzten Schwanzsegmenten sind nur eine Mittel- und 2 Lateralgruppen in einer einzigen Querreihe stehend vorhanden. Die vorderen Hände sind merklich grösser fast um $1/4$ länger und um $2/5$ breiter als die hinteren. Die vorderen sind schlank birn-, die hinteren schmal becherförmig. Die Basalglieder der Gangbeine sind mässig breit, ihr Hinterrand ist entweder schwach convex oder flach eingebogen und läuft unten öfters in eine kurze Ecke aus. Die vordern Springbeine reichen etwas weiter nach hinten, als die hinteren und berühren das Ende des ersten Drittels der Steuerbeine; diese letzteren sind ziemlich lang, sie betragen in der Regel $1/4 - 2/7$ der Körperlänge, ihr äusseres Blatt ist 6—7 mal länger, als das innere und trägt an seinen beiden Rändern Büschel langer, einfacher Borsten. Die Farbe der Körpers ist schmutzig violett-blau oder grünlich-violett, oft mit schönem metallischem Glanze. Die Fühler und die Steuerbeine sind ziegelroth oder violett-braun. Die Augen sind schwarz.

	№ 1 ♂	№ 2 ♂	№ 3 ♂	№ 4 ♀	№ 5 ♀	№ 6 Juv.
Die Zahl der Glieder in der Geissel der oberen Fühler.	70	52	68	60	46—50	30
„ „ „ „ „ „ „ der unteren Fühler.	24	16	26	6—11	11—20	12—13
„ „ „ „ in der Nebengeissel	7	9	5	8	7	4

Maassangaben.

	№ 1.	№ 2.	№ 3.	№ 4.	№ 5.	№ 6.
Totallänge	63,34	61,0	60,6	55,72	43,89	20,11
Körperlänge.	32,8	29,0	28,4	27,6	21,2	11,60
Länge der oberen Fühler	24,5	23,6	25,3	22,42	17,4	7,59
Länge der unteren Fühler	16,5	15,9	16,1	12,7	11,78	5.35
Länge der Stiele der oberen Fühler . . .	8,16	8,6	7,3	7,46	5,76	2,79
Länge der Stiele der unteren Fühler . .	10,06	10,0	9,9	9,5	7,28	3,59
Länge des 3ten Gangbeines.	13,0	13,4	13,0	11,7	9,0	4,9
Länge der Steuerbeine	7,42	8,5	8,3	7,0	6.2	2,72
Höhe des Körpers.	5,5	5,6	5,5	5,5	5,2	3,0
Breite des Körpers	3,5	3,5	3.5	3,8	3,0	1.5

Die Art ist häufig und kommt überall an dem Ufer des Baikalsees, in einer Tiefe von 1—10 Meter vor. Im Flusse Angara ist sie bis jetzt von uns nicht aufgefunden worden.

15. G. hyacinthinus n. sp.

Artkennzeichen. Die Stiele der beiden Fühlerpaare sind beinahe gleich dick, die der oberen nur so lang, wie das Kopfsegment und fast um $1/3$ kürzer, als die der unteren. Die oberen Fühler sind etwa um $1/4$ länger, als die unteren und nicht halb so lang, wie der Körper. Die Augen sind ziemlich gross, nierenförmig und schwach verdickt, ihr Höhendiameter erreicht eine halbe Kopflänge und ist fast 2 mal so gross, wie die Breite des Auges; die Stirnbreite zwischen den Augen ist nur der halben Augenhöhe gleich; die mediane Stirnspitze ist kurz und etwas gesenkt. Nur die Rückenplatten der 3 letzten Schwanzsegmente tragen auf ihrem Hinterrande zarte Stacheln, welche zu je 1, 2 oder 3 in 4 Quergruppen geordnet sind. Die Hände sind nicht gross, die vorderen etwas länger, als die hinteren, die ersteren sind birn-, die letzteren becherförmig. Die Basalglieder der Gangbeine sind ziemlich breit, ihr vorderer und hinterer Rand sind gewölbt, der letztere endet unten mit einer spitzen Ecke. Die Springbeine reichen nach hinten beinahe gleich weit und berühren mit ihren Spitzen das letzte Drittel der Steuerbeine; diese sind nicht lang, sie betragen $1/7$ der Körperlänge, ihr äusseres, zweigliedriges Blatt ist um $1/5$ länger, als das innere und hat nur an seinem Innenrande Fiederborsten, während das kürzere aussen und innen mit Fiederborsten besetzt ist. Die Farbe des Körpers ist sehr variabel: grünlich, gelblich oder hell röthlich. Die Augen sind schwarz.

	№ 1 ♂	№ 2 ♂	№ 3 ♀
Die Zahl der Glieder in der Geissel der oberen Fühler	26	28—27	18—24
„ „ „ „ „ „ „ unteren Fühler	14	15	11
„ „ „ „ in der Nebengeissel	4	4	3

Maassangaben.

	№ 1.	№ 2.	№ 3.
Totallänge	19,30	20,08	14,11
Körperlänge	13,11	13,71	9,53
Länge der oberen Fühler	5,12	5,28	3,90
Länge der unteren Fühler	3,82	3,98	2,22
Länge der Stiele der oberen Fühler	1,12	1,28	0,94
Länge der Stiele der unteren Fühler	1,87	2,03	1,18
Länge des 3ten Gangbeines	4,5	4,7	3.5
Länge der Steuerbeine	1,80	1,92	1,24
Höhe des Körpers	2,3	2,5	2,0
Breite des Körpers	1,7	1,6	1,5

Die Art haben wir in einer Tiefe von 100—300 Meter ziemlich selten angetroffen.

16. G. albinus n. sp.

Taf. IX, Fig. 3.

Artkennzeichen. Die Stiele der oberen Fühler sind etwas kürzer, als die der unteren [1]), diese kürzer, als das Kopfsegment und die Stiele der beiden Fühlerpaare fast gleich dick. Die oberen Fühler sind fast um die Hälfte länger, als die unteren und 3 mal kürzer, als der Körper. Die Augen sind sehr unregelmässig gestaltet; der Hinterrand derselben ist tief zerrissen, lappig (die Lappen sind meistentheils spitz), der untere eingebogen, der vordere, welcher ganz nahe am Stirnrande liegt, concav. Die Stirn ist plötzlich nach unten umgebogen und steiler abfallend, als bei *G. flavus*, wodurch die Wölbung des vorderen Kopftheiles hier kürzer und der senkrecht gestellte Theil der Stirn kleiner, als bei *G. flavus* erscheint; im Allgemeinen ist aber die Gestalt des Kopfes der beiden Arten sehr ähnlich. Der Höhendiameter des Auges ist beinahe so lang, wie das Kopfsegment und 3—4 mal grösser, als die Breite des Auges. Nur die Rückenplatten der 3 letzten Schwanzsegmente sind bestachelt; die Stacheln sind äusserst zart. Ich fand an dem den Lateralgruppen entsprechenden Orte nur einen Stachel stehen. Die vorderen Hände sind bei den Männchen breit birn-, die hinteren, sich allmälig gegen die Palma erweiternd, becherförmig gestaltet. Die Basalglieder der Gangbeine sind breiter, als bei *G. flavus*, ihr Hinterrand endet unten mit einer abgerundeten Ecke. Die Springbeine reichen nach hinten beinahe gleich weit wie die Steuerbeine und erreichen mit ihren Spitzen das zweite Drittel derselben. Die Steuerbeine betragen $^1/_6$ der Körperlänge, ihr äusseres Blatt ist 2 mal so lang, wie das innere. Der Aussenrand des Blattes ist nur mit einfachen Borsten besetzt, der Innenrand, so wie die beiden Ränder des kürzeren Blattes sind auch mit Fiederborsten versehen. Die Farbe des Körpers ist mehr oder weniger gelblich weiss; die Augen sind hell fleischfarben oder weiss mit rosarothem Anstrich.

	N 1 ♂	№ 2 ♂	№ 3 ♀	№ 4 ♀	№ 5 ♂	№ 6 ♀
	Tiefe = 300 Meter.				T. = 1,000 M.	
Die Zahl der Glieder in der Geissel der oberen Fühler	36	38	32	34	36	36
„ „ „ „ „ „ „ „ unteren Fühler	13	13	12	10	13	13
„ „ „ „ in der Nebengeissel	7	8	7	6	7	7

Maassangaben.

	№ 1.	№ 2.	№ 3.	№ 4.	№ 5.	№ 6.
Totallänge	34,48	34,05	29,66	32,41	33,10	32,93
Körperlänge	24,70	23,38	21,6	23,64	23,2	23,7
Länge der oberen Fühler	7,06	7,75	6,46	6,85	7,18	7,23

---

[1]) Bei den Weibchen dieser Art, so wie des *G. flavus*, kommt es oft vor, dass die Stiele der *unteren* Fühler kürzer sind, als die der oberen, allein dieses Verhältniss muss als eine Anomalie betrachtet werden, welche nur bei solchen Arten vorzukommen pflegt, bei welchen der Unterschied in der Länge der Stiele sehr gering ist.

	№ 1.	№ 2.	№ 3.	№ 4.	№ 5.	№ 6.
Länge der unteren Fühler	3,78	3,47	2,67	2,71	3,56	3,44
Länge der Stiele der oberen Fühler	1,56	1,35	1,34	1,35	1,48	1,47
Länge der Stiele der unteren Fühler	1,74	1,55	1,23	1,28	1,64	1,60
Länge des dritten Gangbeines	10,3	10,5	8,8	9,0	10,2	10,0
Länge der Steuerbeine	3,92	3,88	2.80	2,92	3,62	3,20
Höhe des Körpers	5,5	5,4	5,3	5,6	5,5	5,8
Breite des Körpers	4,0	3,7	3,8	4,0	4.0	4,6

In der Tiefe von 300 Meter ist man immer sicher diese Art gleichzeitig mit *G. flavus* anzutreffen; je tiefer, desto zahlreicher kommt sie vor. In einer Tiefe von 1,300 Meter haben wir sie noch sehr zahlreich gefunden.

17. G. flavus n. sp.
Taf. XI, Fig. 1.

Artkennzeichen. Die Stiele der oberen Fühler sind etwas kürzer und dicker als die der unteren und in der Regel um $1/3 - 1/4$ länger als das Kopfsegment. Die oberen Fühler sind ungefähr um $2/5$ länger, als die unteren und der halben Körperlänge gleich. Die sehr grossen Augen, welche beinahe die Hälfte der ganzen Oberfläche der Kopfplatte einnehmen, sind unregelmässig gestaltet. Die Gestalt des Auges kann mit einer halben Niere verglichen werden, deren abgerundetes Ende nach oben gekehrt ist. Der hintere Rand der Augen ist lappig (die Lappen sind klein, abgerundet); der untere gerade oder schwach eingebogen. Der Höhendiameter des Auges ist grösser als die Länge des Kopfes und 2 mal so gross wie die Breite des Auges. Die Stirn ist sehr stark nach unten umgebogen und dann senkrecht gestellt, dadurch wird die Einlenkungsstelle der Fühler niedriger und die Höhe des Kopfes im Verhältniss zu seiner Länge grösser, als bei anderen Arten. Die Gestalt der Stirn giebt dem Kopfe einen eigenthümlichen Charakter, und erlaubt die Art sofort zu erkennen [1]. Bei jungen Thieren ist die Stirn niedriger. Die Stirnbreite zwischen den Augen ist sehr gering, sie erreicht etwa $1/15$ der Augenbreite. Nur die Rückenplatten der 3 letzten Schwanzsegmente sind am Hinterrande mit zarten Stacheln besetzt, welche auf den 2 vorderen in vier, auf dem letzten nur in zwei kleine Gruppen geordnet sind. Die Zahl der Stacheln in jeder Gruppe schwankt zwischen 1 und 3. Die vorderen Hände sind schlank birnförmig und grösser, als die becherförmigen, hinteren; diese letzteren sind am Volarrande, vor der Palma, schwach eingedrückt, was aber nur bei der Profilansicht der Hände wahrnehmbar wird. Die Basalglieder der Gangbeine sind mässig breit, ihr Hinterrand endet unten ohne eine deutliche Ecke zu bilden. Die vorderen Springbeine reichen etwas weiter nach hinten als die hinteren und berühren mit ihren Spitzen das Ende des kürzeren Blattes der Steuerbeine; diese letzteren

---

[1] Eine so eigenthümliche Gestalt des Kopfes habe ich nur noch bei *G. albinus*, sonst aber bei keiner anderen Art des Baikalsees gefunden.

betragen $^1/_6$—$^1/_7$ der Körperlänge, ihr inneres Blatt ist um die Hälfte kürzer als das äussere und trägt an seinen beiden Rändern Fiederborsten, während das längere nur am Innenrande mit Fiederborsten besetzt ist. Die Farbe des Körpers ist pomeranzengelb bis hellhoniggelb. Die Augen sind schwarz; bei den die grösseren Tiefen bewohnenden Individuen werden die Augen röthlich.

	№ 1♂	№ 2♂	№ 3♀	№ 4♀	№ 5♂	№ 6♀
	Tiefe = 300 Meter.				T. = 1,000 M.	
Die Zahl der Glieder in der Geissel der oberen Fühler .	43	43	38	38	42	35
„ „ „ „ „ „ „ unteren Fühler .	18	19	18	14	17	13
„ „ „ „ in der Nebengeissel	4	5	4	4	5	4

Maassangaben.

	№ 1.	№ 2.	№ 3.	№ 4.	№ 5.	№ 6.
Totallänge	41,46	38,94	32,01	34,70	40,79	32,61
Körperlänge. . . .	26,58	23,40	20,74	22,86	25,60	22,00
Länge der oberen Fühler	12,16	12,62	9,06	10,32	12,22	8,42
Länge der unteren Fühler	7,15	7,48	4,32	4,56	8,08	3,96
Länge der Stiele der oberen Fühler . . .	2,56	2,92	2,06	2,16	2,72	1,92
Länge der Stiele der unteren Fühler	3,79	3,98	2,32	2,00	4,08	2,11
Länge des 3ten Gangbeines	11,0	11,0	8,4	8,5	11,0	8,5
Länge der Steuerbeine	3,60	3,72	2,91	2,32	3,77	2,59
Höhe des Körpers	6,0	5,9	5,3	6,0	6,0	5,5
Breite des Körpers	4,3	4,0	3,5	4,5	4,8	3,5

Diese Art ist im Baikalsee eine der häufigsten; sie kommt schon in einer Tiefe von 100 Meter vor, von hier ab wird sie immer zahlreicher und in einer Tiefe von 300—700 Meter am zahlreichsten; von dieser Tiefe ab wird sie wiederum seltener und schon in einer Tiefe von 1,300 Meter haben wir sie äusserst selten gefunden. Sie ist sehr gefrässig; diese Eigenschaft haben wir zur Anfertigung einer ganzen Reihe von Skeletten höherer Wirbelthiere mit Erfolg benutzen können.

18. G. carneolus n. sp.

Artkennzeichen. Die Stiele der oberen Fühler sind fast so dick, aber um $^1/_3$—$^1/_5$ kürzer, als die der unteren [1]) und stets länger, als das Kopfsegment. Die oberen Fühler erreichen $^1/_3$—$^1/_2$ der Körperlänge und sind fast 2 mal so lang, wie die unteren. Die Stiele und Geisseln der unteren Fühler sind mit sehr langen, einfachen Borsten dicht besetzt, welche zuweilen länger, als die Geisseln selbst, sein können. Die Augen sind gross und so eigenthümlich gestaltet, dass die Form des Auges allein zur Unterscheidung dieser Art von übrigen des

---

[1]) Bei den Weibchen kommt es sehr oft vor, dass beide Stiele gleich lang sind.

Baikalsees hinreichend ist. Die Gestalt des Auges ist einem **B** majusculum ähnlich, dessen doppeltbauchige Seite nach vorn gekehrt ist. Der hintere und untere Rand des Auges sind lappig zerrissen. Der Höhendiameter des Auges erreicht $^3/_4$ der Kopflänge und ist 2 mal so gross, wie die Breite des Auges. Die Rückenplatten der 3 letzten Schwanzsegmente sind mit sehr zarten Stacheln besetzt, deren Anordnung derjenigen vom *G. amethystinus* ähnlich ist. Die vorderen Hände sind schlank, birn-, die hinteren becherförmig und alle mit sehr langen, öfters die Länge der Hände übertreffenden Borsten ziemlich dicht bedeckt. Die Springbeine erreichen nicht die Mitte der Steuerbeine. Das äussere Blatt der Steuerbeine ist fast um die Hälfte länger, als das innere und trägt nur am Aussenrande Fiederborsten, während das kürzere an beiden Rändern mit Fiederborsten besetzt ist. Die Farbe des Körpers ist schmutzig hell fleischröthlich. Die Intensität der Farbe ist nicht constant. Die Augen sind rubinroth.

	№ 1 ♂	№ 2 ♂	№ 3 ♂	№ 4 ♂	№ 5 ♀
Die Zahl der Glieder in der Geissel der oberen Fühler	45	40—35	39—31	44	35
„ „ „ „ „ „ „ der unteren Fühler	15	13	11	15	12
„ „ „ „ in der Nebengeissel	5	4	5	4	4

Maassangaben.

	№ 1.	№ 2.	№ 3.	№ 4.	№ 5.
Totallänge	26,78	25,76	23,21	25,01	21,24
Körperlänge	15.62	14,85	13,26	15,32	12,80
Länge der oberen Fühler	9,16	8,59	8.51	7,85	7,16
Länge der unteren Fühler	5,43	4,64	4,45	4,63	3,18
Länge der Stiele der oberen Fühler	1,96	1,79	1,87	1,77	1,66
Länge der Stiele der unteren Fühler	2,83	2,48	2,49	2,39	1,66
Länge des dritten Gangbeines	6,3	5,3	5,2	6,0	4,0
Länge der Steuerbeine	2,80	2,40	2,08	1.84	1,34
Höhe des Körpers	3,2	2,8	2,7	3,0	2,8
Breite des Körpers	2,0	1,6	1,8	2,0	2,2

Diese Art ist ziemlich häufig; sie kommt in einer Tiefe von 300—700 Meter vor.

19. G. amethystinus n. sp.
Taf. IX, Fig. 6.

Artkennzeichen. Die Stiele der oberen Fühler sind etwas dicker und ungefähr um $^1/_3$ kürzer, als die der unteren, immer aber länger, als das Kopfsegment. Die oberen Fühler sind beinahe 2 mal so lang, wie die unteren und um $^1/_6$—$^1/_5$ kürzer, als der Körper. Das obere Kopfprofil ist schwach gewölbt, die Stirnspitze kurz und etwas gesenkt. Die Augen sind klein, schmal, unregelmässig gestaltet, ihr Hinterrand ist zerrissen. Der Höhendiameter des Auges erreicht eine halbe Kopflänge und ist 4 mal grösser, als die Breite des Auges. Die Stiele beider Fühlerpaare sind nur mit ganz kurzen Borsten besetzt. Nur die Rückenplatten der 3 letzten Schwanzsegmente sind bestachelt, die Stacheln sind sehr zart und stehen zu 1—2 auf den kaum angedeuteten Erhöhungen der Hinterränder der Segmente, die Erhöhungen entsprechen den Lateral- und den Mittelhöckern; auf dem letzten Schwanzsegmente sind nur 2 Stachelspitzen vorhanden. Die Hände sind nicht gross, die vorderen birnförmig und denen vom *G. flavus* ähnlich, nur schlanker und am Volarrande mit weniger Stacheln versehen, die hinteren becherförmig, sie behalten bis zur Palma eine gleiche Breite und zeigen keinen Eindruck an dem Volarrande. Die Basalglieder der Gangbeine sind sehr charakteristisch gestaltet, ihr Hinterrand nämlich ist buckelig gewölbt und verlängert sich nach unten in eine ziemlich lange abgerundete Ecke. Die vorderen Springbeine reichen nach hinten etwas weiter, als die hinteren und berühren mit ihren Spitzen die Mitte der Steuerbeine, welche letzteren bei den Männchen $^1/_5$ der Körperlänge betragen. Das innere Blatt der Steuerbeine ist beinahe um die Hälfte kürzer, als das äussere und hat an seinen beiden Rändern Fiederborsten, während das längere am Aussenrande einfache Borsten trägt. Die Farbe des Körpers ist amethystblau bis bläulich-roth. Die Augen sind röthlich oder hell rosa-roth bis weisslich roth.

	№ 1 ♂	№ 2 ♂	№ 3 ♂	№ 4 ♀
Die Zahl der Glieder in der Geissel der oberen Fühler .	57	62	44	35
" " " " " " der unteren Fühler.	16	16	15	12
" " " " in der Nebengeissel	5	5	4	4

Maassangaben.

	№ 1.	№ 2.	№ 3.	№ 4.
Totallänge.	37,0	36.28	24.12	25,42
Körperlänge	20,42	18,96	12,88	15,50
Länge der oberen Fühler.	13,92	15,00	9,80	8,56
Länge der unteren Fühler.	7,92	8,30	5,93	3,95
Länge der Stiele der oberen Fühler	2,92	2,80	2,20	1,76
Länge der Stiele der unteren Fühler	4,32	4,40	3,29	1,93
Länge des dritten Gangbeines	8,0	7,5	6,0	5,6
Länge der Steuerbeine	3,80	3,52	2,56	2,00
Höhe des Körpers	4,5	3,8	3,0	3,2
Breite des Körpers	2,5	2,5	2,0	2,2

Diese Art haben wir in einer Tiefe von 500—1300 Meter gefangen, sie ist nicht häufig.

20. G. violaceus n. sp.
Taf. X, Fig. 3.

Artkennzeichen. Die Stiele der oberen Fühler sind fast so dick, wie die der unteren und ungefähr um $^1/_4$ kürzer [1]), ihr Basalglied ist etwas kürzer, als das Kopfsegment, aber

---

[1]) Ausnahmen von dieser Regel kommen öfters bei den Weibchen und vorzüglich bei den Weibchen der var. *virescens* vor.

bedeutend kürzer, als das Endglied der unteren Stiele. Die oberen Fühler erreichen bei den Männchen die Länge des Körpers und sind über 2 mal so lang wie die unteren. Die Augen sind klein, nierenförmig, unten schwach verdickt. Die Stirnbreite zwischen den Augen übertrifft die Höhe des Auges, welche weniger, als die halbe Kopflänge beträgt. Die mediane Stirnspitze ist kurz und abgerundet. Die Rückenplatten aller Schwanzsegmente sind mit Stacheln besetzt, welche, in sehr regelmässige Gruppen geordnet, am Hinterrande der Rückenplatten in einer Querreihe gestellt sind. Jede Querreihe hat 2 Lateral-, zu je 4—7, und 2 Mittelgruppen zu je 3—5 Stacheln; die Stacheln stehen auf leistenartigen Erhöhungen, kammförmig geordnet. Die vorderen Hände sind breit, birn-, die hinteren schlank, becherförmig. Die Basalglieder der Gangbeine sind breit, die des 3ten Paares sind herzförmig und um $1/3$ länger, als breit, ihr Hinterrand ist gewölbt und nach unten in eine kurze Ecke verlängert. Die Springbeine sind kurz, reichen nach hinten beinahe gleich weit und berühren fast das letzte Drittel der Steuerbeine, welche etwa $1/7$ der Körperlänge betragen. Das innere Blatt der Steuerbeine ist um $2/7$—$1/3$ kürzer, als das äussere und trägt an seinen beiden Rändern Fiederborsten, während das äussere nur am Innenrande mit Fiederborsten besetzt ist. Die Farbe des Körpers ist dunkel violett-roth oder schmutzig bräunlich-roth. Die Extremitäten sind hell gebändert. Die Augen sind schwarz.

Eine Varietät von grünlicher Farbe, var. *virescens* (Taf. XII, Fig. 5), haben wir schmarotzend auf dem Baikalschwamme gefunden, sie unterscheidet sich durch kleinere Augen, kürzere Steuerbeine, breitere Basalglieder der Gangbeine und endlich durch eine geringere Zahl von Stacheln.

	№ 1 ♂	№ 2	№ 3 juv.	№ 4 juv.
Die Zahl der Glieder in der Geissel der oberen Fühler	148	91—93	71	41—43
„ „ „ „ „ „ der unteren Fühler	25—24	18—15	15	6—9
„ „ „ „ in der Nebengeissel	8	7	6	4

Maassangaben.

	№ 1.	№ 2.	№ 3.	№ 4.
Totallänge	68,9	46,6	35,10	19,84
Körperlänge	32,6	25,3	19,15	12,70
Länge der oberen Fühler	33,6	19,1	14,04	6,13
Länge der unteren Fühler	13,9	8,4	6,28	2,67
Länge der Stiele der oberen Fühler	6,6	4,1	3,04	1,63
Länge der Stiele der unteren Fühler	8,4	5,0	3,88	1,71
Länge des dritten Gangbeines	13,1	9,3	6,96	3,95
Länge der Steuerbeine	4,50	3,68	2,96	1,66
Höhe des Körpers	6,0	5,0	4,0	2,2
Breite des Körpers	4,0	4,0	2,6	1,3

Die Art ist nicht häufig, wir haben sie in einer Tiefe von 20—100 Meter gefangen.

21. G. toxophthalmus n. sp.

Artkennzeichen. Die Stiele der oberen Fühler sind um $1/5 - 1/4$ kürzer, als die der unteren; ihr Basalglied ist dicker, als das entsprechende Glied der unteren Stiele, etwas länger, als das Kopfsegment und bedeutend kürzer, als das Endglied der unteren Stiele. Die oberen Fühler sind um $1/5 - 1/7$ länger, als die unteren und um $1/3$ kürzer, als der Körper. Die Augen sind lang, nierenförmig, bogig gekrümmt, unten ziemlich verdickt; ihre oberen Enden reichen weit auf den Scheitel hinauf, so dass die Stirnbreite zwischen den Augen kaum $1/3$ der Augenhöhe beträgt. Der Höhendiameter des Auges ist etwas grösser, als die Länge des Kopfes und über 3 mal grösser, als die Breite des Auges. Die Rückenplatten aller Schwanzsegmente sind bestachelt. Die Stacheln stehen, in regelmässige Gruppen angeordnet, auf schwachen Erhöhungen des hinteren Randes der Rückenplatten. Die Gruppen bilden nur eine Querreihe; auf jedem Segmente sind 2 Mittel- und 2 Lateralgruppen vorhanden. Die Zahl der Stacheln beträgt: in den Lateralgruppen 4—8 (nur auf dem letzten Schwanzsegmente 2), in den Mittelgruppen 1—3. Die Hände sind schlank, die vorderen birn-, die hinteren becherförmig gestaltet. Die Basalglieder der Gangbeine sind mässig breit, die des 3ten Paares sind um $1/3$ länger, als breit; der Hinterrand der Basalglieder ist fast gerade und endet in eine kurze, vortretende Ecke. Die vorderen Springbeine reichen etwas weiter nach hinten, als die hinteren, und berühren beinahe die Spitze der Steuerbeine; diese letzteren betragen etwas weniger als $1/4$ der Körperlänge, ihr inneres Blatt ist um $1/6$ kürzer als das äussere. Die beiden Blätter der Steuerbeine sind an ihren beiden Rändern mit Fiederborsten besetzt. Die Farbe des Körpers ist schmutzig hell-violett. Die Augen sind schwarz.

	№ 1.
Die Zahl der Glieder in der Geissel der oberen Fühler	45
„ „ „ „ „ „ der unteren Fühler	26
„ „ „ „ in der Nebengeissel	5

Maassangaben.

	№ 1.
Totallänge	26,7
Körperlänge	16,5
Länge der oberen Fühler	10,26
Länge der unteren Fühler	8,34
Länge der Stiele der oberen Fühler	2,96
Länge der Stiele der unteren Fühler	4,44
Länge des dritten Gangbeines	7,56
Länge der Steuerbeine	3,68
Höhe des Körpers	3,0
Breite des Körpers	2,0

Diese Art haben wir nur in 2 Exemplaren in einer Tiefe von 120 Meter gefangen.

22. G. ibex n. sp.

Artkennzeichen. Die Stiele der oberen Fühler sind dicker und etwa um $1/3$ kürzer, als die der unteren, ihr Basalglied ist länger, als das Kopfsegment, aber kürzer, als das Endglied der unteren Stiele. Die oberen Fühler sind etwas länger, als der Körper und 2 mal länger, als die unteren. Die Augen sind gross, ziemlich breit, nierenförmig, unten schwach verdickt und wenig gebogen; ihr Höhendiameter ist fast so lang, wie das Kopfsegment und 2 mal grösser, als die Breite des Auges. Die Augen reichen weit auf den Scheitel hinauf, so dass die Stirnbreite zwischen den Augen nur $1/3$ der Augenhöhe beträgt. Die mediane Stirnspitze ist sehr kurz und nur als eine schwache Wölbung angedeutet, woher der Stirnrand fast geradlinig erscheint. Die Rückenplatten aller Schwanzsegmente sind mit Stacheln besetzt. Die Stacheln stehen auf sehr schwachen Erhöhungen des Hinterrandes derselben, in 4 Gruppen: 2 Lateral-, zu je 4—8, und 2 Mittelgruppen, zu je 1—3 Stacheln, angeordnet. Die Hände sind mässig gross, bei den Männchen schwach nach vorn erweitert, die vorderen birn-, die hinteren becherförmig. Die Beine sind zart und dünn; die Basalglieder der Gangbeine sind nicht breit, die des 3ten Paares sind etwa um $2/5$ länger, als breit; der vordere Rand der Basalglieder ist mit langen Borsten besetzt, der schwach gewölbte hintere trägt 10—16 kurze Borsten und läuft unten in eine kurze, vortretende Ecke aus. Die Springbeine sind lang, reichen nach hinten gleich weit, berühren aber kaum die Mitte der Steuerbeine, welche bei den Männchen fast $1/3$ der Körperlänge betragen. Das äussere Blatt der Steuerbeine ist um $1/8$ länger als das innere, beide Blätter sind an ihren beiden Rändern mit Fiederborsten besetzt. Der Körper ist gelb, entweder gleichmässig, oder mit hornegelblichen Zeichnungen. Die Augen sind schwarz.

	№ 1 ♂	№ 2 ♀
Die Zahl der Glieder in der Geissel der oberen Fühler .	76—80	73
„ „ „ „ „ „ der unteren Fühler.	29—30	24
„ „ „ „ in der Nebengeissel	8	8

Maassangaben.

	№ 1.	№ 2.
Totallänge	27,0	24,0
Körperlänge	11,2	10,4
Länge der oberen Fühler	13,50	11,80
Länge der unteren Fühler	6,64	4,49
Länge der Stiele der oberen Fühler . .	2,30	1,80
Länge der Stiele der unteren Fühler .	3,44	2,67
Länge des dritten Gangbeines	4,83	4,88
Länge der Steuerbeine	3,20	2,40
Höhe des Körpers	1,8	1,5
Breite des Körpers	1,3	1,4

Nur 2 Exemplare dieser Art wurden in einer Tiefe von 150—200 Meter gefangen.
Eine dem *G. ibex* sehr nahe stehende Form wurde in einer Tiefe von 100 Meter gefangen, leider aber waren alle mit dem Schleppnetz gefangenen Exemplare sehr beschädigt. Die zur Unterscheidung dieser Form von der vorhergehenden Art dienenden Merkmale, welche man an den erwähnten Exemplaren noch ermitteln konnte, sind folgende: die 4 ersten Seitenlappen sind niedriger und verhältnissmässig breiter. Die Basalglieder der Gangbeine sind ebenfalls breiter und am vorderen Rande mit Stacheln besetzt. Die Steuerbeine kürzer. Die Farbe des Körpers grünlich.

23. G. longicornis n. sp.

Artkennzeichen. Die Stiele der oberen Fühler sind dicker und etwa um $1/7$ kürzer, als die der unteren, ihr Basalglied ist länger als das Kopfsegment, aber kürzer als das Endglied der unteren Stiele. Die oberen Fühler bei den Männchen sind 3 mal länger, als die unteren und etwa um $1/3$ länger, als der Körper. Jedes 3te Geisselglied der oberen Fühler ist mit Leydigschen Cylindern und mit etwas verlängerten Borsten versehen. Die Zahl der Geisselglieder in den oberen Fühlern beträgt 250. Die Augen sind gross, nierenförmig, unten schwach verdickt, oben zugespitzt; die Stirnbreite zwischen den Augen erreicht $2/3$ der Augenhöhe. Die mediane Stirnspitze ist kurz. Der Höhendiameter des Auges beträgt etwas mehr, als die Breite des Auges. Die Rückenplatten aller Schwanzsegmente sind mit Stacheln versehen. Die Stacheln stehen auf leistenartigen Erhöhungen, an hinteren Rändern der Rückenplatten, in regelmässige Gruppen geordnet. Auf jedem Segmente sind 2 Lateral- und 2 Mittelgruppen vorhanden. Die Mittelgruppen sind auf den 3 letzten Schwanzsegmenten sehr schwach entwickelt. In den Lateralgruppen zählte ich 2—6, in den Mittelgruppen 2—4 Stacheln. Auf dem letzten Schwanzsegmente ist nur 1 Stachel in jeder Gruppe vorhanden. Die vorderen Hände sind birn-, die hinteren becherförmig. Die Basalglieder der Gangbeine sind nicht breit, die des 3ten Paares sind mehr als um $1/3$ länger, als breit, ihr Hinterrand ist flach eingebogen und endet unten mit einer kurzen, vorragenden Ecke. Alle Springbeine reichen nach hinten gleich weit und berühren die Mitte der Steuerbeine, welche bei den Männchen $1/5$ der Körperlänge betragen. Das äussere Blatt der Steuerbeine ist um $1/3$ länger, als das innere, beide tragen sowohl am Aussen-, als auch am Innenrande Fiederborsten. Die Farbe des Körpers ist bald heller, bald dunkler röthlichgelb. Die Augen sind schwarz oder röthlich.

	№ 1 ♂	№ 2 ♀	№ 3 Pullus
Die Zahl der Glieder in der Geissel der oberen Fühler .	250	237	8
„ „ „ „ „ „ „ der unteren Fühler.	28—29	25—20	4
„ „ „ „ in der Nebengeissel	16	16	2

Maassangaben.

	№ 1.	№ 2.	№ 3.
Totallänge	67,9	59,7	4,565
Körperlänge	26,7	24,2	2,390
Länge der oberen Fühler	37,5	32,1	1,805

	№ 1.	№ 2.	№ 3.
Länge der unteren Fühler . .	12,8	8,5	0,650
Länge der Stiele der oberen Fühler . .	6,5	5,15	0,455
Länge der Stiele der unteren Fühler .	7,3	5,47	0,435
Länge des dritten Gangbeines . .	14,5	10,7	1,150
Länge der Steuerbeine	5,76	4,80	0,500
Höhe des Körpers	4,1	4,0	0,180
Breite des Körpers . .	2,9	2,9	—

Diese Art ist nicht selten, sie kommt in einer Tiefe von 170—700 Meter vor.

24. G. longicornis, var. polyarthrus.
Taf. X, Fig. 2. b', c'.

Unterscheidungskennzeichen. Die Stiele der oberen Fühler sind etwas dicker, als die der unteren und etwa um $1/8$ kürzer, ihr Basalglied ist etwas länger, als das Kopfsegment und kürzer als das Endglied der unteren Stiele. Die oberen Fühler sind bei den Männchen 4 mal länger, als die unteren und um $2/5$ länger, als der Körper. Die Leydigschen Cylinder sind nur auf jedem 4ten Geisselgliede der oberen Fühler vorhanden. Die Zahl der Geisselglieder der oberen Fühler beträgt bis 340. Die Augen sind ziemlich gross, nierenförmig, unten schwach verdickt, oben etwas zugespitzt. Die Stirnbreite zwischen den Augen erreicht kaum die Hälfte der Augenhöhe. Die mediane Stirnspitze ist kurz. Der Augendiameter beträgt etwa $2/3$ der Kopflänge und ist über 2 mal grösser, als die Breite des Auges. Die Rückenplatten aller Schwanzsegmente sind bestachelt. Die Vertheilung der Stachelgruppen auf dem Hinterrande der Segmente ist dieselbe wie bei *G. longicornis*, nur ist die Zahl der Stacheln in jeder etwas geringer, es kommen nämlich in den Mittel- 1—3, in den Lateralgruppen 2—4 Stacheln vor. Die vorderen Hände sind breit birn-, die hinteren becherförmig. Die vorderen Springbeine reichen nach hinten etwas weiter, als die hinteren und berühren fast die Mitte der Steuerbeine, ihre Scheerenglieder sind kürzer, als die Basalglieder. Die Steuerbeine sind ziemlich lang, sie betragen $1/5$—$1/6$ der Körperlänge, ihr äusseres Blatt ist um $1/3$ länger, als das innere, beide sind an ihren Rändern mit Fiederborsten besetzt. Die Farbe des Körpers ist weisslich oder gelblich-roth; die Augen sind röthlich oder schwarz.

	№ 1 ♂	№ 2 ♀
Die Zahl der Glieder in der Geissel der oberen Fühler .	337—340	292
„ „ „ „ „ „ „ der unteren Fühler.	28—29	21
„ „ „ „ in der Nebengeissel	16	13

Maassangaben.

	№ 1.	№ 2.
Totallänge	71,4	51,1
Körperlänge	25,5	18,8

	№ 1.	№ 2.
Länge der oberen Fühler	12.8	30.9
Länge der unteren Fühler	9.8	7.2
Länge der Stiele der oberen Fühler	5.36	3.91
Länge der Stiele der unteren Fühler	6,14	4,34
Länge des dritten Gangbeines	12,8	11,0
Länge der Steuerbeine	4,64	2,48
Höhe des Körpers	1,0	—
Breite des Körpers	2.6	—

Diese Varietät haben wir in einer Tiefe von 300—700 Meter gefangen; sie unterscheidet sich von der Stammart hauptsächlich durch die Zahl der Geisselglieder in den oberen Fühlern.

25. G. Parvexii n. sp.
Taf. X, Fig. 2.

Artkennzeichen. Die Stiele der oberen Fühler sind um ⅓ kürzer, als die der unteren, ihr Basalglied ist länger, als das Kopfsegment, aber bedeutend kürzer, als das Endglied der unteren Stiele. Die oberen Fühler sind fast 3 mal länger als die unteren und beinahe 2 mal länger, als der Körper. Die Leydig'schen Cylinder stehen auf jedem 5ten oder 3ten Gliede der Geissel der oberen Fühler; die Zahl der Glieder in dieser beträgt etwa 300. Die Augen sind ziemlich gross, biscuit- oder nierenförmig, sie sind merklich kleiner, als bei *G. longicornis* und *polyarthrus*, ihr Höhendiameter erreicht ungefähr ⅔ der Kopflänge und ist über 2 mal grösser als die Breite des Auges; die mediane Stirnspitze ist kurz. Die Stirnbreite zwischen den Augen ist beinahe der Augenhöhe gleich. Die Rückenplatten aller Schwanzsegmente sind bestachelt; die Stacheln sind ebenso, wie bei *G. polyarthrus* angeordnet, nur ist die Zahl derselben geringer, sie beträgt in den Lateral- 2—4, in den Mittelgruppen 1—2. Die vorderen Hände sind sehr breit birnförmig und am Volarrande bauchig aufgetrieben; der Finger ist stark gebogen, seine Spitze erreicht den 4ten Stachel am Volarrande, während sie bei *G. polyarthrus* kaum den 2ten Stachel erreichen kann. Die hinteren Hände sind sehr schmal becherförmig. Die Basalglieder der Gangbeine sind weit schlanker als bei beiden vorhergehenden Arten, und 2 mal länger als breit; ihr Hinterrand ist flach eingebogen und endet mit einer wenig vortretenden Ecke. Die Springbeine sind lang, ihre Scheerenglieder sind länger, als die Basalglieder, beide Paare reichen nach hinten beinahe gleich weit und berühren fast die Mitte der Steuerbeine, diese letzteren betragen ¼—⅕ der Körperlänge. Das äussere Blatt der Steuerbeine ist um ⅓ länger, als das innere und trägt am Aussenrande keine Fiederborsten. Die Farbe des Körpers ist orange-gelb. Die Augen sind schwarz.

	№ 1 ♀	№ 2 ♀	№ 3 juv.
Die Zahl der Glieder in der Geissel der oberen Fühler	249...	310—311	130...
„ „ „ „ „ der unteren Fühler	22	26—24	16
„ „ „ „ in der Nebengeissel	17	17	8

Maassangaben.

	№ 1.	№ 2.	№ 3.
Totallänge	57,52	—	—
Körperlänge	20,48	22,32	9,74
Länge der oberen Fühler	33,00	43,00	15,78
Länge der unteren Fühler	10,16	13,38	5,15
Länge der Stiele der oberen Fühler . . .	4,00	4,04	2,2
Länge der Stiele der unteren Fühler . .	6,48	7,8	2,2
Länge des 3ten Gangbeines	—	13,5	—
Länge der Steuerbeine . . .	5,08	—	3,68
Höhe des Körpers	2,9	3,2	—
Breite des Körpers	2,2	2,6	—

Wir haben nur wenige Exemplare dieser Art in einer Tiefe von 170 Meter gefangen.

26. G. vittatus n. sp.

Artkennzeichen. Die Stiele der oberen Fühler sind fast so dick, wie die der unteren, aber um $1/4—1/6$ kürzer; ihr Basalglied ist kürzer als das Kopfsegment und als jedes der beiden Endglieder der unteren Stiele. Die oberen Fühler sind nur um $1/3—1/4$ länger, als die unteren und erreichen nicht die halbe Länge des Körpers. Die Augen sind nierenförmig, mässig gross, ihr Höhendiameter beträgt etwa $2/3$ der Kopflänge und ist fast 3 mal so gross, wie die Breite des Auges. Die Rückenplatten aller Schwanzsegmente sind mit Stacheln besetzt: auf dem 1sten ist nur eine Querreihe, mit 2 ganz kleinen Lateralgruppen und 2 Mittelstacheln, welche unmittelbar auf der Dorsalfläche zu stehen scheinen; auf dem 2ten 3 Querreihen: die am Hinterrande gelegene hintere und die nächstfolgende mittlere haben 2 Lateral- und 2 Mittelgruppen, zu je 4—5 Stacheln, die äusserste vordere nur 2 Mittelgruppen; auf dem 3ten sind ebenfalls 3 Querreihen, welche vollkommen denen des 2ten Segmentes entsprechen und ausserdem noch 2 kleine Gruppen; die letzteren stehen in der Medianlinie der Rückenplatte, vor den Mittelgruppen der 2 vorderen Querreihen (d. h. der 1sten und 2ten Querreihe) und sind als Einschaltungsgruppen oder als rudimentäre, zu Mediangruppen verschmolzene Mittelgruppen zu betrachten; auf dem 4ten 2 Querreihen: die hintere mit 2 Mittel- und 2 Lateral-, die vordere nur mit 2 Mittelgruppen, zu je 2—5 Stacheln; auf den beiden letzten nur 1 Querreihe mit 2 Lateral- und 2 Mittelgruppen. Die vorderen Hände sind etwas grösser, als die hinteren, die ersteren schlank birn-, die letzteren becherförmig. Die Basalglieder der Gangbeine sind mässig breit, die des 1sten Paares am Hinterrande gewölbt, die des 2ten und 3ten flach eingebogen. Der Hinterrand aller 3 Paare ist nach unten in eine stumpfe Ecke verlängert. Die vorderen Springbeine reichen nach hinten etwas weiter, als die hinteren und berühren die Enden der kürzeren Blätter der Steuerbeine; die letzteren sind mässig lang, ihr äusseres Blatt ist um $1/3—1/4$ länger, als das innere, beide sind mit üppigen Borstenbüscheln besetzt. Unter den einfachen Borsten der Büschel kommen am Innenrande der beiden Blätter *Fiederborsten* vor. Die Farbe des Körpers ist hellgrün in's Gelbliche spielend oder hell olivengrün. Jedes Segment ist an seinem Hinterrande mit einer schmalen Querbinde von bräunlicher Farbe versehen; die Fühler sind braun, grünlich gebändert, die Querbinden sind sehr schmal und an den Gelenkverbindungen der Stielglieder gelegen. Die Augen sind schwarz.

	№ 1♂	№ 2♂	№ 3♂	№ 4♀
Die Zahl der Glieder in der Geissel der oberen Fühler	33—39	33	33	37—38
„ „ „ „ „ unteren Fühler	12	15	14	13
„ „ „ „ in der Nebengeissel	5	6	5	5

Maassangaben.

	№ 1.	№ 2.	№ 3.	№ 4.
Totallänge	31,96	32,06	30,19	29,58
Körperlänge	19,66	19,52	18,48	18,16
Länge der oberen Fühler	9,96	9,50	8,83	8,72
Länge der unteren Fühler	6,96	7,07	6,48	5,51
Länge der Stiele der oberen Fühler	3,56	3,50	3,23	2,96
Länge der Stiele der unteren Fühler	4,19	4,24	3,84	3,27
Länge des 3ten Gangbeines	6,0	8,5	8,0	7,3
Länge der Steuerbeine	3,28	4,0	3,84	3,66
Höhe des Körpers	4,0	4,0	3,6	4,0
Breite des Körpers	3,0	3,0	2,7	2,7

Die Art ist an den seichten Partien der ganzen südlichen Uferregion des Baikalsees nicht selten, sie lebt unter den Steinen zugleich mit *G. verrucosus*, *canus*, *olivaceus*, *Maackii* u. a.

27. G. Petersii n. sp.
Taf. X, Fig. 1.

Artkennzeichen. Die Stiele der oberen Fühler sind um das Doppelte dicker und um 1/3 kürzer, als die der unteren, ihr Basalglied ist etwas länger, als das Kopfsegment, 4 mal länger, als das Endglied der oberen und um 1/3 kürzer, als das Endglied der unteren Stiele. Die Geissel der unteren Fühler ist in der Regel länger, als ihr Stiel. Die oberen Fühler sind 3 mal länger, als der Körper und 5 mal länger, als die unteren Fühler; sie erreichen bei dieser Art die grösste Länge und dabei die grösste Zartheit und Brüchigkeit, so dass die leiseste Berührung genügt, um sie abzubrechen [1]. Die Zahl der Glieder in der Geissel der oberen Fühler (bei den Exemplaren, deren Fühler am wenigsten beschädigt waren) beträgt 350. Die Augen sind mässig gross, nierenförmig, oben etwas zugespitzt, unten ein wenig ver-

---

[1] Bei allen von mir untersuchten Exemplaren dieser Art war die Spitze der oberen Fühler abgebrochen, bei einigen sogar vor dem Einfangen, was an der schwärzlichen Narbe der necrotisirten Geisselglieder leicht erkennbar ist.

dickt, ihr Höhendiameter erreicht $^1/_2$—$^2/_3$ der Kopflänge und ist ungefähr 2 mal grösser, als die Breite des Auges. Das Kopfprofil ist gewölbt, die mediane Stirnspitze sehr kurz und gesenkt. Nur die Rückenplatten der Schwanzsegmente sind bestachelt; äusserst selten findet man am Hinterrande des letzten Rumpfsegmentes ein Paar zarter, hinfälliger Stachelspitzen. Auf den 3 ersten Schwanzsegmenten stehen die Stacheln in 6 Gruppen (2 Rand-, 2 Lateral- und 2 Mittelgruppen), auf den 3 letzten in 4 Gruppen geordnet; die Gruppen bilden nur 1 Querreihe zu je 3—5 Stacheln [1]). Die Beine sind zart, die vorderen Hände birn-, die hinteren becherförmig; die Basalglieder der Gangbeine sind mässig breit, ihr Hinterrand wenig gewölbt und endet unten mit einer schwach vortretenden Ecke. Alle Springbeine reichen nach hinten beinahe gleich weit und berühren mit ihren Spitzen das Ende des kürzeren Blattes der Steuerbeine, letztere sind lang und betragen fast $^1/_3$ der Körperlänge, ihr äusseres Blatt ist um $^1/_3$ länger, als das innere, beide Blätter sind aussen und innen mit Fiederborsten besetzt. Die Farbe des Körpers ist sehr zart, entweder hell-violett, oder röthlichweiss. Die Augen sind weiss und an Spiritusexemplaren schwer zu erkennen, sie werden auch, dem Lichte ausgesetzt, nie dunkel gefärbt.

	№ 1 ♂	№ 2 ♂	№ 3 ♂
Die Zahl der Glieder in der Geissel der oberen Fühler.	350...	337...	343...
„ „ „ „ „ „ der unteren Fühler.	27—42	57—42	57
„ „ „ „ in der Nebengeissel	16	16	16

Maassangaben.

	№ 1.	№ 2.	№ 3.
Totallänge.	118,4	115,4	87,7
Körperlänge	28,5	29,3	23,5
Länge der oberen Fühler	89,8..	86,1...	64,2...
Länge der unteren Fühler	16,0	18,0	15,9
Länge der Stiele der oberen Fühler	4,8	5,1	4,24
Länge der Stiele der unteren Fühler	7,6	8,0	6,35
Länge des 3ten Gangbeines	15,0	—	—
Länge der Steuerbeine.	8,0	8,0	6,80
Höhe des Körpers	3,9	—	3,5
Breite des Körpers	3,2	—	3,0

Wir haben diese Art in einer Tiefe von 700—1,300 Meter gefangen, sie ist nicht häufig.

---

[1]) Ausnahmsweise habe ich auf der Dorsalfläche des 2ten und 3ten Schwanzsegmentes einige sehr zarte, vereinzelt stehende Stacheln gefunden.

28. G. leptocerus n. sp.
Taf. VIII, Fig. 2.

Artkennzeichen. Die Stiele der oberen Fühler sind etwas dicker und kürzer, als die der unteren, ihr Basalglied ist fast so lang, wie das Kopfsegment und so lang oder etwas kürzer, als das Endglied der unteren Stiele. Die oberen Fühler sind beinahe 3 mal länger, als die unteren und wenig länger, als der Körper. Die Augen sind gross und breit, unregelmässig nierenförmig, ihr Hinterrand ist zerrissen, lappig. Die Augen reichen weit auf den Scheitel hinauf, so dass die Stirnbreite zwischen den Augen kaum $1/5$—$1/6$ der Augenhöhe beträgt; sie nehmen beinahe die Hälfte der Seitenfläche des Kopfes ein und ihr Höhendiameter erreicht fast eine Kopflänge. Das obere Kopfprofil ist gewölbt und die mediane Stirnspitze etwas gesenkt und kurz. Nur die Rückenplatten der Schwanzsegmente sind bestachelt. Die Stacheln sind entweder am Hinterrande aller Segmente in 3—4 kleinen Gruppen, oder auf den 3 ersten in einer continuirlichen Querreihe, auf den 3 letzten in 3 Gruppen angeordnet. Die Zahl der Stacheln am Hinterrande der 3 ersten Segmente beträgt etwa 18, der 3 letzten 7—9. Die Hände sind verhältnissmässig gross, die vorderen birn-, die hinteren becherförmig, bei den Männchen nach vorn erweitert. Die Basalglieder der Gangbeine sind schlank, ihr Hinterrand bildet unten eine kaum angedeutete Ecke. Die vorderen Springbeine reichen nach hinten etwas weiter, als die hinteren und berühren mit ihren Spitzen die Mitte der Steuerbeine; letztere betragen $1/4$ der Körperlänge, ihr inneres Blatt ist nur sehr wenig kürzer, als das äussere, beide Blätter tragen an ihren Rändern Fiederborsten. Die Farbe des Körpers ist röthlich-gelb; die Augen sind schwarz.

29. G. leptocerus, var. nematocerus.
Taf. VIII, Fig. 3.

Eine Form, welche wir in einer Tiefe von 670 Meter gefangen haben, sehe ich als eine Varietät der letzteren Art an; sie unterscheidet sich von ihr: durch schlankeren Körperbau, längere und schlankere Beine, längere untere Geisseln, welche die Länge der Stiele übertreffen, mehr nach oben zugespitzte Augen, üppigere Fiederborsten an den Rändern der Steuerbeine und endlich durch ihre weissliche Farbe.

	№ 1♂	№ 2♂	№ 3♀	№ 4♀	№ 5 Pull.	№ 6 var.
Die Zahl der Glieder in der Geissel der oberen Fühler	90	87	28—80	43	7	80...
" " " " " " der unteren Fühler	18—11	17	13—12	11	4	27
" " " " in der Nebengeissel	5	6	4—7	4	2	10

Maassangaben.

	G. leptocerus.					Var. nematocerus.
	№ 1.	№ 2.	№ 3.	№ 4.	№ 5.	№ 6.
Totallänge	23.46	26.87	27.79	14,6	3,030	44,58
Körperlänge	10,30	10,92	11,96	7,21	1,825	18,31

	G. leptocerus.					Var. nematoceras.
	№ 1.	№ 2.	№ 3.	№ 4.	№ 5.	№ 6.
Länge der oberen Fühler	11,20	13,89	13,95	6,34	1,020	23,37
Länge der unteren Fühler	4,59	4,52	4,59	2,63	0,495	11,92
Länge der Stiele der oberen Fühler	2,00	1,89	1,95	1,04	0,270	3,73
Länge der Stiele der unteren Fühler	2,07	2,39	2,64	1,35	0,275	5,36
Länge des 3ten Gangbeines	6,53	6,52	6,41	3,44	0,440	11,0
Länge der Steuerbeine	2,60	2,56	2,72	1,40	0,260	4,40
Höhe des Körpers	2,0	1,9	2,0	1,5	0,400	3,0
Breite des Körpers	1,5	1,5	1,5	0,8	—	2,0

Die Art ist nur zu gewissen Jahreszeiten ziemlich häufig. Die beste Zeit zum Fange ist Ende April und Anfang Mai. Sie lebt in einer Tiefe von 150—300 Meter und die var. *nematocerus* in einer Tiefe von 670 Meter; letztere ist bedeutend seltener als die typische Form, wir haben sie bis jetzt nur in wenigen Exemplaren fangen können.

30. G. sarmatus n. sp.

Taf. I, Fig. 3. Taf. VIII, Fig. 4.

Artkennzeichen. Die Stiele der oberen Fühler sind beinahe gleich dick, die der oberen sind um $1/_6$ kürzer, als die der unteren. Die Geissel der unteren Fühler ist 2 mal länger, als ihr Stiel [1]). Das Basalglied der oberen Stiele ist 2 mal länger, als das Kopfsegment und nur wenig kürzer, als jedes der beiden Endglieder der unteren Stiele. Die oberen Fühler sind nur um $1/_6$ länger, als die unteren und beide länger, als der Körper. Die Stiele und die untersten Geisselglieder sind mit langen Borsten besetzt. Die Augen sind gross, gewölbt, retortenförmig (oben verschmälert, unten verdickt), ihr hinterer Rand ist gewölbt, der vordere und untere eingebogen. Der Höhendurchmesser des Auges erreicht beinahe eine Kopflänge und ist 2 mal grösser, als die Breite des Auges. Die Rückenplatten des 7ten Rumpfsegmentes und aller Schwanzsegmente sind bestachelt; die Stacheln stehen am Hinterrande der Segmente und bilden nur 1 Querreihe von regelmässig angeordneten Gruppen. In jeder Querreihe sind vier, 2 Lateral-, zu je 2—5, und 2 Mittelgruppen, zu je 1—4 Stacheln, vorhanden. Alle Beine sind zart und lang, Hände nicht gross und birnförmig gestaltet. Die Basalglieder der Gangbeine sind schlank und 2 mal länger, als breit, ihr Hinterrand bildet oben eine kleine, abgerundete, lappenförmige Ecke. Die Springbeine sind verhältnissmässig sehr lang, besonders aber ihre Scheerenglieder, welche die Länge des Basalgliedes übertreffen und mit ihren Spitzen die Enden der langen Steuerbeine erreichen; diese letzteren betragen mehr, als $1/_4$ der Körperlänge, ihr inneres Blatt ist nur um $1/_7$ kürzer, als das äussere, beide tragen an ihren

---

[1]) Dieses Verhältniss ist bei den *Gammarus*-Arten vom Baikalsee so selten, dass es allein ausreichend wäre, um die in Rede stehende Art von allen übrigen zu unterscheiden.

Rändern üppige Fiederborsten. Die Farbe des Körpers ist weiss mit einem schwachen hellfleischfarbenen Tone. Die Augen sind weiss [1]).

	№ 1♂	№ 2♂
Die Zahl der Glieder in der Geissel der oberen Fühler.	130	131
„ „ „ „ „ „ der unteren Fühler.	110	94—115
„ „ „ „ in der Nebengeissel.	39	3

Maassangaben.

	№ 1.	№ 2.
Totallänge	114,5	113,5
Körperlänge.	42,1	42,70
Länge der oberen Fühler	63,4	61,44
Länge der unteren Fühler	54,7	52,32
Länge der Stiele der oberen Fühler	15,9	15,84
Länge der Stiele der unteren Fühler	18,7	17,92
Länge des 3ten Gangbeines.	26,0	25,0
Länge der Steuerbeine	11.0	13,36
Höhe des Körpers.	5,8	5,5
Breite des Körpers	4,0	5,5

Wir haben ein Paar Exemplare in einer Tiefe von 1,300 Meter gefangen.

31. G. capreolus n. sp.
Taf. XI, Fig. 1.

Artkennzeichen. Die zwei ersten Stielglieder der oberen Fühler sind bei weitem dicker, als die entsprechenden der unteren Fühler. Die Stiele der oberen Fühler sind um $^1/_3$ kürzer, als die der unteren und länger, als der Körper. Die Zahl der Geisselglieder der oberen Fühler beträgt etwa 90. Die Augen sind ziemlich gross, nierenförmig, schwach gewölbt, oben zugespitzt, unten verdickt. Der Höhendiameter des Auges erreicht nicht die Länge des Kopfes und ist über 2 mal so gross, wie die Breite des Auges. Die Stirnbreite zwischen den Augen beträgt die Hälfte der Augenhöhe. Die Rückenplatten aller Schwanzsegmente und des letzten Rumpfsegmentes sind bestachelt. Auf dem letzten Rumpfsegmente und auf den 3 ersten Schwanzsegmenten nehmen die Stacheln den Hinterrand der Dorsalfläche des Segmentes ein und bilden hier einen Saum von dicht gedrängten Stacheln, welche nicht in Gruppen zerlegt werden können; die Stacheln sind sehr zart. Auf den Rückenplatten der 3 letzten Schwanzsegmente sind sie, wie gewöhnlich, in 4 deutliche Gruppen (2 Lateral- und 2 Mittelgruppen) geordnet. Die Zahl der Stacheln in den ersteren Gruppen beträgt 2—5, in den letzteren 1—3. Die

---

[1]) Sowohl der Körper, als auch die Augen nehmen, dem Tageslicht ausgesetzt, einen rosafarbenen Ton an.

Beine sind zart, lang und zerbrechlich. Die vorderen Hände sind schlank birnförmig und 2 mal so lang, wie breit, die hinteren schmal, becherförmig. Die Gangbeine sind lang, das 1ste Paar derselben nur wenig kürzer, als das 2te. Die Basalglieder der Gangbeine sind länger, als breit, ihr Hinterrand ist schwach gewölbt und endet unten mit einer kurzen Ecke. Die vorderen Springbeine sind länger, als die hinteren und erreichen die Spitze der Steuerbeine. Die Steuerbeine betragen $1/5$ der Körperlänge, ihr inneres Blatt ist nur sehr wenig kürzer, als das äussere, beide sind an den Rändern mit Fiederborsten besetzt. Die Farbe des Körpers ist horngelblich; die Augen sind schwarz.

Von der eben besprochenen Art unterscheidet sich eine ihr sehr nahe stehende Form durch folgende Kennzeichen:

Die Augen grösser und breiter, die Beine kürzer und stämmiger, die Hände kräftiger und breiter, die Basalglieder der Gangbeine breiter und kürzer, die Spring- und Steuerbeine kürzer, doch bleibt ihr Längenverhältniss gleich. Die Farbe des Körpers grünlich, braun gefleckt. Ich sehe sie als eine Varietät an und bezeichne sie mit dem Namen:

Var. chloris.

	Capreolus.		Var. Chloris.	
	№ 1 ♂	№ 2 ♂	№ 3.	№ 4.
Die Zahl der Glieder in der Geissel der oberen Fühler .	95—29	64	76—90	86
„ „ „ „ „ „ „ der unteren Fühler .	43—30	31	29—30	29
„ „ „ „ in der Nebengeissel	10—3	7	8	5

Maassangaben.

	№ 1.	№ 2.	№ 3.	№ 4.
Totallänge.	46,5	32,9	34,5	23,58
Körperlänge	19,4	13,6	15,4	11,19
Länge der oberen Fühler	25,48	17,5	17,3	15,9
Länge der unteren Fühler	13,78	7,68	7,12	6,1
Länge der Stiele der oberen Fühler .	2,80	1,12	1,23	0,72
Länge der Stiele der unteren Fühler .	3,48	2,00	2,33	1,92
Länge des 3ten Gangbeines	9,08	6,24	7,0	5,50
Länge der Steuerbeine.	2,84	2,44	2,72	1,76
Höhe des Körpers	2,8	2,6	2,6	—
Breite des Körpers	2,5	2,2	2,1	—

Diese Art ist häufig, wir haben sie in einer Tiefe von 100—200 Meter gefangen. Sie zeichnet sich vor allen ihr nahe verwandten Arten durch Länge der vorderen Springbeine aus und kann, an diesem Merkmale allein, mit der grössten Leichtigkeit sofort von denselben unterschieden werden.

32. G. Ussolzewii [1]) n. sp.

Taf. IX, Fig. 2.

Artkennzeichen. Die Stiele der oberen Fühler sind dicker und etwa um $^1/_6$ kürzer, als die der unteren [2]), ihr Basalglied ist länger, als das Kopfsegment und kürzer, als das Endglied der unteren Stiele. Die oberen Fühler sind gewöhnlich $2^1/_2 - 3$ mal länger, als die unteren und fast um $^1/_3$ länger, als der Körper. Die Zahl der Geisselglieder der oberen Fühler beträgt 190. Die Augen sind ziemlich gross, nierenförmig, unten schwach verdickt, ihr Höhendiameter übertrifft in der Regel die halbe Länge des Kopfes und ist beinahe 3 mal so gross, wie die Breite des Auges. Die Stirnbreite zwischen den Augen ist ungefähr $^1/_3$ der Kopflänge gleich. Die mediane Stirnspitze ist kurz. Die Rückenplatten aller Schwanzsegmente und die des letzten Rumpfsegmentes sind bestachelt. Die Stacheln stehen auf dem Hinterrande des letzten Rumpfsegmentes in mehr oder weniger deutlich gesonderten 6 Gruppen (2 Rand-, 2 Lateral- und 2 Mittelgruppen). zu je 3—4 Stacheln angeordnet. Auf den 3 ersten Schwanzsegmenten sind die Stacheln der einzelnen Gruppen zahlreicher, die Gruppen selbst aber nicht ganz deutlich gesondert, so dass die Stacheln am Hinterrande der Platten oft eine continuirliche Reihe zu bilden scheinen. Vor der am Hinterrande gelegenen Querreihe tritt ausserdem noch eine andere auf, welche aus 4 deutlich gesonderten Gruppen (2 Rand- und 2 Lateralgruppen), zu je 3—4 Stacheln, besteht. Auf den 3 letzten Schwanzsegmenten ist nur eine aus 4 Gruppen bestehende Querreihe, zu je 2—4 Stacheln, vorhanden. Die beiden Händepaare sind beinahe gleich lang, die vorderen birn-, die hinteren becherförmig, letztere bei den Männchen nach vorn erweitert, bei den Weibchen cylindrisch gestaltet. Die Basalglieder der Gangbeine sind mässig breit, ihr Hinterrand ist entweder schwach gewölbt, oder beinahe geradlinig, selten etwas eingebogen und endet unten mit einer vortretenden spitzen Ecke. Die Springbeine reichen nach hinten beinahe gleich weit und berühren die Spitzen des kürzeren Blattes der Steuerbeine, welche meistens $^1/_5$ der Körperlänge betragen. Das innere Blatt der Steuerbeine ist in der Regel um $^1/_4 - ^1/_3$ kürzer, als das äussere, und trägt an seinen beiden Rändern Fiederborsten, während das längere am Aussenrande keine Fiederborsten besitzt. Die Farbe des Körpers ist röthlich gelb. Die Augen sind schwarz.

33. G. Ussolzewii, var. abyssorum.

Als eine Varietät führe ich diese Form an, welche wir in einer Tiefe von 700—1,000 Meter gefangen. Sie unterscheidet sich vom *G. Ussolzewii* durch längere Extremitäten, schlankere Hände, längere Steuerbeine, verhältnissmässig kürzere innere Blätter der Steuerbeine, hell-rosenrothe oder gelbröthliche Farbe des Körpers, weissliche oder röthliche Augen, grösse-

---

[1]) Wird gelesen Ussoltzewii.
[2]) In manchen Fällen sind die oberen Stiele nur um $^1/_8 - ^1/_{10}$ kürzer als die unteren.

ren Wuchs und endlich dadurch, dass das äussere Blatt der Steuerbeine stets mit Fiederborsten besetzt ist.

	№ 1 ♂	№ 2 ♀	№ 3 juv.	№ 4 ♂ var.
Die Zahl der Glieder in der Geissel der oberen Fühler .	191	150	126	201
„ „ „ „ „ „ der unteren Fühler.	21—26	20—24	24—20	38—42
„ „ „ „ in der Nebengeissel	17	14	10	15

Maassangaben.

	№ 1.	№ 2.	№ 3.	№ 4.
Totallänge	91,6	65,2	38,5	113,0
Körperlänge	34,2	25,8	13,1	41,0
Länge der oberen Fühler	53,2	36,2	22,91	65,1
Länge der unteren Fühler	18,0	14,2	8,69	22,9
Länge der Stiele der oberen Fühler.	10,2	6,2	2,91	10,1
Länge der Stiele der unteren Fühler	11,5	8,0	3,69	12,2
Länge des 3ten Gangbeines	6,7	5,5	3.36	12,2
Länge der Steuerbeine	17,5	13,0	7,2	9,7
Höhe des Körpers	5,2	4,2	2,5	6,5
Breite des Körpers	4,0	3,2	—	4,1

Die typische Form kommt in einer Tiefe von 150—500 Meter vor und die var. *abyssorum* haben wir in einer Tiefe von 700—1,000 Meter gefangen; diese letztere wird in denselben Localitäten, wie G. *Petersii*, angetroffen. An Spiritusexemplaren werden die Augen derjenigen Individuen, welche im Leben weissliche Augen besassen, immer dunkel gefärbt.

34. G. stenophthalmus n. sp.

Artkennzeichen. Die Stiele der oberen Fühler sind dicker, als die der unteren und um ⅕ kürzer, ihr Basalglied ist länger als das Kopfsegment und fast so lang wie das Endglied der unteren Stiele. Die oberen Fühler sind 3 mal länger als die unteren, aber nur so lang wie der Körper. Die Augen sind schmal nierenförmig, bis lineal-nierenförmig, unten fast gar nicht verdickt, ihr Höhendiameter ist nur wenig kleiner, als die Länge des Kopfes, aber 4 mal grösser, als die Breite des Auges. Die Stirnbreite zwischen den Augen erreicht eine halbe Augenhöhe. Die Stirnspitze ist kurz. Die Rückenplatte des 7ten Rumpfsegmentes und die aller Schwanzsegmente sind bestachelt. Die Stacheln stehen, in Gruppen geordnet, auf schwachen leistenartigen Erhöhungen des Hinterrandes. Auf dem 7ten Rumpfsegmente sind nur 2 Mittelreihen, auf allen Schwanzsegmenten aber 2 Lateral- und 2 Mittelgruppen vorhanden; auf dem 2ten und 3ten sind die Stacheln in den Gruppen zahlreicher, als auf den übrigen, die Gruppen aber undeutlich von einander gesondert, so dass der ganze Rand wie von einer continuirlichen Reihe von Stacheln besetzt erscheint. Die Zahl der Stacheln in jeder

Gruppe beträgt 4—6, selten 1—3. Die vorderen Hände sind schlank birn-, die hinteren becherförmig. Die Basalglieder der Gangbeine sind ziemlich breit, ihr vorderer und hinterer Rand ziemlich gewölbt, letzterer endet unten mit einer vortretenden spitzen Ecke. Die Springbeine reichen nach hinten beinahe gleich weit und berühren etwa die Mitte der Steuerbeine, sie betragen $1/6$ der Körperlänge, ihr äusseres Blatt ist um $1/3$ länger, als das innere, und trägt an seinem Aussenrande keine Fiederborsten, das kürzere Blatt ist an beiden Rändern mit Fiederborsten besetzt. Die Farbe des Körpers ist röthlich gelb; die Augen sind schwarz.

№ 1 ♂

Die Zahl der Glieder in der Geissel der oberen Fühler   121
„   „   „   „   „   „   der unteren Fühler   23
„   „   „   „   in der Nebengeissel .   8

Maassangaben.

	№ 1.
Totallänge . . .	55,7
Körperlänge . . .	26,2
Länge der oberen Fühler .	26,7
Länge der unteren Fühler . .	8,9
Länge der Stiele der oberen Fühler	4,7
Länge der Stiele der unteren Fühler .	5,9
Länge des dritten Gangbeines . .	11,7
Länge der Steuerbeine .	4,40
Höhe des Körpers . .	4,6
Breite des Körpers . . .	3,0

Wir haben nur ein einziges Mal ein Paar Exemplare dieser Art aus einer Tiefe von 200 Meter herausgeholt.

35. G. schamanensis n. sp.

Artkennzeichen. Die Stiele der oberen Fühler sind dicker und nur wenig kürzer, als die der unteren [1]), ihr Basalglied ist länger, als das Kopfsegment, aber kürzer, als jedes der beiden Endglieder der unteren Stiele. Die oberen Fühler sind etwa um $2/5$ länger, als die unteren, und fast so lang, wie der Körper. Die Augen sind gross und breit, nierenförmig, und nehmen beinahe $2/5$ der ganzen Seitenfläche des Kopfsegmentes ein, ihr Höhendiameter erreicht fast die Länge des Kopfes und ist nur 2 mal so gross, wie die Breite des Auges.

---

[1]) Das Endglied der oberen Stiele ist bei dieser Art verhältnissmässig länger, als bei allen ihr nahe verwandten. Nach diesem Kennzeichen allein ist man im Stande den *G. schamanensis* von *G. Ussolzewii, longicornis* und anderen zu unterscheiden.

Die Rückenplatte des 7ten Rumpfsegmentes und die aller Schwanzsegmente sind bestachelt. Die Stacheln stehen in regelmässigen und deutlich von einander gesonderten Gruppen geordnet; die Gruppen bilden nur 1 Querreihe am Hinterrande jeder Rückenplatte. Auf dem 7ten Rumpfsegmente sind nur 2 Mittelgruppen, auf allen übrigen 2 Lateral- und 2 Mittelgruppen vorhanden, welche letztere auf den 3 letzten Schwanzsegmenten in eine einzige Mediangruppe verschmelzen. Die Zahl der Stacheln beträgt: in den Lateral- 3—6, in den Mittelgruppen 2—6. Die vorderen Hände sind breit, birn-, die hinteren becherförmig. Die Basalglieder der Gangbeine sind um $1/3$ länger, als breit, ihr vorderer Rand ist gewölbt, der hintere schwach eingebogen und endet unten mit einer spitzen, herabsteigenden Ecke, welche sich aber nie in einen Stachel verlängert. Die Springbeine reichen beinahe gleich weit und berühren mit ihren Enden das letzte **Drittel** der Steuerbeine, welche etwa $1/5$ der Körperlänge betragen. Das äussere Blatt der Steuerbeine ist um $1/3$ länger, als das innere, und hat keine Fiederborsten an seinem Aussenrande. Die Farbe des Körpers ist röthlichgelb. Die Augen sind schwarz.

	№ 1 ♂	№ 2 ♀	№ 3 Pull.
Die Zahl der Glieder in der Geissel der oberen Fühler	84	75	5
„ „ „ „ „ „ „ „ unteren Fühler	35	26	4
„ „ „ „ in der Nebengeissel	8	7	2

Maassangaben.

	№ 1.	№ 2.	№ 3.
Totallänge	40,7	41,3	5,020
Körperlänge	18,5	19,4	2,750
Länge der oberen Fühler	19,4	19,0	1,770
Länge der unteren Fühler	11,9	10,6	1,140
Länge der Stiele der oberen Fühler	6,69	6,67	0,860
Länge der Stiele der unteren Fühler	6,74	6,50	0,740
Länge des 3ten Gangbeines	9,6	8,5	1,200
Länge der Steuerbeine	4,20	—	0,600
Höhe des Körpers	3,2	3,5	0,450
Breite des Körpers	2,5	2,8	—

Die wenigen Exemplare dieser Art haben wir in einer Tiefe von 200 Meter, in der Nähe des Schamanen-Vorgebirges gefangen.

36. G. cyaneus n. sp.

Artkennzeichen. Die Stiele der oberen Fühler sind beinahe so dick, als die der unteren, aber um $1/4$—$1/6$ kürzer, ihr Basalglied ist kürzer, als das Kopfsegment und kürzer, als das Endglied der unteren Stiele. Die oberen Fühler sind um die Hälfte kürzer, als der Körper, und um $1/3$—$1/4$ länger, als die unteren. Die Augen sind nierenförmig, wenig gebogen, ihr

Höhendiameter erreicht nur eine halbe Kopflänge und ist zweimal so gross, wie die Breite des Auges. Die Stirn tritt mit einer ganz kurzen medianen Spitze vor. Die Rückenplatte des ersten Schwanzsegmentes hat an ihrem Hinterrande 2—6 sehr zarte Stachelspitzen, welche nur an getrockneten Exemplaren deutlich gesehen werden können. Auf der Rückenplatte des 2ten Schwanzsegmentes sind am Hinterrande 6—8 feine, aber etwas deutlichere, haarartige Stacheln vorhanden. Die Rückenplatte des 3ten Schwanzsegmentes trägt auf ihrer ganzen Dorsalfläche lange Haare, unter welchen die Stacheln, wenn sie überhaupt da sind, vollkommen verschwinden. Die 3 letzten Schwanzsegmente sind weniger behaart und ihre Stacheln etwas deutlicher und dichter, sie stehen auf dem 4ten in vier, auf dem 5ten und 6ten in 3 Gruppen geordnet. (Auf dem 4ten sind also 2 Mittel- und 2 Lateral-, auf den 2 letzten eine Median- und 2 Lateralgruppen vorhanden). Die Zahl der Stacheln in jeder Gruppe schwankt zwischen 2—4. Die vorderen Hände sind bei den Männchen länger und breiter, als die hinteren, bei den Weibchen gleich lang, die hinteren aber etwas schmäler. Die vorderen sind bei beiden Geschlechtern birn-, die hinteren becherförmig. Die Basalglieder der Gangbeine sind ziemlich breit, ihr Hinterrand ist schwach gewölbt, mit wenigen (8—10) kurzen Borsten besetzt, und läuft nach unten in eine vortretende, spitze Ecke aus. Die Springbeine reichen nach hinten beinahe gleich weit und berühren die Spitze des kürzeren Blattes der Steuerbeine; diese letzteren sind mässig lang und betragen $^1/_5$ der Körperlänge, ihr äusseres Blatt ist 3—4 mal länger, als das innere, beide Blätter tragen auf ihren Rändern nur einfache Borsten. Die Farbe des Körpers ist schmutzig blau. Die Augen sind schwarz.

	№ 1 ♂	№ 2 ♂	№ 3 ♂	№ 4 ♀
Die Zahl der Glieder in der Geissel der oberen Fühler.	35	32	29	24
" " " " " " der unteren Fühler.	13—11	13	12	11
" " " " in der Nebengeissel	5	4	4	4

Maassangaben.

	№ 1.	№ 2.	№ 3.	№ 4.
Totallänge	24,8	23,5	22,0	17,32
Körperlänge	15,32	14,8	13,8	11,23
Länge der oberen Fühler .	7,56	7,47	6,52	4,81
Länge der unteren Fühler	5,32	5,44	4,88	3,23
Länge der Stiele der oberen Fühler	2,44	2,51	2,20	1,61
Länge der Stiele der unteren Fühler	3,20	3,28	2,96	1,87
Länge des dritten Gangbeines	5,6	6,5	5,3	3,7
Länge der Steuerbeine	2,80	2,92	2,32	1,84
Höhe des Körpers	2,8	2,7	2,5	2,1
Breite des Körpers	1,8	1,6	1,7	1,3

Die Art lebt ganz nahe am Ufer unter Steinen und ist sehr häufig.

37. G. Czerskii [1]).
Taf. I, Fig. 2. Taf. III, Fig. 8.

Artkennzeichen. Die Stiele der oberen Fühler sind dünner und in der Regel um $1/3$ kürzer, als die der unteren, die Stiele der beiden Fühler-Paare, besonders aber die des unteren, tragen lange und dichte Borstenbündel. Das Basalglied der oberen Fühler ist länger, als das Kopfsegment, kürzer, als das 2te Glied der oberen Stiele und nur $1/2$ so lang, wie das Endglied der unteren. Die oberen Fühler sind stets länger, als der Körper und meistens länger, als die unteren. Die Augen sind ziemlich gross, lang-nierenförmig, unten verdickt, ihr Höhendiameter beträgt etwas mehr, als eine halbe Kopflänge und ist 2 mal so gross, wie die Breite des Auges. Die Stirn tritt mit einer ganz kurzen Spitze vor. Die Rückenplatten aller Schwanzsegmente sind mit Stacheln besetzt, letztere stehen auf sehr schwachen Erhöhungen, in regelmässige, kleine, kammförmige Gruppen, unmittelbar am Hinterrande der Platten, angeordnet. Die Lateralgruppen sind weniger schief gestellt, als bei *G. Maackii*. Auf dem 1sten Schwanzsegmente stehen gewöhnlich 4 Gruppen (2 Lateral- und 2 Mittelgruppen), zu je 3—4 Stacheln, auf dem 2ten und 3ten eine Reihe von 4 Gruppen und vor derselben 2—3, aus zwei Gruppen bestehende Querreihen [2]), auf dem 4ten eine Querreihe, vor welcher noch eine aus 2 Gruppen bestehende Querreihe sich befindet. Die hinterste Reihe [3]) des 4ten, wie auch der 2 letzten Schwanzsegmente, wird aus 3 Gruppen gebildet [4]). In jeder einzelnen Gruppe sind gewöhnlich 3—4 Stacheln vorhanden, seltener, und nur auf den hintersten Segmenten, findet man 1—2. Die vorderen Hände sind merklich grösser, als die hinteren, erstere birn-, letztere becherförmig. Die Basalglieder der Gangbeine sind schmal; ihr Hinterrand ist sehr schwach gewölbt und endet unten mit einer sehr kurzen Ecke. Die Springbeine sind lang, die vorderen erreichen das Ende des ersten oder sogar des letzten Viertels der Steuerbeine. Die Steuerbeine sind sehr lang und fallen sehr leicht ab, so dass man nur selten Exemplare mit unversehrten Steuerbeinen zur Ansicht bekommt. (Letzterer Umstand verursacht öfters eine ungleichmässige Ausbildung der Steuerbeine. Es können entweder beide Paare, oder nur ein Bein desselben Paares ungleichmässig ausgebildet sein, was auf eine Regeneration der verlorenen Glieder hinweist). Die Länge der normal entwickelten Steuerbeine beträgt $2/5$ der Körperlänge. Die Steuerbeine erreichen also eine Länge, wie sie bei keiner anderen Art des Baikalsees vorkommt. Das äussere Blatt der Steuerbeine ist 9 mal länger, als das innere, schwach säbelförmig gebogen und mit langen, einfachen Borsten besetzt. Die Farbe des Körpers ist an der Dorsalseite schmutzig ziegelroth (besonders der Männchen), an der unteren (Ventralseite) und die der Extremitäten schön violettblau. Die Fühler sind blau, die Augen schwarz.

---

[1]) Wird Tscherskii gelesen.
[2]) In den Lateralreihen sind also 4 hinter einander gestellte Gruppen, in den Mittelreihen dagegen nur e i n e Gruppe vorhanden.
[3]) Ich nenne «hinterste Reihe» diejenige Querreihe, welche am Hinterrande der Rückenplatte steht.
[4]) Auf den 3 letzten Schwanzsegmenten fliessen die beiden Mittelreihen zu einer Medianreihe zusammen.

	№ 1 ♂	№ 2 ♂	№ 3 ♀	№ 4 ♀	№ 5 ♀
Die Zahl der Glieder in der Geissel der oberen Fühler	91...	78...	88	64—51	87
„ „ „ „ „ „ „ der unteren Fühler	28	22	27	20—25	20
„ „ „ „ in der Nebengeissel	10	9—10	9	7	7

Maassangaben.

	№ 1.	№ 2.	№ 3.	№ 4.	№ 5.
Totallänge	76,42	53,69	—	43,94	47,63
Körperlänge	28,0	21,5	27,2	19,20	17,7
Länge der oberen Fühler	38,4	28,7	33,6	20,2	25,9
Länge der unteren Fühler	23,8	16,56	18,5	14,3	13,6
Länge der Stiele der oberen Fühler	9,47	7,24	7,6	5,52	5,92
Länge der Stiele der unteren Fühler	14,24	10,56	10,3	8,36	8,16
Länge des dritten Gangbeines	14,5	11,5	12,5	9,0	8,7
Länge der Steuerbeine	11,52	4,39	—	5,5	4,99
Höhe des Körpers	4,5	3,5	2,5	3,7	3,3
Breite des Körpers	3,0	1,5	2,7	2,2	2,2

Die Art ist selten, wir haben sie (im April und März) unmittelbar am Ufer in einer Tiefe von 5—8 Meter gefangen.

38. G. viridis n. sp.
Taf. VI, Fig. 2.

Artkennzeichen. Die Stiele der oberen Fühler sind dünner und um $1/4 — 1/3$ kürzer, als die der unteren, ihr Basalglied ist länger, als das Kopfsegment und kürzer, als jedes der beiden Endglieder der unteren Stiele. Die oberen Fühler sind kürzer, als der Körper und ungefähr um $1/3$ länger, als die unteren. Die Augen sind nierenförmig, mässig gross, ihr Höhendiameter erreicht fast eine halbe Länge des Kopfes und ist fast 2—3 mal grösser, als die Breite des Auges. Die Stirn tritt mit einer medianen kurzen Spitze vor. Auf dem Hinterrande der Rückenplatten der Schwanzsegmente sind Gruppen von Stacheln vorhanden, welche in mehr oder weniger regelmässige Quer- und Längsreihen geordnet stehen. Je nach der Zahl der mit Stacheln besetzten Rückenplatten unterscheide ich folgende Varietäten:

1) Die Rückenplatten aller Schwanzsegmente sind mit Stacheln besetzt, = *G. viridis*, Stammart.

2) Nur die Rückenplatten der 5 letzten Schwanzsegmente sind mit Stacheln besetzt, =

39. Var. canus.
Taf. V, Fig. 3. Taf. IV, Fig. 4.

3) Die Rückenplatten der 4 letzten Schwanzsegmente allein sind mit Stacheln besetzt, =

40. Var. olivaceus.

Die Stacheln auf dem 1sten und 2ten Schwanzsegmente sind gewöhnlich in zwei, dicht am Hinterrande der Platte gestellten Gruppen angeordnet; auf dem 3ten bilden sie 2—4 Querreihen: in der hintersten treten die Lateral- und Mittelgruppen deutlich hervor; die Lateralgruppen sind in einer zum Hinterrande der Rückenplatte schräg gestellten (und etwa von vorn und innen nach hinten und aussen verlaufenden) Richtung [1], die Mittelgruppen dagegen fast parallel zu demselben angeordnet; in den vorderen Querreihen sind entweder nur die Lateral-, oder auch die Mittelgruppen ausgebildet. Auf dem 4ten Schwanzsegmente kommen 2 oder nur 1, aus 2 Lateral- und 2 Mittelgruppen gebildeten Querreihen vor, auf den 2 letzten schliesslich ist stets nur 1 vorhanden, welche aus 2 Lateral- und 2 Mittelgruppen besteht. Die Leistchen oder Höcker, auf welchen die Stacheln geordnet stehen, sind meistentheils schwach entwickelt und bei jungen Exemplaren kaum angedeutet, woher die Stacheln oft ganz unmittelbar auf der Dorsalfläche der Segmente gestellt zu sein scheinen; ferner ist die Zahl der Stacheln in jeder Gruppe nicht constant und bei erwachsenen Thieren stets grösser, als bei jungen. Die vorderen Hände sind birn-, die hinteren becherförmig. Die Basalglieder der Gangbeine sind mässig breit und die des 3ten Gangbeinpaares um $1/3$ länger, als breit, ihr Hinterrand ist schwach gewölbt und endet unten mit einer kleinen, vortretenden Ecke. Die vorderen Springbeine reichen etwas weiter als die hinteren und berühren ungefähr die Spitze des kürzeren Blattes der Steuerbeine, letztere sind ziemlich lang und betragen etwa $1/4$—$1/5$ der Körperlänge, ihr äusseres Blatt ist um $1/4$—$1/6$ länger, als das innere, beide Blätter tragen nur einfache Borsten. Die Farbe des Körpers wechselt von hellgras- bis dunkelolivengrün, die Fühler und Extremitäten sind ziegelroth, horngelb bis hornbraun. Die Augen sind schwarz.

	viridis.			canus.				olivaceus.			
	№1♂	№2♂	№3♀	№4♂	№5♂	№6♂	№7♀	№8♂	№9♂	№10♂	№11♀
Die Zahl der Glieder in der Geissel der oberen Fühler.	66	50	49	47—50	43	47	43—48	29—25	34—31	31	35
Die Zahl der Glieder in der Geissel der unteren Fühler . . .	16—19	18	16	15—14	13	11	16—14	11—10	14—12	14	13
Die Zahl der Glieder in der Nebengeissel . .	6	5	6	6	5	5	6	4	4	4	4

---

[1] Diese Lateralgruppen müssen als homologe Theile der Lateralerhöhungen betrachtet werden, welche bei *G. cancelloides, cancellus* u. m. a. so deutlich ausgesprochen sind. Zwischen den Lateralgruppen kommen entweder 2 oder nur eine einzige Gruppe von Stacheln vor. Im ersteren Falle sind sie den Mittel-, im letzteren den Lateralgruppen homolog. Nur selten stehen in jeder Querreihe 6 Gruppen, deren 2 äussere den Ränderhöhungen des *G. cancelloides*, die 4 übrigen den Lateral- und Mittelerhöhungen entsprechen.

Maassangaben.

	№ 1.	№ 2.	№ 3.	№ 4.	№ 5.	№ 6.	№ 7.	№ 8.	№ 9.	№ 10.	№ 11.
Totallänge	53,3	42,2	40,28	46,3	43,5	42,2	40,2	34,71	33,8	31,07	34,0
Körperlänge	25,8	20,8	24,2	24,0	24,3	22,4	21,32	21,06	19,56	19,73	20,5
Länge der oberen Fühler .	23,5	18,06	17,38	18,2	16,4	17,2	15,95	10,25	11,37	10,19	10,5
Länge der unteren Fühler .	14,7	11,44	10,7	11,94	10,8	9,68	10,16	8,44	8,52	8,24	7,60
Länge der Stiele der oberen Fühler	6,00	4,40	4,88	5,28	4,96	4,75	4,35	3,85	3,77	3,76	3,60
Länge der Stiele der unteren Fühler. . . .	8,7	6,88	6,2	7,44	6,80	6,16	6,00	5,56	5,32	5,20	4,72
Länge des 3ten Gangbeines	11,0	9,0	9,6	10,5	9,5	9,4	9,0	8,3	—	7,7	8,0
Länge der Steuerbeine . .	5,7	4,5	4,5	4,6	4,0	3,60	3,92	4,48	3,92	3,95	3,8
Höhe des Körpers . . .	4,6	3,8	4,5	4,7	4,1	4,0	4,1	3,6	3,7	3,5	4,0
Breite des Körpers . . .	3,2	2,6	3,2	3,5	3,0	2,8	3,1	2,8	2,4	2,6	3,0

Diese Art ist eine der häufigsten im Baikalsee. Die Varietäten *canus* und *olivaceus* leben ganz nahe am Ufer, unter Steinen, so an der Mündung des Flusses Studianka und längs dem Nord-Ufer des Baikals bis an die Mündung des Flusses Angasolka. Die Stammart *viridis* haben wir gewöhnlich in einer etwas weiteren Entfernung vom Ufer, in einer Tiefe von 10—20 Meter angetroffen. Sie kommt auch im Flusse Angara vor, aus welchem wir sie durch Herrn A. Czekanowski von einem an jenem Flusse gelegenen Orte — Bratski-Ostrog bekommen haben. Die Exemplare aus dem mittleren Laufe des Angara-Flusses unterscheiden sich von der var. *canus* des Baikalsees, zu welcher sie gerechnet werden muss, durch etwas längere innere Blätter der Steuerbeine.

Trotz der auffallenden Aehnlichkeit aller 3 Varietäten unter einander, haben wir dennoch, unter Tausenden von uns im Begattungsacte beobachteten Paaren, kein einziges Mal die Weibchen der einen mit den Männchen der anderen Varietät copuliren sehen, obgleich die beiden letzten Varietäten gemeinschaftlichen Wohnort und Brunstzeit haben.

41. G. Maackii Gerstf. l. c.

Artkennzeichen. Die Stiele der oberen Fühler sind etwas kürzer, als die der unteren, ihr Basalglied ist fast so lang, wie das Kopfsegment, aber kürzer, als jedes der beiden Endglieder der unteren Stiele. Die oberen Fühler erreichen etwa $^3/_4$ oder $^2/_3$ der Kopflänge und sind um $^1/_3$ länger, als die unteren. Die Augen sind schmal nierenförmig, ziemlich gross, ihr Höhendiameter beträgt $^2/_3$ der Kopflänge und ist 4 mal so gross, wie die Breite des Auges. Die Stirn tritt mit einer medianen, kurzen Spitze vor. Die Rückenplatten aller Schwanzsegmente sind mit Stacheln bewaffnet; die Stacheln stehen auf deutlichen, erhabenen Leisten und sind kammartig geordnet. Auf dem ersten Schwanzsegmente sind 2 laterale, schief zum

Hinterrande der Platte gestellte Leisten vorhanden, deren jede 5—8 Stacheln trägt. Auf dem 2ten und 3ten sind die Laterallcisten länger, als die der anderen und gewöhnlich in 2 Hälften getheilt, von welchen die vordere kleiner ist, als die hintere; jede Laterallciste trägt 7—8 Stacheln; auf den letztgenannten Schwanzsegmenten stehen zwischen den Laterallcisten gewöhnlich noch 2 kleine Höcker (Mittelhöcker), deren jeder mit 2—3 Stacheln besetzt ist, seltener findet man auf dem 3ten Schwanzsegmente 4, in zwei parallele Querreihen angeordnete Höcker. Die 3 letzten Schwanzsegmente haben ebenfalls schiefe Laterallcisten, die aber kurz und nur mit 3—6 Stacheln besetzt sind; zwischen den Laterallcisten stehen 2 kleine Mittelhöcker zu je 1—2 Stacheln. Die vorderen Hände sind grösser, als die hinteren, beide Paare birnförmig gestaltet. Die Basalglieder der Gangbeine sind mässig breit; ihr Hinterrand ist etwas eingebogen, mit wenigen kurzen Borsten besetzt und endet unten mit einer stumpfen, wenig vortretenden Ecke. Die vorderen Springbeine reichen nach hinten etwas weiter, als die hinteren und berühren die Enden der Basalglieder der Steuerbeine, letztere sind lang, erreichen $\frac{1}{3}$ der Körperlänge und zeichnen sich durch Mangel an Randborsten aus. Das innere Blatt der Steuerbeine beträgt kaum $\frac{1}{10}$ des äusseren. Die Farbe des Körpers ist grün. Die Fühler und Extremitäten sind ziegelroth, die Augen schwarz.

	№ 1 ♂	№ 2 ♂	№ 3 ♂	№ 4 ♀	№ 5 Pull.
Die Zahl der Glieder in der Geissel der oberen Fühler .	52—54	41	43—40	40—41	6
" " " " " " der unteren Fühler.	17—13	14—16	16—15	15	4
" " " " in der Nebengeissel	5	5	4	4	2

Maassangaben.

	№ 1.	№ 2.	№ 3.	№ 4.	№ 5.
Totallänge	63,2	43,24	35,69	44,47	4,780
Körperlänge	27,2	22,84	18,49	23,15	3,240
Länge der oberen Fühler	18,6	14,00	12,24	14,32	1,215
Länge der unteren Fühler	11,9	9,44	8,00	9,68	0,695
Länge der Stiele der oberen Fühler .	6,8	5,68	4,64	5,36	0,490
Länge der Stiele der unteren Fühler .	7,1	6,16	4,96	5,92	0,435
Länge des 3ten Gangbeines.	13,7	9,0	8,5	10,9	1,075
Länge der Steuerbeine	9,8	7,20	5,6	8,0	0,450
Höhe des Körpers	5,5	4,5	3,4	5,0	—
Breite des Körpers	3,8	3,0	2,5	3,5	—

Die Art ist ziemlich häufig und kommt an vielen Orten des Baikalstrandes in einer Tiefe von $\frac{1}{2}$—2 Meter vor; in der Angara haben wir sie bis jetzt nicht gefunden.

42. G. saphirinus n. sp.

Artkennzeichen. Die Stiele der oberen Fühler sind ungefähr um $\frac{1}{4}$ kürzer, als die der unteren, ihr Basalglied ist fast so lang, wie das Kopfsegment, oder so lang wie das Endglied der unteren Stiele. Die oberen Fühler sind wenig kürzer als der Körper und 3 mal länger als die unteren Fühler. Die Augen sind unregelmässig nierenförmig, lang und schmal, ihre oberen Enden sind wenig ausgeschnitten und reichen hoch auf den Scheitel hinauf. Der Höhendiameter des Auges erreicht ³/₄ der Kopflänge und ist 3 mal grösser als die Breite des Auges. Die Stirn tritt mit einer kurzen Spitze vor. Die Rückenplatten des 7ten Rumpfsegmentes und aller Schwanzsegmente sind bestachelt. Die Rückenplatte des 7ten Rumpfsegmentes trägt 2 kleine, am Hinterrande der Platte gestellte Gruppen zu je 2—3 Stacheln. Auf allen Schwanzsegmenten stehen die Stacheln dicht am Hinterrande der Rückenplatten, in 2—4 Gruppen geordnet. Die Zahl derselben auf dem ersten Schwanzsegmente beträgt 18—22, auf dem zweiten 18—24, auf dem dritten 18—20, auf dem vierten 6—12, auf dem fünften 8—6, auf dem sechsten 4 [1]).

Die vorderen Hände sind etwas grösser, als die hinteren, die ersteren birn-, die letzteren becherförmig. Die Basalglieder der Gangbeine sind breit; ihr hinterer Rand ist gewölbt, mit 8—10 kurzen Borsten besetzt und endet unten mit einer vorstehenden Ecke. Die Springbeine sind kurz, die vorderen reichen etwas weiter, als die hinteren und berühren die Spitzen der Steuerbeine, welche kaum ¹/₁₀ der Körperlänge betragen. Das äussere Blatt der Steuerbeine ist um ³/₅ länger, als das innere, beide tragen spärliche, vereinzelt stehende, einfache Borsten. Die Farbe des Körpers ist sehr zart saphir-blau. Die Augen sind röthlich und an Spiritus-Exemplaren ganz unsichtbar.

	№ 1 ♂	№ 2 ♂
Die Zahl der Glieder in der Geissel der oberen Fühler.	87	84—86
„ „ „ „ „ „ der unteren Fühler.	15	16
„ „ „ „ in der Nebengeissel .	8	7

Maassangaben.

	№ 1.	№ 2.
Totallänge	32,04	34,42
Körperlänge	16,47	17,16
Länge der oberen Fühler . . .	14,96	16,52
Länge der unteren Fühler . . .	5,28	5,60
Länge der Stiele der oberen Fühler .	2,80	3,02
Länge der Stiele der unteren Fühler .	3,76	3,92
Länge des 3ten Gangbeines . . .	6,5	7,6
Länge der Steuerbeine	1,68	1,76
Höhe des Körpers	3,2	3,2
Breite des Körpers .	2,0	2,4

Wir haben nur 2 Exemplare dieser Art aus einer Tiefe von 300 Meter herausgeholt.

---

[1]) Auf dem 7ten Rumpfsegmente und den 3 ersten Schwanzsegmenten ist die Mittel- oder Medianreihe nicht ganz deutlich von den Lateralreihen geschieden.

43. G. capellus n. sp.

Artkennzeichen. Die Stiele der oberen Fühler sind dicker und länger, als die der unteren, ihr Basalglied ist bedeutend länger als das Kopfsegment und länger als jedes der beiden Endglieder der unteren Stiele. Die oberen Fühler sind etwas länger als der Körper und 4 mal länger als die unteren. Die Nebengeissel ist 4gliedrig. Die Augen sind schwach gewölbt, nierenförmig, ihr Höhendiameter beträgt $^2/_3$ der Kopflänge und ist mehr als 2 mal grösser als die Breite des Auges. Die Stirn tritt mit einer medianen, schwachen Spitze vor. Die Rückenplatten aller Rumpf- und der 3 ersten Schwanzsegmente tragen keine Stacheln; am Hinterrande der Rückenplatten der 3 letzten Schwanzsegmente stehen gewöhnlich 3 kleine Gruppen zu je 1—2 Stacheln. Die vorderen Hände sind schlank birnförmig, die hinteren becherförmig, beide Paare sind gleich gross. Die Basalglieder der Gangbeine sind schmal, herzförmig gestaltet; ihr Hinterrand trägt 9 ganz kurze Borsten. Die Springbeine reichen nach hinten nicht gleich weit; die vorderen berühren etwa die Mitte der Steuerbeine, während die hinteren kaum die Enden der Basalglieder der Steuerbeine erreichen; letztere sind ziemlich lang und betragen $^1/_5$ der Körperlänge. Das äussere 2gliedrige Blatt der Steuerbeine ist um $^1/_3$ länger, als das innere, beide sind an ihren Rändern mit Fiederborsten besetzt. Die Farbe des Körpers ist hell röthlichgelb mit zerstreut stehenden röthlichbraunen Flecken. Die Augen sind schwarz.

	№ 1.	№ 2.
Die Zahl der Glieder in der Geissel der oberen Fühler	46	52
„ „ „ „ „ „ der unteren Fühler.	8	9
„ „ „ „ in der Nebengeissel	4	4

Maassangaben.

	№ 1.	№ 2.
Totallänge	25,32	24,58
Körperlänge	11,40	10,14
Länge der oberen Fühler	12,33	12,84
Länge der unteren Fühler	3,16	3,04
Länge der Stiele der oberen Fühler	3,83	3,84
Länge der Stiele der unteren Fühler	2,28	2,16
Länge des dritten Gangbeines	6,4	6,5
Länge der Steuerbeine	2,00	2,08
Höhe des Körpers	2,1	2,0
Breite des Körpers	1,6	1,8

Die wenigen Exemplare, welche wir besitzen, sind in einer Tiefe von 100 Meter gefangen worden.

44. G. Sophianosii n. sp.

Taf. X, Fig. 4.

Artkennzeichen. Die Stiele der oberen Fühler sind etwas länger, aber nur so dick wie die der unteren, ihr Basalglied ist nur so lang wie das Kopfsegment und nur wenig länger als das Endglied der unteren Stiele. Die oberen Fühler erreichen eine halbe Kopflänge und sind 2 mal länger, als die unteren. Die Augen sind nicht gross, wenig gewölbt, nierenförmig, ihr Höhendiameter beträgt $^1/_3$—$^1/_2$ der Kopflänge und ist 2 mal grösser, als die Breite des Auges. Die Stirn ist kaum vortretend, weil die mediane Wölbung schwach angedeutet ist. Die Stirnbreite zwischen den Augen erreicht eine Kopflänge. Die Rückenplatten der letzten Schwanzsegmente tragen auf ihrem Hinterrande wenige, zarte Stacheln, sonst sind die Rückenplatten unbewaffnet. Bei den Männchen sind alle Hände birnförmig, bei den Weibchen nur die vorderen, die hinteren dagegen becherförmig gestaltet. Die Basalglieder der Ganglien sind herzförmig, ihr Hinterrand trägt nur wenige, kurze Borsten und endet unten, ohne eine Ecke zu bilden. Alle Springbeine reichen nach hinten beinahe gleich weit und berühren nagelnden die Mitte der Steuerbeine; letztere sind mässig lang und betragen $^1/_6$—$^1/_7$ der Körperlänge. Ihre beiden Blätter sind fast gleich lang, oder das äussere, zweigliedrige ist zuweilen etwas länger. Beide Blätter sind an ihren Rändern mit üppigen Fiederborsten besetzt. Der Körper ist gewöhnlich schmutzig olivengrün oder bräunlich gefärbt und mit zierlichen braunen oder dunkel-ziegelrothen Zeichnungen versehen. Die Augen sind schwarz.

	№ 1 ♂	№ 2 ♀	№ 3 ♀	№ 4 juv.	№ 5	
Die Zahl der Glieder in der Geissel der oberen Fühler .	46	50	48	39	6	30
„ „ „ „ „ „ unteren Fühler .	11	10	10	7—8	4	9
„ „ „ „ in der Nebengeissel	7	8	8	5	2	

Maassangaben.

	№ 1.	№ 2.	№ 3.	№ 4 juv.	№ 5.	
Totallänge	62,6	57,6	47,09	22,62	4,60	18,92
Körperlänge	39,5	36,1	27,86	12,42	3,120	9,92
Länge der oberen Fühler	19,3	18,8	16,11	8,92	1,27	
Länge der unteren Fühler	9,8	7,9	7,12	3,12	0,63	
Länge der Stiele der oberen Fühler	7,5	6,1	5,39	2,68	0,52	2,16
Länge der Stiele der unteren Fühler	7,2	5,7	5,28	2,24	0,40	2,00
Länge des 3ten Gangbeines	15,6	15,6	12,0	—	1,00	4,54
Länge der Steuerbeine	6,3	4,9	4,48	1,92	0,37	1,60
Höhe des Körpers	8,4	8,8	6,0	2,5	0,64	2,1
Breite des Körpers	5,6	6,3	—	1,8	—	1,5

45. G. Sophianosii, var. scirtes.
Taf. XI, Fig. 2.

Als eine Varietät der vorhergehenden Art *G. Sophianosii* sehe ich eine Form an, welche sich durch etwas grössere und breitere Augen, rasch nach unten sich verschmälernde Basalglieder der Gangbeine, kürzere innere Blätter der Steuerbeine, längeres Endglied des äusseren Blattes derselben und endlich durch die Färbung des Körpers unterscheidet. Der Vorderkopf der var. *scirtes* ist dunkelbraun, der Hinterkopf weisslich, die Rückenplatten der beiden ersten Rumpfsegmente sind gleichmässig dunkelbraun, die des 3ten und 4ten aber hellbraun gefleckt; die Rückenplatten der 3 letzten Rumpf- und 4 ersten Schwanzsegmente haben dunkelbraune Flecken auf hellerem Grunde. Die beiden letzten Schwanzsegmente sind röthlich, die Seitenplatten und die Basalglieder der Gangbeine bräunlich gefleckt. Die Extremitäten sind gebändert, die Augen schwarz. Ich nenne diese Varietät *scirtes*, weil sie sich von der typischen Form durch ihre Lebhaftigkeit in den Bewegungen auszeichnet. Während nämlich die typische Form nur schwerfällig auf dem Boden des Aquariums (in welchem ich sie beide längere Zeit beobachtet habe), seitlich kriechend, sich bewegt, schreitet und hüpft die Varietät, den Rücken nach oben gekehrt, sehr schnell und behend.

Beide Formen bewohnen die sandigen Ufer des Baikalsees in einer Tiefe von 1—50 Meter.

46. G. bifasciatus n. sp.
Taf. XII, Fig. 6.

Artkennzeichen. Die Stiele der oberen Fühler sind dicker und etwa $1/7$ länger als die der unteren, ihr Basalglied ist kürzer als das Kopfsegment, aber um $1/3$ länger als das Endglied der unteren Stiele. Die oberen Fühler sind 2 mal länger als die unteren und halb so lang wie der Körper. Die Augen sind schwach gewölbt, nierenförmig, ihr Höhendiameter erreicht beinahe die halbe Kopflänge und ist fast 2 mal so gross, wie die Breite des Auges. Die Stirn tritt mit einer medianen Wölbung vor. Die Stirnbreite zwischen den Augen erreicht beinahe eine Kopflänge. Die Rückenplatten der 3 letzten Schwanzsegmente tragen ein Paar Gruppen von zarten Stacheln. Die Hände bei den Männchen sind birn-, bei den Weibchen nur die hinteren becherförmig. Die Basalglieder der Gangbeine sind ziemlich breit, die des 3ten Paares kaum um $1/6$ länger, als breit, sie sind hinten stark erweitert und enden unten mit einer Ecke, welche oft eine lappige Gestalt hat. Die vorderen Springbeine reichen weiter nach hinten als die hinteren und berühren die Spitzen der Steuerbeine; letztere sind kurz und betragen etwa $1/11$ der Körperlänge, ihr inneres Blatt ist etwas kürzer als das äussere, zweigliedrige. Das längere Blatt ist aussen nur mit 2 Stacheln und ebensoviel einfachen Borsten versehen, innen trägt es Fiederborsten; die beiden Ränder des kürzeren Blattes dagegen sind mit Fiederborsten besetzt. Die Farbe des Körpers ist dunkelbraun, undeutlich hell gefleckt. Der Kopf und das 3te und 4te Rumpfsegment sind hellbraun gefleckt, woher das Thier mit 2 deutlichen Querbinden versehen erscheint. Die Augen sind aschgrau.

	№ 1 ♂	№ 2 ♀	№ 3 ♀
Die Zahl der Glieder in der Geissel der oberen Fühler	29—19	24	27
„ „ „ „ „ „ der unteren Fühler.	5—4	6	6
„ „ „ „ in der Nebengeissel	3	3	3

Maassangaben.

	№ 1.	№ 2.
Totallänge	18,16	13,94
Körperlänge	11,02	8,97
Länge der oberen Fühler	5,92	4,44
Länge der unteren Fühler	2,06	1,71
Länge der Stiele der oberen Fühler	1,84	1,40
Länge der Stiele der unteren Fühler	1,58	1,15
Länge des dritten Gangbeines	4,48	3,50
Länge der Steuerbeine	0,96	0,80
Höhe des Körpers	2,7	2,1
Breite des Körpers	2,0	1,4

Die Art ist selten, sie hält sich am Ufer unter Steinen, in einer Tiefe von $1/4$—2 Meter auf. Wir haben sie nur im Frühjahre zu der Zeit gefangen, in welcher die Quellen am Ufer des Baikalsees zu sprudeln anfangen und stellenweise das Schmelzen des Eises bewirken.

47. G. pictus n. sp.

Taf. XII, Fig. 3.

Artkennzeichen. Die Stiele der oberen Fühler sind etwas dicker und um $1/3$ länger als die der unteren, ihr Basalglied ist etwas länger als das Kopfsegment und länger als das 3te Stielglied der unteren Fühler. Das 2te Stielglied der unteren Fühler ist um $1/10$ länger, als das 3te. Das 2te Stielglied der oberen Fühler ist etwa um $1/3$ kürzer als das 3te. Die oberen Fühler sind länger als die Hälfte des Körpers und über 2 mal länger, als die unteren Fühler. Die Stirn ist vorne fast gerade, oder mit einer kaum angedeuteten Spitze hervortretend. Die Augen sind mässig gross, sehr stark gewölbt, gleichsam auf Höckern gestellt. Sie sind eiförmig, nach oben schwach verschmälert. Die Stirnbreite zwischen den Augen beträgt etwa 2 Höhendiameter des Auges oder beinahe eine ganze Kopflänge. Nur die Rückenplatten der 3 letzten Schwanzsegmente sind mit zarten Stacheln besetzt. Die Hände sind ziemlich gross, die vorderen birn-, die hinteren becherförmig und etwas nach vorn erweitert. Die Basalglieder der Gangbeine sind herzförmig, ihr Hinterrand mit 26—30 ziemlich langen Borsten besetzt. Die vorderen Springbeine reichen nach hinten bedeutend weiter als die hinteren und berühren mit ihren Spitzen die Enden der Steuerbeine; diese sind mässig lang, sie betragen $1/7$ der Körperlänge, ihre Blätter sind gleich lang, eingliedrig und mit Fiederborsten besetzt. Der Körper ist weisslich gelb gefärbt, mit bräunlicher oder gelbgrünlicher Zeichnung. Die Extremitäten sind gebändert, die Augen schwarz oder braun.

48. G. pictus, var. α.

49. G. pictus, var. β.
Taf. XII, Fig. 2.

Von der typischen Form habe ich zwei Varietäten unterschieden, welche sich durch längere und gliederreichere Fühler auszeichnen, im Uebrigen aber ziemlich mit derselben übereinstimmen. Leider haben wir keine erwachsenen Exemplare dieser Varietäten bekommen können, woher eine eingehende Untersuchung derselben unmöglich war.

	№ 1 ♂	№ 2 ♀	№ 3 var. α ♂	№ 4 var. β.
Die Zahl der Glieder in der Geissel der oberen Fühler .	45	41	41	58
„ „ „ „ „ „ „ der unteren Fühler.	10	10—11	9	9
„ „ „ „ in der Nebengeissel	6	6	6	6

Maassangaben.

	№ 1.	№ 2.	№ 3.	№ 4.
Totallänge	41,6	47,4	27,1	33,38
Körperlänge	28,1	28,2	14,2	18,10
Länge der oberen Fühler	16,0	16,4	11,54	18,28
Länge der unteren Fühler	6,5	8,4	3,68	4,04
Länge der Stiele der oberen Fühler	7,0	6,9	3,84	5,28
Länge der Stiele der unteren Fühler . · . .	4,6	5,4	2,56	2,76
Länge des dritten Gangbeines	11,7	12,8	8,0	11,0
Länge der Steuerbeine	3,64	3,9	2,12	2,67
Höhe des Körpers	4,0	5,9	2,5	3,0
Breite des Körpers	3,0	4,0	1,9	2,6

Die Art kommt in einer Tiefe von 50—100 Meter vor; sie ist nicht selten.

50. G. orchestes n. sp.

Artkennzeichen. Die Stiele der oberen Fühler sind dicker und um $1/3 - 1/4$ länger als die der unteren, ihr Basalglied ist etwas länger als das Kopfsegment und nur wenig länger als das Endglied der unteren Stiele. Das 2te Stielglied der oberen Fühler ist etwa um $2/5$ kürzer als das 3te; das 2te Stielglied der unteren dagegen ist etwas länger oder so lang wie das 3te. Die oberen Fühler sind ungefähr 2 mal länger als die unteren und um $^1/_6$ kürzer als der Körper. Das obere Kopfprofil ist gewölbt, die Stirn tritt noch vorn helmartig hervor und ist schwach nach unten gesenkt. Der vortretende Theil ist kurz und abgerundet, die Entfernung seiner vorderen Spitze von dem vorderen Augenrande ist der Augenbreite gleich. Die Augen sind ziemlich klein, gewölbt, eiförmig, nach oben schwach verschmälert. Die Höhe des Auges ist der halben Kopflänge gleich und beinahe 2 mal so gross, wie die Breite des Auges. Die Stirnbreite zwischen den Augen beträgt etwas mehr, als die Höhe des Auges. Die Rückenplatten der Rumpfsegmente sind mit 2—4 zarten Borsten versehen, die der Schwanzsegmente dagegen sind vollkommen mit denselben bedeckt. Die vorderen Hände sind birn-, die hinteren becherförmig. Die Basalglieder der Gangbeine sind schlank und die des 3ten Paares 2 mal so lang, wie breit; sie sind vorn convex und mit langen herabhängenden Borsten versehen, hinten schwach eingebogen oder gerade und nur mit 5—6 ganz kurzen Borsten besetzt. Alle Springbeine reichen nach hinten beinahe gleich weit, erreichen aber kaum die Mitte der Steuerbeine, letztere sind ziemlich lang und betragen $^1/_4$—$^1/_5$ der Körperlänge; ihre Blätter sind gleich lang, eingliedrig und mit Fiederborsten besetzt. Der Körper ist hellgelb, gelbbraun gefleckt. Die Augen sind schwarz.

	№ 1 ♀.
Die Zahl der Glieder in der Geissel der oberen Fühler	21
„ „ „ „ „ „ „ der unteren Fühler	7
„ „ „ „ in der Nebengeissel	2

Maassangaben.

	№ 1.
Totallänge	15,58
Körperlänge	7,74
Länge der oberen Fühler	6,48
Länge der unteren Fühler	2,49
Länge der Stiele der oberen Fühler	2,37
Länge der Stiele der unteren Fühler	1,66
Länge des dritten Gangbeines	5,34
Länge der Steuerbeine	1,76
Höhe des Körpers	1,5
Breite des Körpers	1,3

Wir haben diese Art in einer Tiefe von 150 Meter gefangen.

51. G. talitrus n. sp.
Taf. XI, Fig. 5.

Artkennzeichen. Die Stiele der oberen Fühler sind bedeutend dicker und ungefähr um $^1/_3$ länger als die der unteren, ihr Basalglied ist kürzer als das Kopfsegment und etwas länger als das Endglied der oberen Stiele. Das 2te Stielglied der oberen Fühler ist fast um ¹/₃ kürzer als das 3te, und das 2te der unteren beinahe so lang oder etwas länger als das 3te. Die oberen Fühler sind etwa 3 mal so lang wie die unteren und erreichen bei den Männchen die Länge des Körpers, bei den Weibchen aber sind sie etwas kürzer. Die Stirn tritt mit einer langen, geraden, nur gegen das Ende etwas gesenkten, helmartigen Spitze hervor; die Entfernung des Endes dieser vortretenden Spitze vom vorderen Augenrande ist grösser, als die Höhe des Auges. Die Augen mässig gross, gewölbt, verlängert eiförmig, nach unten schwach verschmälert. Die Höhe des Auges beträgt ungefähr ¹/₃ der Kopflänge, die Breite ³/₄ seiner Höhe. Die Stirnbreite zwischen den Augen misst weniger als die Hälfte der Augenbreite. Die Rückenplatten der Rumpfsegmente sind mit 2—4 zarten Randborsten versehen, die der Schwanzsegmente tragen auf ihren Flächen und hinteren Rändern zarte, unregelmässig angeordnete Borsten. Die vorderen Hände sind birn-, die hinteren becherförmig. Die Basalglieder der Gangbeine sind mässig breit, die des 3ten Paares tragen vorn und hinten 7—8 ziemlich lange Borsten. Die vorderen Springbeine reichen nach hinten bedeutend weiter als die hinteren, berühren aber kaum die Mitte der Steuerbeine. Diese sind lang, betragen ¹/₄—¹/₃ der Körperlänge, ihre beiden Blätter sind eingliedrig, gleich lang und mit Fiederborsten besetzt. Die Farbe des Körpers ist hellgelb mit hellbraunen Flecken. Die Augen sind schwarz.

	№ 1 ♂	№ 2 ♂	№ 3 ♀
Die Zahl der Glieder in der Geissel der oberen Fühler	36	39	28
" " " " " " der unteren Fühler	11	11—10	10
" " " " in der Nebengeissel	4	6	3

Maassangaben.

	№ 1.	№ 2.	№ 3.
Totallänge	21,30	24,56	18,40
Körperlänge	9,18	12,08	8,64
Länge der oberen Fühler	9,32	10,64	7,84
Länge der unteren Fühler	3,42	3,44	2,65
Länge der Stiele der oberen Fühler	2,92	3,12	2,24
Länge der Stiele der unteren Fühler	2,14	2,48	1,61
Länge des dritten Gangbeines	—	8,0	—
Länge der Steuerbeine	3,20	2,64	2,32
Höhe des Körpers	1,5	2,2	1,4
Breite des Körpers	1,5	2,5	1,3

Diese Art lebt in einer Tiefe von 100—200 Meter.

52. G. araneolus n. sp.

Taf. XI, Fig. 3.

Artkennzeichen. Die Stiele der oberen Fühler sind dicker und etwa um ¹/₄ länger als die der unteren, ihr Basalglied ist kürzer als das Kopfsegment und fast um ¹/₆ länger als das

Endglied der unteren Stiele. Das 2te Stielglied der oberen Fühler ist etwas kürzer als das 3te, und das 2te Stielglied der unteren Fühler ist länger als das 3te. Die oberen Fühler sind 2 mal so lang wie die unteren, aber nur halb so lang wie der Körper. Das obere Kopfprofil ist gewölbt, die Stirn nach vorn helmartig vortretend; der vortretende Theil ist nach unten schwach gesenkt, kurz und abgerundet; die Entfernung der vorderen Spitze der Erhöhung von dem vorderen Augenrande ist einer halben Augenbreite gleich. Die Augen sind gross, gewölbt, eiförmig und schwach nach unten erweitert. Die Höhe des Auges ist etwas grösser als die halbe Kopflänge und übertrifft nur um $1/6$ die Breite des Auges. Die Stirnbreite zwischen den Augen beträgt etwa $1/3 - 1/2$ der Augenhöhe. Die Rückenplatten aller Rumpf- und Schwanzsegmente sind mit kurzen Borsten oder sehr dünnen Stachelspitzen besetzt; auf den 6 ersten Rumpfsegmenten stehen die Borsten meist am Hinterrande der Rückenplatten, auf dem 7ten Rumpf- und allen Schwanzsegmenten hingegen nehmen sie die ganze Rückenfläche derselben ein. Die Hände sind ziemlich gross, die vorderen birn-, die hinteren becherförmig und bei den Männchen nach vorn erweitert. Die Basalglieder der Gangbeine sind ziemlich breit, die des 3ten Paares um $1/5$ länger als breit, vorn und hinten sind sie schwach convex und am Hinterrande mit kurzen Borsten besetzt. Die vorderen Springbeine erreichen die Spitzen der Steuerbeine, die hinteren nur die Enden der Basalglieder derselben. Die Steuerbeine sind ziemlich lang und betragen etwa $1/7$ der Körperlänge, ihre beiden Blätter sind gleich lang, eingliedrig und mit Fiederborsten besetzt. Die Farbe des Körpers ist hell grün oder hell-grünlichgelb mit bräunlich gelben Flecken. Die Augen sind schwarz. Als Varietäten dieser Art muss ich zwei andere Formen betrachten, welche sich von der typischen Form hauptsächlich durch die Farbe des Körpers unterscheiden.

53. G. araneolus var. quinquefasciatus.

Taf. XI, Fig. 7.

Während bei *G. araneolus* die Farbe über den ganzen Körper gleichmässig vertheilt ist, treten bei dieser Varietät fünf Querbinden auf, und zwar: der Kopf und die 3 ersten Rumpfsegmente sind röthlich braun, die 2 folgenden Segmente hellgelb, dann 3—4 Segmente wiederum braun, die 4 hintersten Schwanzsegmente sammt dem Schwanzanhang hellgelb und die Blätter der Steuerbeine braun.

54. G. araneolus var. ephippiatus.

Taf. XI, Fig. 8.

Der Körper ist bräunlichgelb oder dunkel grün gefärbt, mit Ausnahme der 2 letzten Rumpfsegmente, welche heller sind, so dass auf diese Weise eine Art von sattelförmiger Querbinde entsteht. Ausserdem unterscheidet sich diese Form durch weniger entwickelte Borsten auf den Rückenplatten der Segmente.

	Araneolus.		Ephippiatus.		5-fasciatus.	
	№ 1 ♂	№ 2 ♀	№ 3 ♀	№ 4 ♀	№ 5 ♂	№ 6 ♂
Die Zahl der Glieder in der Geissel der oberen Fühler	24	22	25	19	21	22
„ „ „ „ „ „ „ „ unteren Fühler	8	8	6	5	7	8
„ „ „ „ in der Nebengeissel	3	3	4	3	3	3

Maassangaben.

	№ 1.	№ 2.	№ 3.	№ 4.	№ 5.	№ 6.
Totallänge	16,91	16,24	19,86	16,34	20,69	17,72
Körperlänge	10,24	10,22	11,94	10,31	12,27	10,66
Länge der oberen Fühler	5,87	5,26	6,72	5,12	7,49	6,23
Länge der unteren Fühler	2,73	2,15	3,32	2,40	3,12	2,73
Länge der Stiele der oberen Fühler	2,35	1,98	2,56	1,84	2,69	1,69
Länge der Stiele der unteren Fühler	1,69	1,40	2,44	1,84	1,98	0,83
Länge des dritten Gangbeines	5,8	5,0	7,5	—	—	—
Länge der Steuerbeine	1,44	1,28	1,92	1,47	1,7	1,45
Höhe des Körpers	1,9	1,8	2,5	2,4	2,0	2,2
Breite des Körpers	1,5	1,8	2,0	2,6	—	1,6

Die Art ist ziemlich häufig; wir haben sie in einer Tiefe von 10—50 Meter gefangen.

55. G. Gerstaeckeri n. sp.

Taf. XIV, Fig. 5.

Artkennzeichen. Die Stiele der oberen Fühler sind dicker und etwa um $1/4 - 1/5$ länger als die der unteren, ihr Basalglied ist so lang, oder nur wenig länger als das Kopfsegment und beinahe 2 mal länger als das Endglied der unteren Stiele, welches letztere an seinem vorderen Ende verdickt ist und über die Ansatzstelle der Geissel hervorragt. Die Ansatzstelle der Geissel ist mit einem Kranze von Fiederborsten umgeben, welche auf der oberen Fläche des Endgliedes viel zahlreicher als auf der unteren vorkommen. Die oberen Fühler sind so lang wie der Körper, zuweilen aber etwas kürzer und ungefähr 4 mal länger als die unteren. Die Geisseln der unteren Fühler sind dünn und kurz. Die Nebengeissel ist 3—4gliedrig. Der Kopf ist über den Augen gewölbt. Die Augen verschieden gross und in der Regel nierenförmig gestaltet, seltener rundlich oder punktförmig. Die Stirn tritt mit einer medianen kurzen Spitze vor. Die Oberfläche des Kopfes, so wie des ganzen Körpers ist glatt (ohne Dorne, Kiele oder Stacheln). Am Hinterrande der Rückenplatten der 3 letzten Schwanzsegmente und auf der Oberfläche des 3ten Schwanzsegmentes stehen ziemlich lange Borsten, deren Zahl jedoch nur unbeträchtlich ist. Die Rückenplatten aller Rumpf- und der 3 ersten Schwanzsegmente sind mit deutlichen Randwölbungen versehen, woher der ganze Körper, von oben betrachtet, jederseits eine Reihe von schwachen Wölbungen zeigt. Alle Seitenplatten sind klein und die 4 ersten unten gleichmässig abgerundet. Der Schwanzanhang ist zweitheilig. Die Hände sind becherförmig, die vorderen kleiner als die hinteren, letztere nach vorn etwas erweitert. Die Basalglieder der Gangbeine sind schmal, beinahe stabförmig, 4—5 mal so lang wie breit und ohne Borsten am Hinterrande, dagegen sind die Ränder der Schienbeine und der Füsse aller Gangbeine, die Seitenränder der Basalglieder der Springbeine und die Seitenflächen der Schwanzplatten mit zahlreichen, langen Borsten besetzt. Die vorderen Springbeine reichen bis zur Spitze der Steuerbeine oder sogar über diese etwas hinaus. Die hinteren Springbeine erreichen kaum das letzte Drittel der Steuerbeine; letztere sind nicht lang und betragen nur $1/10$—$1/12$ der Körperlänge; ihre Blätter sind gleich lang und an den Rändern mit langen einfachen Borsten besetzt. Die Farbe des Körpers ist gelb; die Augen sind weiss.

	№ 1 ♂	№ 2 ♂	№ 3 ♀	№ 4 ♀
Die Zahl der Glieder in der Geissel der oberen Fühler . . .	47	47	42—47	47
„ „ „ „ „ „ „ „ unteren Fühler . . .	4	4	4	4
„ „ „ „ in der Nebengeissel	3	3	4	3

Maassangaben.

	№ 1.	№ 2.	№ 3.	№ 4.
Totallänge	24,41	21,78	30,70	28,79
Körperlänge	11,94	11,22	16,90	14,82
Länge der oberen Fühler	11,76	9,92	12,64	12,96
Länge der unteren Fühler	2,39	1,87	2,99	2,08
Länge der Stiele der oberen Fühler . . .	2,16	1,92	2,56	2,46
Länge der Stiele der unteren Fühler . .	1,75	1,31	2,19	1,96
Länge des 3ten Gangbeines	6,32	—	8,24	6,56
Länge der Steuerbeine	0,99	0,88	1,48	1,28
Höhe des Körpers.	1,7	1,6	3,0	2,4
Breite des Körpers	1,8	—	3,2	2,9

Die Art ist häufig und wird überall in den mit mergeligem Boden versehenen Partien des Baikalsees gefunden; sie kommt in einer Tiefe von 20—100 Meter vor. Die Varietät mit punktförmigen Augen zeichnet sich vor denjenigen Formen, welche grosse, nierenförmige Augen haben, durch keine besonderen Merkmale aus.

56. G. ignotus n. sp.

Taf. IV, Fig. 3.

Artkennzeichen. Die Stiele der oberen Fühler sind dicker und um $1/4$ länger als die der unteren, ihr Basalglied ist fast so lang wie das Kopfsegment und etwa um $1/3$ länger als jedes der beiden, fast gleichlangen Stielglieder der unteren Fühler. Die oberen Fühler sind länger als die Hälfte des Körpers und ungefähr 2 mal so lang wie die unteren. Die Nebengeissel ist 3gliedrig. Die Augen sind punktförmig (an Spiritusexemplaren ganz unsichtbar).

Die Stirn ist vorn abgerundet. Die Oberfläche des Körpers ist behaart, oder mit zerstreuten, kurzen Borsten versehen, nur auf den Hinterrändern der 3 letzten Schwanzsegmente stehen etwas dickere und längere Borsten. Die vorderen Hände sind beinahe so lang, aber etwas breiter als die hinteren, und die vorderen birn-, die hinteren becherförmig gestaltet. Die Basalglieder der Gangbeine sind schmal, herzförmig, ihr Hinterrand trägt nur sehr wenige und ganz kurze Borsten. Die Springbeine sind ziemlich lang, die vorderen reichen etwas weiter nach hinten als die hinteren und berühren beinahe die Mitte der Steuerbeine; diese letzteren sind lang und erreichen $1/4$ der Körperlänge, ihr inneres Blatt ist 4—5 mal kürzer als das äussere zweigliedrige; beide Blätter tragen an ihren Rändern keine Fiederborsten, sondern sind mit wenigen vereinzelt stehenden, einfachen Borsten besetzt. Die Farbe des Körpers und der Augen ist weiss.

	№ 1.	№ 2.	№ 3.
Die Zahl der Glieder in der Geissel der oberen Fühler .	24	24	18
„ „ „ „ „ „ der unteren Fühler	9	10	7—8
„ „ „ „ in der Nebengeissel	3	3	2

Maassangaben.

	№ 1.	№ 2.	№ 3.
Totallänge	16,48	15,93	12,38
Körperlänge.	8,20	8,47	6,96
Länge der oberen Fühler	5,52	5,70	4,19
Länge der unteren Fühler	2,71	2,87	2,07
Länge der Stiele der oberen Fühler . . .	2,00	2,02	1,55
Länge der Stiele der unteren Fühler. . .	1,59	1,59	1,19
Länge des 3ten Gangbeines.	4,80	—	—
Länge der Steuerbeine	2,08	2,08	1,47
Höhe des Körpers.	1,5	2,0	1,4
Breite des Körpers	1,1	1,2	1,0

Wir haben diese Art nur ein einziges Mal aus einer Tiefe von 800 Meter mit dem Schleppnetze herausgeholt.

57. G. branchialis n. sp.

Taf. XIV, Fig. 4.

Artkennzeichen. Die Stiele der oberen Fühler sind dicker als die der unteren (bei den Männchen beinahe gleich lang), ihr Basalglied ist verdickt, oben gewölbt und kürzer, als das Kopfsegment, aber länger als jedes der beiden Endglieder der unteren Stiele. Die oberen Fühler sind etwa 2 mal länger als die unteren und betragen $1/4$ der Körperlänge. Die Geissel der unteren Fühler hat keine Kolbenorgane. Die Nebengeissel ist zweigliedrig und reicht bis au die Basis des 3ten Geisselgliedes der oberen Fühler. Die Augen sind ziemlich gross, eiförmig, nach unten verschmälert; ihr Höhendiameter ist 1½—2 mal in der Körperlänge enthalten und etwa um ⅓ grösser, als die Breite des Auges. Die Stirn tritt mit einer kurzen, abgerundeten Spitze vor. Die Rückenplatten der 3 ersten Schwanzsegmente sind mit wenigen, zarten, hinfälligen Borsten, der 3 letzten mit 2 regelmässigen Gruppen zu je 2—3 Stacheln besetzt. Die Seitenplatten der 4 ersten Rumpfsegmente tragen einen Wimperbesatz. Der Schwanzanhang ist zweitheilig. Die Hände sind beinahe gleich gross, birnförmig. Die Basalglieder der Gangbeine sind ziemlich breit und ähnlich gestaltet; ihr Hinterrand ist stärker gewölbt als der vordere und mit weit auseinander stehenden Borsten besetzt, welche bei den Männchen öfters am Basalgliede des 3ten Gangbeines fehlen. Der Vorderrand aller Basalglieder ist mit Borsten versehen. Alle Springbeine reichen gleich weit nach hinten und berühren fast die Spitze der Steuerbeine, letztere betragen 1/12—1/17 der Körperlänge, ihr äusseres 2-gliedriges Blatt ist etwa um die Hälfte länger als das innere und längs seinem Aussenrande mit 3—5 Büscheln langer, einfacher Borsten, längs dem Innenrande aber nur mit 3 Paaren solcher Borsten besetzt, das kürzere innere Blatt ist nur am Innenrande mit 3 Paaren langer Borsten versehen. Die Farbe des Körpers dieser parasitisch lebenden Art wechselt je nach der Farbe des Thieres, in dessen Brut- oder Kiemenhöhle sie lebt: in der Bruthöhle des *Gammarus Czerskii* ist sie hell-veilchenblau, des *G. Borowskii* rosenroth und in der Bruthöhle des *G. dichrous* fleischroth gefärbt. Die Augen sind immer schwarz.

	№ 1 ♀	№ 2 ♀	№ 3 ♂	№ 4 Pullus.
Die Zahl der Glieder in der Geissel der oberen Fühler . .	17	17	15	5
„ „ „ „ „ „ der unteren Fühler . .	4—5	4	4—3	2
„ „ „ „ in der Nebengeissel	2	2	2	2

Maassangaben.

	№ 1.	№ 2.	№ 3.	№ 4.
Totallänge	17,12	15,63	11,46	2,890
Körperlänge	13,64	12,39	8,64	2,080
Länge der oberen Fühler	3,05	2,89	2,44	0,500
Länge der unteren Fühler	1,09	1,12	0,89	0,110
Länge der Stiele der oberen Fühler .	0,89	0,89	0,68	0,290
Länge der Stiele der unteren Fühler .	0,69	0,71	0,62	0,250
Länge des 3ten Gangbeines	2,64	2,8	2,0	0,650
Länge der Steuerbeine	0,80	0,70	0,70	0,310
Höhe des Körpers	3,0	3,2	2,08	—
Breite des Körpers	3,0	3.0	2,0	—

Diese Art haben wir nur in der Kiemen- oder Bruthöhle anderer, grösserer Arten angetroffen, so in der Bruthöhle des *G. Czerskii, Borowskii, Kietlinskii* und in der Kiemenhöhle der Männchen derselben Arten; am häufigsten war nur ein einziges Exemplar vorhanden, zuweilen aber fanden wir auch 2 oder sogar 3 zusammen, dann waren sie ganz klein. Sie sitzen stets bewegungslos zusammengerollt. Da das parasitische Leben dieser Thiere keinen besonderen Einfluss auf die Gestaltung ihrer einzelnen Körpertheile ausübt, so muss man daraus schliessen, dass sie nicht lebenslang ihr parasitisches Wesen treiben und dass der Parasitismus für ihre Existenz nicht unbedingt nothwendig ist.

58. G. Strauchii n. sp.

Taf. XII, Fig. 7.

Artkennzeichen. Die Stiele der oberen Fühler sind etwas dicker als die der unteren, aber gleich lang; ihr Basalglied ist kürzer als das Kopfsegment und nur wenig länger als das Endglied der unteren Stiele. Die oberen Fühler sind fast 2 mal länger als die unteren und ungefähr $2\frac{1}{2}-3$ mal in der Körperlänge enthalten. Die Nebengeissel ist 2gliedrig. Die Augen sind stark gewölbt, gross, eiförmig; ihr Höhendiameter ist grösser als die halbe Kopflänge. Die Stirn tritt helmartig hervor und ist gesenkt. Das obere Kopfprofil ist stark gebogen. Der untere Theil des Wangenlappens tritt, den Wangenzügel dachartig bedeckend, stark nach aussen hervor und läuft unten in eine spitze frei vortretende Ecke aus. Die Rückenplatten der Rumpfsegmente, welche sich nach aussen von beiden Seiten stark ausbreiten und in eine schräg nach aussen und unten gerichtete, zugespitzte Ecke auslaufen, reichen über die Ansatzstelle der Seitenlappen frei, dachförmig hinaus. Der überhängende, freie Theil der Rückenplatten hat grosse Aehnlichkeit mit dem freien, zahnartig ausgeschnittenen Rande eines Schindeldaches. Die zugespitzten Enden der Rückenplatten sind besonders an den 5 ersten Segmenten stark entwickelt. Die Oberfläche der Rückenplatten ist glatt. Ein halbmondförmiger, schmaler Abschnitt des Hinterrandes der 2 letzten Rumpf- und der 3 ersten Schwanzsegmente ist schwach verdickt und erhebt sich in der Medianlinie des Rückens über die Oberfläche des nächstfolgenden Segmentes. Der zweitheilige Schwanzanhang ist fast bis zu seiner Basis getheilt. Die Hände sind ziemlich gross, becherförmig, die vorderen etwas grösser, als die hinteren. Die Basalglieder der Gangbeine sind breit, herzförmig, hinten mit 3—4 kurzen stachelartigen Borsten versehen. Die vorderen Springbeine reichen über die hinteren hinaus, berühren aber nicht die Spitze der Steuerbeine; letztere betragen $\frac{1}{6}$ der Körperlänge, ihre Blätter sind beinahe gleich lang, das äussere trägt nur am Innenrande Fiederborsten, während das innere an seinen beiden Rändern mit denselben besetzt ist. Es sind von uns 2 Varietäten beobachtet worden, welche sich nur durch ihre Färbung von einander unterscheiden. Die eine ist dunkel grau-, oder dunkel grünbraun gefärbt; die Augen sind dunkelbraun, die Fühler hell, der untere Theil des Körpers und die 7 vorderen Beinpaare dunkelblau oder dunkelviolett. Die andere Varietät ist hell gefärbt, die Seitenplatten und der untere Körpertheil dunkelblau.

	№ 1 ♂	№ 2 ♀
Die Zahl der Glieder in der Geissel der oberen Fühler.	8—9	9—10
„ „ „ „ „ „ der unteren Fühler.	3	3
„ „ „ „ in der Nebengeissel.	2	2

	№ 1.	№ 2.
Totallänge	13.47	12,84
Körperlänge.	8,97	9,60
Länge der oberen Fühler	3,34	3,24
Länge der unteren Fühler	1,72	1,44
Länge der Stiele der oberen Fühler	1,34	1,08
Länge der Stiele der unteren Fühler	1,32	1,08
Länge des 3ten Gangbeines.	—	3,0
Länge der Steuerbeine	1,52	1,44
Höhe des Körpers.	2,14	1,44
Breite des Körpers	$\frac{2,8\,^1)}{2,4}$	3,0

Die Art ist selten; wir haben sie in einer Tiefe von 20—100 Meter gefangen.

59. G. Carpenterii n. sp.

Taf. XIII, Fig. 2.

Artkennzeichen. Die Stiele der oberen Fühler sind dicker und in der Regel etwas länger als die der unteren (seltener sind sie so lang, oder etwas kürzer), ihr Basalglied ist beinahe um die Hälfte kürzer als das Kopfsegment, aber länger als das Endglied der unteren Stiele. Die oberen Fühler sind etwa 4 mal in der Körperlänge enthalten und um $1/3$ länger als die unteren. Die Nebengeissel ist 4—5gliedrig. Die Augen sind mässig gross, gewölbt, biscuitförmig; ihr Höhendiameter beträgt $1/5$ der Kopflänge. Die Stirn tritt mit einem langen, unten kielartig zusammengedrückten, schwach nach unten gesenkten, spitzen Rostrum vor. Die Basis der oberen Fühler wird vom Rostrum und vom Augenlappen bedeckt. Die obere Fläche des Kopfes ist von den Wangen durch schwache leistenartige Erhabenheiten getrennt, sie ist rinnenförmig vertieft, letztere Vertiefung geht continuirlich auf die obere Fläche des Rostrum über. Die Rückenplatten aller Segmente sind mit Randwölbungen und einem medianen Kiele versehen, ausserdem ist der hintere Rand jedes Segmentes mehr oder weniger verdickt; auf den letzteren Verdickungen der 3 ersten Schwanz- und der 3 ersten Rückensegmente treten sehr schwach angedeutete, kleine Tuberkeln vor, welche als Rudimente der Lateralreihen zu betrachten sind. Die Randwölbungen sind auf den 3 ersten Rumpfsegmenten stärker als auf allen übrigen entwickelt und haben eine kielartige oder wulstförmige Gestalt. Alle medianen Kiele sind niedrig und, wegen einer sattelförmigen Ausbuchtung ihres oberen Randes, doppelt-bucklig gestaltet. Auf den 3 letzten Schwanzsegmenten sind die erwähnten Erhöhungen nur

---

[1] Die obere Zahl drückt die Entfernung der Spitzen der Rückenplatten des 4ten Rumpfsegmentes, die untere die Breite des Körpers an der Basis derselben aus.

sehr schwach entwickelt. Die Seitenplatten der 4 ersten Rumpfsegmente sind sehr hoch und schräge nach aussen und unten gerichtet, was durch den flachen und breiten Körper bedingt wird. Der Schwanzanhang ist fast bis zur Hälfte getheilt. Die Hände sind breit becherförmig und die vorderen etwas grösser als die hinteren. Die Basalglieder der Gangbeine sind nicht breit, ihr Hinterrand ist schwach gewölbt und mit wenigen, aber mässig langen Borsten besetzt. Alle Springbeine reichen gleich weit nach hinten und berühren die Spitzen der Steuerbeine, oder ragen etwas über dieselben hinaus. Die Steuerbeine betragen ungefähr $^1/_{15}$ der Körperlänge, ihr äusseres Blatt ist fast um $^1/_3$ länger, als das innere, und trägt an seinem Innenrande einige wenige Fiederborsten, das kürzere Blatt ist nur mit einfachen Borsten versehen. Die Farbe des Körpers ist braun oder schmutzig gelb. Die Augen sind schwarz.

	№ 1 ♂	№ 2 ♀	№ 3 ♀
Die Zahl der Glieder in der Geissel der oberen Fühler. .	12	20	29
„ „ „ „ „ „ „ der unteren Fühler. .	4	7	8
„ „ „ „ in der Nebengeissel	2	4	5

Maassangaben.

	№ 1.	№ 2.	№ 3.
Totallänge	13,38	28,95	38,79
Körperlänge	10,06	22,35	28,88
Länge der oberen Fühler	2,92	5,88	8,71
Länge der unteren Fühler	1,61	3,26	5,12
Länge der Stiele der oberen Fühler . . .	1,28	2,76	3,91
Länge der Stiele der unteren Fühler . . .	1,21	2,62	3,92
Länge des 3ten Gangbeines	3,79	7,8	—
Länge der Steuerbeine	0,64	1,47	2,08
Höhe des Körpers	3,0	6,6	9,3
Breite des Körpers	2,9	6,2	9,3

Die Art ist selten und kommt in einer Tiefe von 50—300 Meter vor. Sie stellt in der Gruppe der mit eingliedrigen Geisseln versehenen Formen ein Verbindungsglied zwischen den dickeren Formen (wie z. B. *G. inflatus, pachytus, tuberculatus*) und den mehr gestreckten (*G. Reissnerii, Solskii* etc.) vor.

60. G. cinnamomeus n. sp.

Taf. VII, Fig. 3.

Artkennzeichen. Die Stiele der oberen Fühler sind dicker und etwas länger [1]) als die der unteren, ihr Basalglied ist etwas verdickt, cylindrisch, um $^1/_3$—$^1/_4$ kürzer als das Kopf-

---

[1]) Zuweilen, aber nur sehr selten, findet ein umgekehrtes Verhältniss statt, d. h. die Stiele der unteren Fühler sind länger.

segment und nur wenig länger, als jedes der beiden Endglieder der unteren Stiele. Die oberen Fühler erreichen beinahe die halbe Länge des Körpers und sind fast 2 mal so lang, wie die unteren. Die Augen sind ziemlich gross, gewölbt, abgerundet und mit dem vorderen Theil nach innen gerichtet; ihr Höhendiameter ist $1\frac{1}{2}$ mal in der Kopflänge enthalten und um $\frac{1}{4}$ grösser, als die Breite des Auges. Die Stirn ist abgerundet, wenig vortretend. Die Nebengeissel ist 3gliedrig. Die Oberfläche des Körpers ist rauh und hie und da mit zarten Härchen bedeckt. Der Körper ist seitlich zusammengedrückt, der Rücken schwach gekielt. Die Rückenplatten aller Segmente sind mit einem deutlichen medianen Kiele versehen, welcher auf den 4 letzten Rumpf- und 3 ersten Schwanzsegmenten die ganze Länge der Rückenplatte einnimmt. Der Hinterrand der 3 letzten Schwanzsegmente ist mit 3 Gruppen ziemlich starker Stacheln versehen, welche auf höckerartigen Erhöhungen gestellt sind. Der untere Rand der Seitenlappen hat keinen Borstenansatz. Der Schwanzanhang ist zweitheilig. Die vorderen Hände sind birn-, die hinteren becherförmig. Die Basalglieder der Gangbeine sind herzförmig; ihr Hinterrand ist mit sehr kurzen und weit auseinander stehenden Borsten besetzt. Die vorderen Springbeine reichen etwas weiter nach hinten als die hinteren und berühren ungefähr die Mitte der Steuerbeine, letztere sind mässig lang und betragen, bei den Männchen, $\frac{1}{6}$ der Körperlänge, ihr äusseres zweigliedriges Blatt ist um $\frac{1}{3}-\frac{1}{2}$ länger als das innere, beide sind am inneren Rande mit Fiederborsten, am äusseren nur mit einfachen Borsten besetzt. Die Farbe des Körpers ist zimmt-braun; die Augen sind schwarz.

	№ 1 ♂	№ 2 ♀	№ 3 ♂
Die Zahl der Glieder in der Geissel der oberen Fühler	27	21	28
„ „ „ „ „ „ „ „ unteren Fühler	12	9	12
„ „ „ „ „ in der Nebengeissel.	3	3	3

Maassangaben.

	№ 1.	№ 2.	№ 3.
Totallänge	24,22	14,97	22,73
Körperlänge	15,30	9,24	14,20
Länge der oberen Fühler	6,80	4,43	6,54
Länge der unteren Fühler	3,90	2,16	4,04
Länge der Stiele der oberen Fühler . . .	2,64	1,51	2,30
Länge der Stiele der unteren Fühler . . .	2,30	1,28	2,44
Länge des 3ten Gangbeines	7,5	—	7,0
Länge der Steuerbeine	2,68	1,58	2,63
Höhe des Körpers	3,4	2,0	3,0
Breite des Körpers	2,0	—	2,0

Die Art ist nicht selten; sie kommt in einer Tiefe von 50—100 Meter vor.

61. G. rhodophthalmus n. sp.

Taf. XIV, Fig. 10.

Artkennzeichen. Die Stiele der oberen Fühler sind dicker, als die der unteren und fast so lang wie diese, ihr Basalglied ist verdickt, mässig breit, oben gewölbt, kürzer als das Kopfsegment und länger als jedes der beiden Endglieder der unteren Stiele. Die oberen Fühler sind 2 mal länger als die unteren, und der halben Kopflänge gleich. Die Geissel der unteren Fühler hat keine Kolbenorgane. Die Nebengeissel ist vielgliedrig. Die Augen sind sehr gross, gewölbt, abgerundet, nehmen beinahe die Hälfte der Seitenfläche des Kopfes ein und sind mit dem Vordertheile nach vorn und innen gekehrt; ihr Höhendiameter ist fast der Kopflänge gleich und nur um $1/3$ grösser, als die Breite des Auges. Die Stirn tritt mit einer breiten, abgerundeten, aber kurzen Spitze hervor. Die Rückenplatten der 2 letzten Rumpf- und 4—5 ersten Schwanzsegmente sind mit einem schwach angedeuteten, in der Medianlinie derselben sich hügelartig erhebenden Kiele versehen, die Rückenplatte des 6ten Schwanzsegmentes aber ist mit 2 Gruppen von zarten Stacheln besetzt. Die Seitenplatten der 4 ersten Rumpfsegmente tragen einen Borstenbesatz. Der Schwanzanhang ist zweitheilig. Die Hände sind klein, beinahe gleich lang wie die vorderen birn-, die hinteren becherförmig. Die Basalglieder der Gangbeine sind mässig breit, die der beiden vorderen Paare vorn schwach abgerundet; ihr vorderer Rand ist mit kurzen Stacheln besetzt. Die flügelartige Erweiterung des Basalgliedes ist oben und hinten abgerundet und nimmt nach unten an Breite schnell ab, so dass der obere Theil der Glieder merklich breiter ist, als der untere. Das Basalglied des 3ten Gangbeines ist breiter als die vorhergehenden und nimmt nicht so schnell an Breite ab, seine Breite ist um $1/3$ geringer, als die Länge. Der Hinterrand aller Basalglieder ist mit mässig langen Borsten besetzt. Die Springbeine reichen nach hinten etwas weiter als die hinteren und berühren fast die Spitze der Steuerbeine; letztere betragen $1/10 - 1/17$ der Körperlänge; ihr äusseres 2gliedriges Blatt übertrifft das innere nur um die Länge seines Endgliedes, welches weit über die Endstacheln des äusseren Blattes hinausragt. Am Aussenrande des längeren Blattes sind 2—3 Gruppen von Stacheln, am Innenrande, so wie an beiden Rändern des kürzeren Blattes Fiederborsten vorhanden. Die Zahl der Borsten ist bei den Weibchen geringer, als bei den Männchen. Die Farbe des Körpers ist weiss oder hellgelb. Die Augen sind rubinroth.

	№ 1 ♂	№ 2 ♂	№ 3 ♀	№ 4 ♀
Die Zahl der Glieder in der Geissel der oberen Fühler	44	35—32	38	37
„ „ „ „ „ „ „ unteren Fühler	11	11	11	10
„ „ „ „ in der Nebengeissel	4	4	5	4

Maassangaben.

	№ 1.	№ 2.	№ 3.	№ 4.
Totallänge	25,24	22,25	29,57	23,31
Körperlänge	14,90	13,38	20,20	15,60

	№ 1.	№ 2.	№ 3.	№ 4.
Länge der oberen Fühler	8,96	7,12	8,24	6,03
Länge der unteren Fühler	3,66	3,38	3,51	2,83
Länge der Stiele der oberen Fühler	1,66	1,76	1,84	1,63
Länge der Stiele der unteren Fühler	1,96	1,78	1,90	1,47
Länge des 3ten Gangbeines	9,0	8,5	—	8,0
Länge der Steuerbeine	2,08	1,84	1,85	1,48
Höhe des Körpers	3,2	3,2	4,0	3,8
Breite des Körpers	2,3	2,4	4,0	3,2

Die Art ist nicht selten; wir haben sie in einer Tiefe von 10—100 Meter gefangen.

62. G. rhodophthalmus var. microphthalmus.

Kennzeichen. Die Stiele der oberen Fühler sind dicker und fast so lang, wie die der unteren, ihr Basalglied ist verdickt, mässig breit, oben gewölbt, kürzer als das Kopfsegment und länger als jedes der beiden Endglieder der unteren Stiele. Die oberen Fühler sind 2 mal länger als die unteren und länger als die Hälfte des Körpers (mitunter so lang wie der Körper)[1]. Die Geissel der unteren Fühler trägt keine Kolborgane. Die Nebengeissel ist vielgliedrig. Die Augen sind ziemlich gross, gewölbt, rundlich-eiförmig; ihr Höhendiameter ist 2 mal in der Kopflänge enthalten und etwa um $1/3$ grösser, als die Breite des Auges. Die Stirn ist abgerundet, wenig vortretend. Die Rückenplatten der 2 letzten Rumpf- und der 3—5 ersten Schwanzsegmente sind mit einem schwach entwickelten, in der Mitte der Segmente hügelartig sich erhebenden Kiele versehen; die Rückenplatte des 6ten Schwanzsegmentes ist mit einem Paare von Borsten versehen. Der Schwanzanhang ist zweitheilig. Die Hände sind klein, die vorderen ei-, die hinteren becherförmig. Die Basalglieder der Gangbeine sind schmal: die der beiden vorderen Paare sind oben nur um $1/4 — 1/3$ breiter als unten, und von beiden Seiten (vorn und hinten) mit langen Borsten besetzt; ihre flügelartige Erweiterung ist sehr schwach entwickelt; der vordere, untere Rand der Basalglieder des 2ten Paares ist buckelig gewölbt. Die Basalglieder des 3ten Gangbeinpaares sind etwas breiter, als die der vorderen, und 2 mal länger als breit; ihr hinterer, schwach gewölbter Rand ist mit langen Borsten, der vordere mit sehr kurzen, zarten Stacheln versehen. Die vorderen Springbeine reichen etwas weiter nach hinten als die hinteren, und berühren die Spitzen der Steuerbeine, letztere betragen $1/12$ der Körperlänge. Die beiden Blätter der Steuerbeine sind beinahe gleich lang. Das äussere

---

[1] Das Längenverhältniss der oberen Fühler habe ich unconstant gefunden. Ob dieses Verhältniss mit der Zunahme an Tiefe des Wohnortes der Thiere im Zusammenhange steht, habe ich nicht ermitteln können. Die mit längeren Fühlern versehene Form weicht gewöhnlich von der mit kürzeren Fühlern hier beschriebenen Varietät in folgenden Punkten ab: das Endglied des äusseren Blattes der Steuerbeine ist stärker entwickelt und ragt über die Spitzen der Endstacheln hinaus, ausserdem hat jene Form constant schwarz gefärbte Augen.

Blatt ist am Aussenrande mit 2 Häufchen von Stacheln (zu je 2 - 3 Stacheln), am Innenrande mit wenigen Fiederborsten versehen; sein Endglied wird zuweilen zwischen den Endstacheln versteckt. Das innere Blatt trägt an seinen beiden Rändern spärliche Fiederborsten. Die Farbe des Körpers ist weiss, die Augen sind schwarz oder schwarzröthlich.

	№ 1 ♂	№ 2 ♀	№ 3 ♀	№ 4 ♀	№ 5 ♀
Die Zahl der Glieder in der Geissel der oberen Fühler	34	33	30—27	32	8
„ „ „ „ „ „ der unteren Fühler	8—7	9	8	8	8
„ „ „ „ in der Nebengeissel	3—4	5	3	4	4

Maassangaben.

	№ 1.	№ 2.	№ 3.	№ 4.	№ 5.
Totallänge	18,38	23,03	14,19	20.22	16.22
Körperlänge	9,68	13,91	8,61	12,41	8,28
Länge der oberen Fühler	6,01	8,42	5,23	7,28	8,18
Länge der unteren Fühler	2,37	3,23	1,96	2,68	2,32
Länge der Stiele der oberen Fühler	1,21	1,92	1,06	1,43	1,30
Länge der Stiele der unteren Fühler	1,32	1,79	1,08	1,40	1,12
Länge des dritten Gangbeines	—	—	—	—	—
Länge der Steuerbeine	—	—	—	—	—
Höhe des Körpers	2,0	3,8	1,8	2,7	1,8
Breite des Körpers	1,7	3,2	1,5	2,1	1,6

Die Art kommt längs dem ganzen südlichen Ufer der Kultuschnaja-Bucht in einer Tiefe von 8—50 Meter vor.

63. G. pulchellus n. sp.

Taf. V, Fig. 4.

Artkennzeichen. Die Stiele der oberen Fühler sind dicker und um $1/5 - 1/6$ länger, als die der unteren, ihr Basalglied ist dick, oben schwach gewölbt, kürzer als das Kopfsegment und beinahe um $1/3$ länger, als das Endglied der unteren Stiele. Die oberen Fühler sind fast 2 mal länger, als die unteren und 3 mal in der Körperlänge enthalten. Die Geisselglieder der unteren Fühler tragen keine Kolbenorgane. Die Nebengeissel ist 3—4 gliedrig. Die Augen sind unregelmässig gestaltet, ihre Form erinnert, besonders bei der Seitenansicht, am meisten an einen Halbmond, dessen convexer Rand nach vorn und unten, und unregelmässig-lappig ausgeschnittener concaver Rand nach oben und hinten gekehrt ist. Das Auge beschränkt sich nicht auf die Seitenfläche des Kopfes, wie es bei allen Arten des Baikalsee der Fall ist, sondern tritt auch auf die vordere Fläche, zwischen die Ansatzstellen der beiden Fühlerpaare hinein und füllt den ganzen freien Raum aus, woher die beiden Augen in der Medianlinie des Kopfes sich einander nähern. Die Stirn endet mit einem zugespitzten Fortsatze. Die Rückenplatten des ersten Rumpfsegmentes und aller Schwanzsegmente sind mit einem medianen Kiele versehen, welcher an dem letzten Schwanzsegmente undeutlich entwickelt ist; die Oberfläche des Körpers ist auf dem hinteren Theile der Segmente mit zarten Härchen bedeckt. Die Seitenplatten tragen einen üppigen Borstenansatz. Der Schwanzanhang ist zweitheilig. Die Hände sind schmal, becherförmig. Die Palma der vorderen Hände ist mehr schräg gerichtet, als die der hinteren. Das Basalglied des ersten Gangbeines ist beinahe kreisförmig; der Vorderrand ist bogig gewölbt und mit kurzen Stacheln besetzt; der Hinterrand ebenfalls gewölbt, trägt aber 26 kurze Borsten. Die Ansatzstelle der Basalglieder am Rumpfe ist schief zum oberen, gewölbten Rande desselben gestellt. Die hinteren flügelartigen Erweiterungen der Basalglieder sind nicht verschoben, wie es z. B. bei *G. Seidlitzii* der Fall ist. Das Basalglied des 2ten Gangbeines ist herzförmig und hinten mit etwa 40 weit auseinanderstehenden Borsten besetzt. Das Basalglied des 3ten Gangbeines ist stark nach hinten erweitert, seine grösste Breite fällt auf das untere Drittel. Die Springbeine reichen nach hinten gleich weit und berühren bei den Männchen die Spitze der Steuerbeine, bei den Weibchen reichen sie etwas über die letzteren hinaus. Die Steuerbeine betragen $1/8$ der Körperlänge; ihr inneres Blatt reicht über die Basis des Endgliedes des äusseren Blattes, beide sind mit Fiederborsten und Stacheln besetzt. Die Farbe des Körpers ist sehr zart röthlich weiss. Die Augen sind rosenroth.

	№ 1 ♂	№ 2 ♂	№ 3 ♀	№ 4 ♀
Die Zahl der Glieder in der Geissel der oberen Fühler.	29	20	23	28
„ „ „ „ „ „ der unteren Fühler.	9	6	8	8
„ „ „ „ in der Nebengeissel	4	3	3	4

Maassangaben.

	№ 1.	№ 2.	№ 3.	№ 4.
Totallänge	31,15	13,85	24,92	24,33
Körperlänge	21,42	8,44	17,38	17,26
Länge der oberen Fühler	7,97	4,74	6,28	5,92
Länge der unteren Fühler	4,36	2,00	3,70	3,44
Länge der Stiele der oberen Fühler . . .	3,17	1,54	2,80	2,40
Länge der Stiele der unteren Fühler . . .	2,67	1,28	2,30	2,08
Länge des 3ten Gangbeines	8,0	4,5	7,4	7,5
Länge der Steuerbeine	2,48	1,15	2,16	1,95
Höhe des Körpers	4,6	—	4,6	4,5
Breite des Körpers	3,7	—	3,6	3,2

Die Art ist häufig und kommt in einer Tiefe von 100—700 Meter vor.

64. G. Seidlitzii n. sp.

Taf. V, Fig. 5.

Artkennzeichen. Die Stiele der oberen Fühler sind dicker und fast um $1/4$ länger, als die der unteren, ihr Basalglied ist verdickt, ziemlich breit, oben gewölbt, beinahe um $1/3$ kürzer als das Kopfsegment und um $^2/_5$ länger als das Endglied der unteren Stiele. Die oberen Fühler sind etwas kürzer als die Hälfte des Körpers und 2 mal länger als die unteren. Die Geissel der unteren Fühler hat keine Kolbenorgane. Die Nebengeissel ist vielgliedrig (beinahe doppelt so lang, wie bei *G. microphthalmus*). Die Augen sind mässig gross, wenig gewölbt, eiförmig, nach unten schwach verdickt, ihr Höhendiameter ist 2 mal in der Kopflänge enthalten und um $^2/_5$ grösser, als die Breite des Auges. Die Stirn tritt mit einer schmalen, abgerundeten, helmartigen Spitze vor. Der Kopf ist merklich schmäler als bei *G. microphthalmus*. Die Rückenplatten aller Rumpf- und der 3 ersten Schwanzsegmente, so wie die Oberfläche des Kopfsegmentes und des vorderen Stirnrandes sind äusserst zart behaart; auf dem Hinterrande der Rumpfsegmente sind die Haare etwas länger, als die übrigen; auf der Medianlinie der Rückenplatten der 2 letzten Rumpf- und 3 ersten Schwanzsegmente ist ein schwacher Kiel vorhanden, welcher sich hügelartig über die Mitte der Segmente erhebt. Die Stacheln auf den beiden letzten Schwanzsegmenten sind äusserst zart. Die Seitenplatten der 4 ersten Rumpfsegmente tragen lange Randborsten. Der Schwanzanhang ist lang, zweitheilig. Die Hände sind klein, die vorderen ei-, die hinteren becherförmig. Die Basalglieder der Gangbeine sind vorn mit kurzen Stacheln, hinten mit weit auseinander stehenden Borsten besetzt. Die Gestalt des 2ten Basalgliedes ist im Ganzen derjenigen des 3ten Basalgliedes des *G. microphthalmus* ähnlich, sein hinterer Rand ist schwach gewölbt, die flügelartige Erweiterung oben abgerundet. Das Basalglied des 1sten Paares hat eine Form, welche nur bei wenigen Arten aus dem Baikalsee vorkommt: der obere Rand ist in seiner vorderen Hälfte stark abgerundet, die flügelartige Erweiterung nach unten verschoben und die Ansatzstelle des Gliedes schief zum oberen Rande des Rumpfes gestellt, so dass das Glied beim Gehen schief von vorne und oben, nach hinten und unten, und unter einem spitzen Winkel zur Längsachse des Körpers getragen wird. (Aehnliches fand ich beim *G. Morawitzii*, siehe unten). Der Flügel ist nach unten verschoben, endet hier lappig und trägt hinten kurze Borsten. Das 3te Basalglied ist nur um $^1/_4$—$^1/_6$ länger als breit, seine grösste Breite fällt auf den unteren Theil. Die Springbeine sind nicht lang, reichen nach hinten beinahe gleich weit und berühren fast die Spitze der Steuerbeine, letztere betragen $^1/_9$—$^1/_8$ der Körperlänge, ihr inneres Blatt ist nur um $^1/_4$ kürzer als das äussere, zweigliedrige und reicht über die Basis des Endgliedes des längeren Blattes hinaus. Das äussere Blatt trägt an seinem Aussenrande mehrere Stacheln, Borsten oder auch Fiederborsten, am Innenrande dagegen nur Fiederborsten; das innere Blatt hat in der Regel an beiden Rändern nur Fiederborsten. Die Farbe des Körpers ist weiss, die der Augen roth.

	№ 1 ♂	№ 2 ♀	№ 3 ♀
Die Zahl der Glieder in der Geissel der oberen Fühler .	34	34	27
„ „ „ „ „ „ der unteren Fühler .	9	9	9—8
„ „ „ „ „ in der Nebengeissel	5	5	4

Maassangaben.

	№ 1.	№ 2.	№ 3.
Totallänge	26,04	25,32	18,60
Körperlänge	17,02	16,88	12,28

	№ 1.	№ 2.	№ 3.
Länge der oberen Fühler.	7,81	7,24	5,63
Länge der unteren Fühler	2,96	3,04	2,10
Länge der Stiele der oberen Fühler	2,31	2,09	1,71
Länge der Stiele der unteren Fühler	1,68	1,68	1,22
Länge des 3ten Gangbeines	—	—	4,7
Länge der Steuerbeine.	1,93	1,92	1,28
Höhe des Körpers	4,0	4,0	2,7
Breite des Körpers.	2,5	2,5	2,0

Die Art ist selten; sie kommt mit *G. rhodophthalmus* in einer Tiefe von 50—100 Meter vor.

65. G. Wagii n. sp.
Taf. 1, Fig. 4.

Artkennzeichen. Die Stiele der oberen Fühler sind fast so dick, wie die der unteren und etwa um $1/6$—$1/10$ länger; ihr Basalglied ist 2 mal länger als das Kopfsegment und so lang, oder nur wenig länger als das Endglied der unteren Stiele; letzteres ist länger, als das 2te Glied der unteren Stiele und länger, als jedes der beiden gleichlangen Endglieder der oberen Stiele. Die oberen Fühler sind in der Regel um $1/3$ kürzer als der Körper und mehr als 2 mal so lang, wie die unteren. Die Geissel der unteren Fühler ist nur halb so lang, wie die 11—13gliedrige Nebengeissel. Die Augen sind schwach gewölbt, nierenförmig. ihr Höhendiameter ist etwas grösser, als die halbe Kopflänge. Ueber den ganzen Körper des Thieres ist ein Mediaukiel entwickelt: auf dem Kopfsegmente erscheint er als eine sehr schwach angedeutete und abgerundete Kante [1]), welche, vor der kurzen Stirnspitze anfangend, bis zum 4ten Schwanzsegmente allmälig höher wird und von dem 5ten Rumpfsegmente an in eine zugespitzte, nach innen und oben gerichtete Ecke ausläuft. Der Kiel nimmt die ganze Länge der Rückenplatte eines jeden Segmentes ein, ist ziemlich hoch, stark seitlich zusammengedrückt und mit stark convexem vorderen und concavem hinteren Rande versehen. Auf den 3 letzten Schwanzsegmenten wird der Kiel höckerartig und allmälig schwächer ausgebildet.

Die Randwölbungen sind auf jedem Rumpf- und den 4 ersten Schwanzsegmenten stets deutlich zu erkennen. Seitlich vom Mediaukiele treten auf den 3 letzten Schwanzsegmenten ziemlich starke Höcker vor, deren jeder 2—3 Stacheln trägt. Die Seitenplatten der 4 ersten Rumpfsegmente sind ziemlich hoch; die des 2ten und 3ten sind fast 2 mal so hoch wie breit [2]). Auf den 2 ersten Seitenlappen der Schwanzsegmente ist eine schwache Leiste vorhanden, welche auf dem 3ten constant fehlt. Der Schwanzanhang ist zweitheilig. Die Hände sind ziemlich gross, birnförmig. Die Basalglieder der Gangbeine sind herzförmig. Die vorde-

---
[1]) Die Kante ist sehr schwach entwickelt und lässt sich nur an getrockneten Exemplaren deutlich wahrnehmen.
[2]) Die 4 ersten Seitenplatten sind auf der Abbildung zu niedr'g gezeichnet.

ren Springbeine reichen nach hinten fast so weit, wie die hinteren, berühren aber die Mitte der Steuerbeine nicht. Die Steuerbeine betragen $^1/_6$—$^1/_7$ der Körperlänge. Die beiden Blätter der Steuerbeine tragen üppige Fiederborsten. Die Farbe des Körpers ist hellgelb mit sehr zierlichen, aus Punkten und Flecken gebildeten Zeichnungen. Die Fühler und die Extremitäten sind gebändert. Die Augen sind schwarz.

	№ 1 ♂	№ 2 ♂	№ 3 ♂	№ 4 ♀
Die Zahl der Glieder in der Geissel der oberen Fühler .	70	70—71	67	67
„ „ „ „ „ „ „ der unteren Fühler.	12	12	12	12
„ „ „ „ in der Nebengeissel	13	13	12	13

Maassangaben.

	№ 1.	№ 2.	№ 3.	№ 4.
Totallänge	76,1	—	82,5	69,2
Körperlänge	39,4	38,0	42,1	34,9
Länge der oberen Fühler	31,7	29,0	33,9	30,2
Länge der unteren Fühler	12,4	11,0	13,9	11,8
Länge der Stiele der oberen Fühler	17,7	—	13,4	11,0
Länge der Stiele der unteren Fühler	10,0	—	10,9	9,3
Länge des dritten Gangbeines	20,0	20,0	—	—
Länge der Steuerbeine	7,0	6,5	8,5	6,0
Höhe des Körpers	9,7 [1] / 8,7	9,0	11,0	9,5
Breite des Körpers	6,0	6,0	—	—

Die Art ist selten; wir haben sie in einer Tiefe von 70—150 Meter gefangen.

66. G. Cabanisii n. sp.

Taf. XIII, Fig. 5.

Artkennzeichen. Die Stiele der oberen Fühler sind dünner und um $^1/_3$—$^2/_5$ länger als die der unteren; ihr Basalglied ist prismatisch, 2—3 mal länger, als das kurze Kopfsegment, und 2 mal länger, als das Endglied der unteren Stiele [*]). Die oberen Fühler sind länger

---

[1]) Die grössere Zahl drückt die Entfernung des unteren Randes der Seitenplatte vom oberen Rande des medianen Kieles am 4ten Rumpfsegmente, die kleinere die Entfernung des unteren Randes derselben Platte von der Basis des Kieles aus.

[*]) Der schwachen Ausbreitung des Augen- und Wangenlappens nach vorn halber, wird der ganze Wangenhügel und die Anheftungsstelle der unteren Fühler entblösst; der Basaltheil des Riechkegels tritt vollkommen frei vor und kann in seinem Zusammenhange mit dem Basalgliede des unteren Fühlers und dem Wangenhügel deutlich beobachtet werden.

als der Körper [1]), und die unteren 4—6 mal kürzer als die oberen. Die Geissel der unteren Fühler so wie das Endglied der Stiele derselben sind am Innenrande tief sägeförmig gezähnelt [2]). Die Nebengeissel ist kurz, 8gliedrig. Die Augen sind klein, punktförmig und nur an frisch gefangenen Exemplaren sichtbar. Die Oberfläche des Kopfsegmentes ist glatt und an der Stelle, wo die Augen liegen, nicht gewölbt. Die Stirn tritt mit einer medianen, schwach nach oben gerichteten Spitze vor; an beiden Seiten derselben ist der Stirnrand tief bogig ausgeschnitten und die Einlenkungsstelle der Fühler entblösst. An den Rückenplatten aller Segmente ist ein mehr oder weniger stark entwickelter, medianer Kiel vorhanden. Der Kiel erscheint auf den 5 ersten Rumpfsegmenten in der Form niedriger, schmaler, zahnartiger Fortsätze, welche, von der Seite betrachtet, als kleine Dreiecke erscheinen; auf den 2 letzten Rumpf- und den 3 ersten Schwanzsegmenten tritt er entweder in der Gestalt von spitzen, nach hinten gerichteten Dornen, oder von schmalen, ziemlich spitzen und hohen Zähnen auf [3]). Die Dornen und Zähne der 3 ersten Schwanzsegmente laufen an ihrer oberen Spitze in 2 Stacheln aus. Die 2 ersten Schwanzsegmente sind noch mit 2 dicht nebeneinander stehenden Stacheln versehen. Ausser der Medianreihe besitzen die Rückenplatten aller Segmente von beiden Seiten eine flache, deutliche Randwölbung und die der Schwanzsegmente noch einen, am Hinterrande gelegenen Höcker, welcher mit 1—2 Stacheln versehen ist. Die Seitenplatten der 4 ersten Rumpfsegmente sind nach vorn zugespitzt, die des 1sten ist beinahe dornartig gestaltet und erstreckt sich weit nach vorn über die Wangen hinaus. Der Schwanzanhang ist zweitheilig, tief eingeschnitten und spitz zulaufend; die Hände sind birnförmig und mit breiter Basis versehen. Die Basalglieder der Gangbeine sind schmal, stabförmig und beinahe 3 mal so lang, wie breit. Die hinteren Springbeine reichen fast bis zur Spitze der Steuerbeine, die vorderen dagegen weit über dieselben hinaus. Das äussere Blatt der Steuerbeine ist um $^{1}/_{5}$ kürzer als das innere [4]), beide sind mit üppigen Fiederborsten besetzt. Die Farbe des Körpers und der Augen ist weiss.

							№ 1 ♂	№ 2 ♀
Die Zahl der Glieder in der Geissel der oberen Fühler						. . . .	84...	108
„	„	„	„	„	„	der unteren Fühler	16—17	17
„	„	„	„	in der Nebengeissel		. . . .	8	6

---

[1]) In einigen Fällen 2 mal, in anderen nur um $^{1}/_{2}$—$^{1}/_{4}$ länger.

[2]) Die Gestalt der unteren Geissel ist sehr eigenthümlich: es legen sich nämlich die einzelnen Glieder der Geissel so an einander, dass ihre Gelenkflächen ganz schief zur Längsachse derselben stehen und ausserdem ragen ihre, nach innen spitz zulaufenden Ecken frei vor. Am vorderen Rande eines jeden Zahnes steht ein Bündel oder eine Reihe stäbchenartiger Gebilde, welche die Gestalt kurzer Borsten haben. Die Stäbchen haben eine rauhe Oberfläche, eine etwas angeschwollene Spitze und einen deutlichen centralen Kanal; sie entsprechen offenbar den Lavalett'schen Kolbenorganen, treten stets an den Gliedern der unteren Geissel vor und sind unter zahlreichen Schutzborsten versteckt.

[3]) Diese Reihe von Zähnen, deren vorderer und hinterer Rand wellig gebogen sind, verleiht dem ganzen Rücken des Thieres die Gestalt eines Hahnenkamms.

[4]) Ein solches Verhältniss kommt nur bei dieser und der folgenden Art vor; bei allen übrigen Arten des Baikalsees ist das äussere Blatt entweder länger als das innere, oder eben so lang.

Maassangaben.

	№ 1.	№ 2.
Totallänge	110,84	82,0
Körperlänge	49,84	25,84
Länge der oberen Fühler	61,0	53,0
Länge der unteren Fühler	17,3	9,92
Länge der Stiele der oberen Fühler	14,0	10,0
Länge der Stiele der unteren Fühler	10,8	5,60
Länge des dritten Gangbeines	35,0	23,7
Länge der Steuerbeine	5,84	4,00
Höhe des Körpers	8,0	5,5
Breite des Körpers	9,0	5,7

Die Art ist selten; wir haben sie in einer Tiefe von 200—700 Meter gefangen. Es sind in unserer Sammlung zwei verschiedene Formen dieser Art vorhanden: bei der einen ist die Medianreihe an den 2 letzten Rumpf- und 3 ersten Schwanzsegmenten mit abgerundeten Dornen versehen; bei der anderen sind die Mediankiele, als seitlich zusammengedrückte, sägezahnartige Fortsätze ausgebildet. Bei der letzteren Form sind ausserdem die oberen Fühler verhältnissmässig länger und gliederreicher, die Stiele der oberen Fühler länger und alle Beine zarter gebaut, als bei der ersten. Wir besitzen leider zu wenige unbeschädigte Exemplare, um ein entscheidendes Urtheil über die Beständigkeit der angeführten Merkmale fällen zu können.

67. G. Zienkowiczii [1] n. sp.

Taf. III, Fig. 5.

Artkennzeichen. Die Stiele der oberen Fühler sind dicker und um $1/3 - 1/4$ länger als die der unteren, ihr Basalglied ist 2 mal länger als das Kopfsegment und über 2 mal länger als das Endglied der unteren Stiele; letzteres ist an seinem Ende verdickt und ragt über die Basis der Geissel hinaus; die Oberfläche des verdickten Endes ist mit dichten und langen Fiederborsten besetzt [2]. Die oberen Fühler sind fast 2 mal länger als der Körper und 7 mal länger als die unteren. Die Geisseln der unteren Fühler sind dünn und kurz. Die Nebengeissel

---

[1] Lies: Sienkowitschii.
[2] Obgleich die als Perceptionsorgane dienenden Fiederborsten bei fast allen Arten zu je 2 auf der Oberfläche ihrer Stiele und meist am Ende derselben vorkommen, so ist doch eine Anhäufung derselben am Ende des 3ten Stielgliedes der unteren Fühler sehr selten und kommt meines Wissens nur bei dieser Art und bei *G. Gerstäckerii* vor. Die Anhäufung der Fiederborsten deutet auf eine Verstärkung und Localisirung eines Gefühlsorganes, welches vielleicht die Lavalett'schen Kolbenorgane vertritt. Diese Vermuthung gewinnt dadurch an Wahrscheinlichkeit, dass die Geissel, welche gewöhnlich als Trägerin der Kolbenorgane dient, hier sehr schwach entwickelt, ja beinahe atrophisch erscheint. Es übernehmen hier also die Stiele die Function der Geissel.

ist 5gliedrig. Die Augen sind klein, punktförmig. Die Stirn tritt mit einer kurzen, medianen Spitze hervor. Der Kopf ist glatt. An den Rückenplatten aller Rumpf- und der 6 ersten Schwanzsegmente ist ein mehr oder weniger stark entwickelter Mediankiel vorhanden. Auf dem 1sten Rumpfsegmente erscheint der Kiel als ein, mit 3 Dornen versehener Höcker; die 2 dicht nebeneinander stehenden, vorderen Dornen biegen sich nach vorn, der 3te hintere aber nach hinten um. Auf den 6 folgenden Rumpfsegmenten tritt er als eine Leiste auf, deren oberer Rand gewöhnlich einen vorderen stumpfen Höcker und einen hinteren, spitzen, nach vorn umgebogenen Dorn trägt. Auf den 3 ersten Schwanzsegmenten ist der Kiel höher und hat noch einen dritten, spitzen, geraden Dorn, auf dem 4ten ist ein Höcker und ein gerader Dorn vorhanden und auf den 2 letzten schliesslich kommen gewöhnlich keine Dornen vor. Ausser dem erwähnten medianen Kiel sind auf den 5 ersten Rumpfsegmenten nur Randwölbungen vorhanden, auf allen übrigen aber sieht man auch jederseits, am Hinterrande der Platten, über den Randwölbungen einen Höcker stehen [1]), welcher in einen spitzen, nach aussen und hinten gerichteten Dorn ausläuft. Die Seitenplatten der 4 ersten Rumpfsegmente sind niedrig und die 3 ersten derselben nach unten verschmälert und abgerundet. Der Schwanzanhang ist zweitheilig. Die vorderen Hände sind etwas kleiner als die hinteren, die ersteren birn-, die letzteren becherförmig und mit gewölbtem Volar- und Palmarrande. Die Basalglieder der Gangbeine sind schmal, stabförmig. Die Gangbeine sind sehr lang und äusserst zerbrechlich. Die vorderen Springbeine sind ungefähr um $1/3$ der Länge ihrer Scheerenglieder länger als die hinteren, welche bis zur Mitte der Steuerbeine reichen. Die Scheerenglieder sind mit Fiederborsten besetzt. Das äussere Blatt der Steuerbeine ist etwa um $1/10$ kürzer als das innere und beide sind mit üppigen Fiederborsten versehen. Die Farbe des Körpers ist hellrosenroth oder hell-violett, mit einem gelblichen Schimmer auf der oberen Fläche des Körpers. Die Augen sind violettfarbig.

	№ 1.	№ 2.
Die Zahl der Glieder in der Geissel der oberen Fühler .	108....	117—119
„ „ „ „ „ „ der unteren Fühler.	7	7
„ „ „ „ in der Nebengeissel	4	5

Maassangaben.

	№ 1.	№ 2.
Totallänge	84,54	86,64
Körperlänge	27,64	29,30
Länge der oberen Fühler	53,7	54,3
Länge der unteren Fühler	8,2	7,79
Länge der Stiele der oberen Fühler . .	8,7	8,8
Länge der Stiele der unteren Fühler . .	5,8	5,55
Länge des dritten Gangbeines	34,0	34,5
Länge der Steuerbeine	3,84	3,60
Höhe des Körpers	5,5	5,7
Breite des Körpers.	5,7	5,8

Wir haben die Art in einer Tiefe von 300—700 Meter gefangen; sie ist selten.

---

[1]) Es ist ein Rudiment des Lateralfortsatzes.

68. G. Reissnerii n. sp.

Taf. III, Fig. 1. Taf. IV, Fig. 7.

Artkennzeichen. Die Stiele der oberen Fühler sind dicker, als die der unteren und fast so lang, wie die letzteren; ihr Basalglied ist wenig kürzer als das Kopfsegment und etwa um $1/4$ länger, als jedes der beiden Endglieder der unteren Stiele. Die oberen Fühler sind der halben Körperlänge gleich und um $1/3$ länger, als die unteren. Die Nebengeissel ist 3gliedrig. Die Augen sind klein, weiss, unregelmässig nierenförmig, über die Augen wölbt sich eine Chitinhaut, deren Wölbung grösser als der Augenfleck selbst ist. Die obere Fläche des Kopfes ist rauh und von den Seitenflächen durch leistenartige Ränder getrennt. Die Leisten laufen in ziemlich hohe, flache Stacheln aus, welche an den 4 Ecken der rauhen Oberfläche des Kopfes stehen. Die Stirn ist niedrig, ihre Medianspitze kaum angedeutet. Ueber dem Rande des Wangenlappens, unter und etwas hinter dem Auge, erhebt sich ein flach gedrückter, doppeltspitziger Fortsatz. Die Randreihen sind an den 7 Rumpfsegmenten aus dornartigen Auswüchsen gebildet, deren 5 erste ziemlich lang und spitz, die 2 hinteren dagegen stumpf und höckerartig erscheinen [1]). Die Wölbungen an den Schwanzsegmenten sind schwach angedeutet. Auf den 3 ersten Rumpfsegmenten sind, in der Mitte des Rückens, 2 ziemlich weit von einander stehende, höckerartige Kiele vorhanden, welche auf den folgenden 2 Segmenten verschwindend klein und auf den übrigen durch einen einzigen medianen Kiel ersetzt werden. Der mediane Kiel nimmt bis zum 4ten Schwanzsegmente allmälig an Höhe zu und wird immer deutlicher durch eine mittlere, sattelförmige Einbuchtung seines oberen Randes in 2 Hälften getheilt, von welchen die hintere dornartig ist; auf dem 3ten Schwanzsegmente ist dieser Dorn hakenförmig nach vorn umgebogen. Von den 3 letzten Schwanzsegmenten hat nur der erste einen höckerartigen, medianen Kiel, die übrigen sind ganz flach. Der Schwanzanhang ist zweitheilig. Die Hände sind schlank, die vorderen birn- die hinteren becherförmig. Die Basalglieder der Gangbeine sind mässig breit, die beiden vorderen mehr oder weniger deutlich herzförmig, das 3te hinten schwach gewölbt. Der Hinterrand aller Basalglieder ist mit ziemlich langen Borsten besetzt. Die Springbeine sind fast gleich lang und berühren etwa die Mitte der Steuerbeine; letztere erreichen nur $1/5$ der Körperlänge, ihr äusseres Blatt ist um $1/6$ kürzer als das innere und trägt nur am Innenrande Fiederborsten, während das kürzere an beiden Rändern mit denselben besetzt ist. Die Farbe des Körpers ist schmutzig weiss, mit einem bräunlichen Schimmer; die Augen sind weiss.

	№ 1 ♂
Die Zahl der Glieder in der Geissel der oberen Fühler	32
„ „ „ „ „ „ „ der unteren Fühler	12
„ „ „ „ in der Nebengeissel . . .	3

[1]) Die Randreihe muss man sich durch das Verschmelzen zweier Längsreihen (der Rand- und Lateralreihe) entstanden denken.

	№ 1.
Totallänge	37,40
Körperlänge	24,89
Länge der oberen Fühler	10,86
Länge der unteren Fühler	6,83
Länge der Stiele der oberen Fühler	4,06
Länge der Stiele der unteren Fühler	3,92
Länge des dritten Gangbeines	11,5
Länge der Steuerbeine	2,64
Höhe des Körpers	5,0
Breite des Körpers . . .	5,3 / 3,7

Diese Art ist sehr selten; wir haben sie in einer Tiefe von 1300 Meter gefangen.

69. G. cancellus. Pall., Spicil. zoolog., fascic. IX, p. 52; Gerstfeldt, l. c. p. 25 (285).

Artkennzeichen. Die Stiele der oberen Fühler sind dicker und um $1/3$ oder $1/5$ länger als die der unteren, ihr Basalglied ist länger als das Kopfsegment und länger als das Endglied der unteren Stiele (besonders deutlich bei den Weibchen). Das Endglied der oberen Stiele ist stets kürzer, als das 2te Glied derselben (besonders bei den Baikalschen Exemplaren). Die oberen Fühler sind 2 mal länger als die unteren und etwas länger, als die Hälfte des Körpers. Die Nebengeissel ist 5—6gliedrig und reicht bis zur Mitte des 6ten Gliedes der oberen Geissel. Die Augen sind schwach gewölbt, nieren- oder halbmondförmig, ihr Höhendiameter beträgt $2/5 — 1/2$ der Kopflänge. Die obere Fläche des Kopfes ist glatt; auf dem unteren Rande des Wangenlappens tritt ein flacher und ziemlich spitzer Dorn nach aussen vor [1]. Auf den Rückenplatten aller Segmente, mit Ausnahme der 2 letzten Schwanzsegmente, befindet sich ein schwacher Kiel, welcher in Form eines kleinen Tuberkels, oder eines stumpfen Höckers erscheint; auf den Schwanzsegmenten sind die Höcker am stärksten entwickelt. Unmittelbar über den Seitenplatten ist der Rand der Rückenplatten verdickt, wodurch ein schwacher, leistenförmiger Kiel entsteht; dicht über demselben erheben sich flache, abgestumpfte und nach hinten gerichtete Lateraldornen, von welchen die auf dem 5ten Rumpfsegmente befindlichen schwach nach hinten und unten gebogen, stärker als die übrigen entwickelt und etwas näher der Medianlinie gestellt sind. Auf den 3 ersten Schwanzsegmenten sind die Lateraldornen spitz und ziemlich lang, auf den 2 folgenden aber gestalten sie sich zu schwachen Kielen, welche etwa $2/3$ der Länge der Segmente einnehmen; von beiden Seiten dieses

---

[1] Unterhalb der Einlenkung der unteren Fühler ist kein Dorn, sondern nur der Riechconus vorhanden.

— 128 —

Mediankieles tritt ein mit 2—5 Stacheln versehener Höcker auf. Die 2te, 3te und 4te Seitenplatte sind mit je einem stumpfen Höcker versehen. Der Schwanzanhang ist ziemlich lang und an seinem hinteren Rande tief eingeschnitten, zweispitzig; jede der beiden Spitzen, welche $1/3$ der ganzen Länge des Schwanzanhanges beträgt, ist mit einem Stachel versehen. Die Hände sind birnförmig, die hinteren am Volarrande bauchig aufgetrieben. Die Basalglieder der Gangbeine sind herzförmig und am Hinterrande mit kurzen Borsten besetzt. Die vorderen Springbeine reichen nur bis zu den Enden des 2ten Drittels der Steuerbeine, die hinteren bis zu dem Ende der Basalglieder derselben. Die Steuerbeine betragen $1/9$ der Körperlänge; ihre Blätter sind fast gleich lang und an den Rändern mit dichten Fiederborsten besetzt. Die Farbe des Körpers ist grünlich-hornbraun, oder hornbraun mit zahlreichen Punkten und zerstreut stehenden, kleinen Flecken. Die Fühler und Beine sind gebändert; die Augen schwarz.

	№ 1 ♂	№ 2 ♂	№ 3 ♂	№ 4 ♀
Die Zahl der Glieder in der Geissel der oberen Fühler .	67	46	38	36—51
„ „ „ „ „ „ der unteren Fühler.	8—9	13	13	14
„ „ „ „ in der Nebengeissel	6	5	4	5

Maassangaben.

	№ 1.	№ 2.	№ 3.	№ 4.
Totallänge	108,0	74,22	61,16	70,18
Körperlänge	63,0	45,30	41,0	42,8
Länge der oberen Fühler	38,0	25,4	17,84	24,74
Länge der unteren Fühler.	15,1	13,44	10,40	10,40
Länge der Stiele der oberen Fühler. .	14,5	10.70	7,92	10,24
Länge der Stiele der unteren Fühler .	10,6	8,96	6,88	6,88
Länge des 3ten Gangbeines	30,0	22,0	18,5	19,2
Länge der Steuerbeine	7,0	5,12	4,12	4,24
Höhe des Körpers	14,0	9,0	8,2	9,3
Breite des Körpers	10,0	5,1	5,2	6,4
Entfernung zwischen den Spitzen der Dornen des 5ten Rumpfsegmentes .	14,0	8,3	7,5	9,1

Die Art ist sehr häufig; sie kommt ganz nahe am Ufer vor und in der Tiefe von 20—50 Meter wird sie durch var. *Gerstfeldtii* vertreten.

Die aus dem Angara-Flusse stammende Form unterscheidet sich von der oben beschriebenen durch kürzere obere Fühler und durch schwächer entwickelte und gebogene Lateraldornen am 5ten Rumpfsegmente. Sub № 3 der Tabelle sind die Maassverhältnisse eines aus dem Angara-Flusse bei Irkutsk stammenden Exemplares aufgeführt worden.

70. G. cancellus, var. Gerstfeldtii, mihi.

Taf. II, Fig. 1.

Kennzeichen. Die Stiele der oberen Fühler sind bedeutend dicker und um $^1/_3$ länger als die der unteren, ihr Basalglied ist länger als das Kopfsegment und länger als jedes der beiden Endglieder der unteren Stiele. Das Endglied der oberen Stiele ist gewöhnlich verlängert und entweder so lang, wie das 2te Glied seiner Geissel, oder etwas länger. Die oberen Fühler erreichen meistens $^2/_3$ der Körperlänge und überragen die unteren um mehr als die Hälfte ihrer Länge. Die Nebengeissel ist 6gliedrig und reicht bis zur Mitte des 7ten Gliedes der oberen Geissel. Die Augen sind schwach gewölbt, nieren- oder halbmondförmig, ihr Höhendiameter ist der halben Kopflänge gleich. Der Dorn auf dem unteren Rande des Wangenlappens ist mehr zugespitzt und etwas länger, als bei der typischen Form. Alle Kiele, Dornen und Höcker, welche bei der typischen Form erwähnt wurden, kommen auch bei dieser Varietät vor, aber so sehr stark ausgebildet, dass die beiden Formen als specifisch verschieden angesehen werden könnten, wenn nicht zahlreiche Uebergänge vorhanden wären. Auf den 4 ersten Rumpfsegmenten erhebt sich ein medianer Kiel, in Form von starken und stumpfen Zähnen, deren Schneide am 1sten und 4ten Segmente öfters doppelhöckrig ist; auf dem 5ten Segmente ist der Kiel nur als eine kleine Spitze, auf den übrigen aber als breitbasige Dornen entwickelt, letztere sind nicht bei allen Individuen gleich stark und spitz. Die Lateraldornenreihen nehmen bis zu dem 4ten Rumpfsegmente allmälig an Länge zu und sind stachelartig zugespitzt, auf dem 5ten sind sie etwas mehr gegen die Medianlinie gerückt und erscheinen als hoch über den Körper hinausragende, bogig gekrümmte oder sogar hakenförmig nach hinten umgebogene Höcker. Die Entfernung der Spitzen dieser Hörner von einander ist um $^1/_3$ grösser, als die Entfernung derselben beim 4ten Dornpaare und 2 mal so gross, wie die Breite des Körpers an der Basis der letztgenannten Dornen. Die Lateraldornen des 6ten und 7ten Rumpfsegmentes sind scharf zugespitzt, und etwas länger, als die des 3ten Segmentes; auf den 3 ersten Schwanzsegmenten sind sie etwas mehr gebogen und nehmen allmälig nach hinten an Länge ab; auf den 2 folgenden treten sie in Form von Kielen auf. An der Basis der Lateraldornen, oder zwischen den letzteren und den Mediandornen tritt, auf den 2 letzten Rumpf- und 3 ersten Schwanzsegmenten, ein kleiner Tuberkel auf. Die Tuberkeln der 3 letzten Schwanzsegmente sind dicht am Hinterrande der Rückenplatten gestellt, viel stärker als die übrigen entwickelt und mit Stacheln versehen. Die Randkiele, die Hände, die Basalglieder der Gangbeine und die Steuerbeine bieten keine besonderen Verschiedenheiten dar. Die Farbe des Körpers ist braun mit einem grünlichen, ins Blaue ziehenden Schimmer; die Augen sind schwarz.

	№ 1 ♂	№ 2 ♂	№ 3 ♀
Die Zahl der Glieder in der Geissel der oberen Fühler.	59	38—42	72—61
„ „ „ „ „ „ der unteren Fühler.	14	9	14
„ „ „ „ in der Nebengeissel.	6	4	6

Maassangaben.

	№ 1.	№ 2.	№ 3.
Totallänge	110,84	33.76	84.0
Körperlänge	67.5	19,18	47,20
Länge der oberen Fühler	38,7	13,14	34.0
Länge der unteren Fühler	18,6	4,16	11,46
Länge der Stiele der oberen Fühler	17,2	4,64	12.0
Länge der Stiele der unteren Fühler	12,6	2,72	7,78
Länge des dritten Gangbeines	31,5	8.8	21,0
Länge der Steuerbeine	7,64	2,24	4,80
Höhe des Körpers	13,5	4,0	10,3
Breite des Körpers	14,0 / 8,8 [1]	4,0 / 2,7	10,4 / 6,5
Entfernung zwischen den Hörnerspitzen am 5ten Rumpfsegmente	18,2	5,5	12.5

Die Varietät ist häufig; sie kommt nie am Ufer, sondern in einer Tiefe von 20—50 Meter vor. Die schönsten Exemplare haben wir aus einer Tiefe von 20—30 Meter bekommen. Im Angara-Flusse ist diese Varietät durch eine andere, mit kurzen Fühlern, ersetzt. Trotz der grossen Verwandtschaft beider Varietäten, waren meine Versuche, sie zu paaren, vergeblich.

71. G. cancelloides Gerstf. l. c.

Taf. XIII, Fig. 6.

Artkennzeichen. Die Stiele der oberen Fühler sind etwas dicker als die der unteren und beinahe um $1/4$ länger; ihr Basalglied ist länger als das Kopfsegment und fast 2 mal so lang, wie das Endglied der unteren Stiele. Das Endglied der oberen Stiele ist 2 mal kürzer, als das 2te Glied und 4 mal kürzer, als das Basalglied derselben. Die oberen Fühler sind etwa 4 mal in der Körperlänge enthalten und kaum um $1/3$ länger als die unteren. Die Nebengeissel ist 3gliedrig und reicht bis zum Ende des 3ten Geisselgliedes der oberen Fühler, welches' in der Regel kürzer ist, als die ihm zunächstliegenden Glieder. Die Augen sind stark gewölbt, gleichsam auf Höckern ruhend [2], ihr Höhendiameter beträgt etwa $1/3$ der Kopflänge, die Gestalt der Augen ist ei-, oder breit-nierenförmig. Der Kopf ist gewölbt, mit einer buckeligen Hervorragung auf dem Hinterhaupte und einem seitwärts gerichteten, starken, spitzen Dorne auf jeder der beiden Wangen versehen [3]. Der Rumpf ist mit 4 Reihen

---

[1] Die grössere Zahl giebt die Entfernung der Dornspitzen aus der Lateralreihe des 4ten Rumpfsegmentes von einander, die kleinere — die Breite des Körpers an der Basis jener Dornen an.
[2] Aehnliches Verhältniss findet bei allen Arten dieser Gruppe statt.
[3] Gerstfeldt erwähnt 2 andere Dornen, welche «unterhalb der Basis der unteren Antennen gelegen sind»; es sind jedoch keine Dornen, sondern die Conus des Riechorganes.

von Dornen und einer Reihe von schwachen, tuberkelartigen Kielen versehen; letztere bilden eine Medianreihe und treten erst auf den 4 letzten Rumpfsegmenten deutlich auf. Von den 4 Dornreihen sind die Randreihen stärker entwickelt, als die lateralen; die Dornen der Randreihen sind nach aussen und hinten gerichtet, zugespitzt, etwa 2 mal so lang, wie die der Lateralreihen und fast alle gleich lang; alle Dornen der Lateralreihen sind nach hinten gerichtet, die des 6ten Segmentes sind länger, als die übrigen und die des 7ten erreichen fast die Länge der Randdornen. Auf den 2 ersten Schwanzsegmenten treten vor: jederseits ein starker, nach hinten und aussen gebogener Dorn und ein medianer, ziemlich schwach entwickelter Kiel. Das dritte Schwanzsegment hat einen medianen Kiel und jederseits einen schwachen Höcker, auf den 3 letzten ist kaum eine Spur von Höckern und Kielen vorhanden. Die 4te Seitenplatte zeigt eine schwache, tuberkelartige Hervorragung. Der Schwanzanhang ist nur seicht ausgeschnitten. Die Hände sind gleich gross, birnförmig (bei den Weibchen schmäler und kleiner, als bei den Männchen). Die Basalglieder der vorderen Gangbeine sind länglich viereckig, oben etwas breiter als unten und am Hinterrande eingebogen. Das Basalglied des 3ten Gangbeinpaares ist oben fast so breit, wie unten; sein Hinterrand ist schwach gewölbt, der untere abgerundet, ohne Lappen oder Ecken [1]). Der Hinterrand aller Basalglieder ist mit langen Borsten besetzt. Die vorderen Sprungbeine reichen bis zur Spitze, die hinteren bis zum Ende der Basalglieder der Steuerbeine. Die Steuerbeine betragen $1/9$ der Körperlänge, ihr inneres Blatt ist nur um $1/8$ kürzer, als das äussere; beide tragen üppige Randborsten, von denen die meisten gefiedert sind. Die Farbe des Körpers ist sehr zart, grün oder weisslich grün; der Rumpf, Schwanz und die Extremitäten sind bräunlich schwarz oder braun gefleckt; die Augen sind bräunlich schwarz.

	№ 1 ♂	№ 2 ♂	№ 3 ♀
Die Zahl der Glieder in der Geissel der oberen Fühler.	26	25	22
„ „ „ „ „ „ der unteren Fühler.	9	8	8
„ „ „ „ in der Nebengeissel	3	3	3

Maassangaben.

	№ 1.	№ 2.	№ 3.
Totallänge	35,22	34,25	32,52
Körperlänge	25,31	24,46	23,51
Länge der oberen Fühler	7,94	8,16	7,52
Länge der unteren Fühler	4,72	5,23	4,40
Länge der Stiele der oberen Fühler . . .	4,42	4,88	4,32
Länge der Stiele der unteren Fühler . . .	3,60	3,95	3,28
Länge des 3ten Gangbeinpaares	11,0	11,0	8,5

---

[1]) Bei den Weibchen ist der Hinterrand unten abgestutzt.

	№ 1.	№ 2.	№ 3.
Länge der Steuerbeine. .	2,88	2,51	2,40
Höhe des Körpers . . .	5,1	5,2	5,1
Breite des Körpers	5,4	5,0	4,8
	3,5	3,5	3,5

Die Art ist sehr häufig; besonders im Frühjahre kann sie, ganz dicht am Ufer beim Schamanenvorgebirge, unter den Steinen zu Hunderten gesammelt werden.

72. G. Grubii n. sp.

Taf. I, Fig. 5.

Artkennzeichen. Die Stiele der oberen Fühler sind dicker und um $^1/_3$ länger, als die der unteren, ihr Basalglied ist etwa um $^2/_5$ länger, als das Kopfsegment und fast ebensoviel länger, als das Endglied der unteren Stiele. Die oberen Fühler sind beinahe 2 mal länger, als die unteren und weniger als 2 mal in der Körperlänge enthalten. Die Nebengeissel ist zweigliedrig und reicht bis zur Hälfte des 3ten Geisselgliedes der oberen Fühler. Die Augen sind sehr stark gewölbt, rundlich eiförmig, ihr Höhendiameter erreicht $^1/_3 - ^2/_3$ der Kopflänge. Der untere Rand des Wangenlappens bildet einen stumpfen Höcker. Die obere Fläche des Kopfes ist rauh und in der Medianlinie mit einer rinnenförmig vertieften Furche versehen; die mediane Furche ist am Hinterhaupte beiderseits von einem kleinen Tuberkel begrenzt, der jedoch nur an getrockneten Exemplaren sichtbar ist. Eine ähnliche, beiderseits von einem Tuberkel umgebene Furche ist ebenfalls in der Medianlinie der 4—5 ersten Rückenplatten der Rumpfsegmente vorhanden, so dass hier die mediane Tuberkelreihe in 2 Mittelreihen zerfällt, wie es auch bei *G. Brandtii* der Fall ist. Die in Rede stehende Art unterscheidet sich von der letztgenannten dadurch, dass die doppelte Reihe der Tuberkeln nur auf die 1—5 ersten Rumpfsegmente beschränkt ist, auf den übrigen aber wiederum als eine einfache Medianreihe auftritt. Die Rückenplatten aller Rumpfsegmente haben, ausser den erwähnten Tuberkeln, noch, von jeder Seite, einen Randkiel und einen Lateralhöcker; erstere sind auf den 5 vorderen Segmenten als dicke, breite, schwach abgeflachte, auf den 2 hinteren dagegen als ganz schwache, kleine Höcker entwickelt; die Lateralreihen fangen auf den ersten Segmenten mit sehr schwachen Höckern an, welche nach hinten allmälig an Grösse zunehmen und auf den 2—3 letzten Segmenten in kurze Dornen auslaufen. Die 2 ersten Schwanzsegmente haben einen schwachen Mediankiel und 2 ziemlich lange, nach hinten gebogene Dornen, das 3te einen Mediankiel und beiderseits eine wulstige laterale Wölbung, die 3 letzteren nur schwach und äusserst undeutlich entwickelte Erhöhungen. Der Höcker auf der 4ten Seitenplatte ist niedrig. Der Schwanzanhang ist am hinteren, freien Rande bogig eingeschnitten und auf der oberen Fläche muldenförmig vertieft. Die Hände sind beinahe gleich gross, die vorderen birn-, die hinteren becherförmig. Die Basalglieder der vorderen Gangbeine sind schmal, herzförmig, die des 3ten Paares hinten gleichmässig gewölbt und ohne einen Lappen, alle tragen lange und dicke Borsten. Die vorderen Springbeine reichen bei erwachsenen Individuen fast bis zur Spitze der Steuerbeine, bei jungen aber bleiben sie etwas zurück. Die Länge der Steuerbeine beträgt $^1/_7$ der Körperlänge. Das äussere Blatt der Steuerbeine ist bei erwachsenen Thieren $4^1/_2$ mal länger als das innere, welches nur als ein kurzes, rudimentäres, mit spärlichen Borsten besetztes Blättchen erscheint. Am Aussenrande des längeren Blattes kommen keine Fiederborsten vor. Die Farbe des Körpers ist hell bräunlich-grün, über die Mitte des Rückens läuft eine weissliche Binde; das 2te, 3te und 4te Segment sind oft dunkler gefärbt, als die übrigen, ausserdem kommen röthlich-braune Flecken auf den Seiten und braune auf den Rückenplatten vor. Die Beine und Fühler sind gebändert. Die Augen sind dunkelbraun.

	№ 1 ♂	№ 2 ♂	№ 3 ♀	№ 4 juv.
Die Zahl der Glieder in der Geissel der oberen Fühler .	29	25	26	14
„ „ „ „ „ „ „ unteren Fühler .	8	8	8	6
„ „ „ „ in der Nebengeissel	2	3—2	2	2—1

Maassangaben.

	№ 1.	№ 2.	№ 3.	№ 4.
Totallänge	53,15	38,08	40,50	15,48
Körperlänge.	32,18	22,04	24,14	9,95
Länge der oberen Fühler	17,13	13,12	13,36	4,49
Länge der unteren Fühler	9,20	6,96	7,10	2,11
Länge der Stiele der oberen Fühler	9,68	7,68	8,12	2,62
Länge der Stiele der unteren Fühler	6,96	4,80	4,96	1,17
Länge des 3ten Gangbeines	—	8,7	9,4	3,20
Länge der Steuerbeine	4,80	3,56	3,41	1,36
Höhe des Körpers	5,5	4,5	5,5	—
Breite des Körpers	5,0	3,7 / 2,8	4,3 / 3,6	—

Die Art ist häufig und kommt mit *G. Kesslerii*, *Brandtii* und *cancelloides* in denselben Localitäten vor.

73. G. Kesslerii n. sp.

Taf. I, Fig. 7.

Artkennzeichen. Die Stiele der oberen Fühler sind etwas dicker, als die der unteren, und etwa um $^1/_3$—$^1/_4$ länger; ihr Basalglied ist beinahe um $^1/_3$ länger, als das Kopfsegment und kaum um $^1/_3$ länger, als das Endglied der unteren Stiele. Die oberen Fühler sind 2 mal in der Körperlänge enthalten und fast 2 mal länger, als die unteren. Die Nebengeissel ist 3—4gliedrig und reicht bis zur Mitte des 4ten Gliedes der oberen Geissel; die Augen sind sehr stark gewölbt, eiförmig, ihr Höhendiameter erreicht $^2/_5$ der Kopflänge; hinter dem Auge ist kein Dorn vorhanden, der untere Rand des Wangenlappens aber läuft in einen ziemlich starken, nach aussen und etwas nach unten vortretenden Dorn aus. Die obere Fläche des Kopfes ist rauh und, in der Medianlinie, mit einer rinnenförmigen, nach vorn sich verschmälernden Furche versehen. Die Rückenplatten der Rumpfsegmente haben beiderseits einen Randkiel, welcher an den 5 ersten Segmenten als ein starker und spitzzulaufender Dorn, an den 2 letzten aber als ein schwacher Höcker erscheint. An der Medianlinie der Rumpfsegmente treten kleine Tuberkeln auf. Die 2 ersten Schwanzsegmente haben je 2 starke, nach hinten gebogene Dornen, von welchen die des ersten grösser sind; sie sind, wie bei *G. cancelloides*, durch das Verschmelzen je zweier Kiele entstanden und behalten auch dieselbe Stelle auf der Rückenfläche der Segmente, wie bei der erwähnten Art. Die Medianreihe kleiner Tuberkel ist bis zum dritten Schwanzsegmente deutlich ausgebildet. Das 3te Schwanzsegment zeigt flache, seitliche Wülste, aber keine Dornen oder Höcker; die 3 letzten Schwanzsegmente sind glatt. Die Seitenplatten haben einen länglichen Kiel. Der Schwanzanhang ist am Hinterrande sehr schwach eingebogen und seine obere Fläche in dem letzten Viertel sehr schwach rinnenförmig vertieft. Die Hände sind fast gleich, die vorderen birn-, die hinteren becherförmig und nach vorn erweitert. Die Basalglieder der beiden ersten Gangbeinpaare sind oben schwach abgerundet und nehmen nach unten sehr sanft an Breite ab. Das Basalglied des 3ten Gangbeines ist gleich breit oder unten etwas breiter und mit einem gewölbten, abgerundeten Lappen versehen. Der Hinterrand aller Basalglieder trägt kurze Borsten. Die vorderen Springbeine reichen über die Spitzen der Steuerbeine hinaus, die hinteren erreichen kaum das Ende der Basalglieder derselben. Die Steuerbeine betragen $1/8$ der Körperlänge, ihr inneres Blatt ist bei erwachsenen Individuen nur um $1/7$ kürzer, als das äussere; beide tragen an ihren Rändern üppige Borsten, deren Mehrzahl gefiedert ist. Die Farbe des Körpers ist hell-grünlich; auf dem ganzen Körper treten schwarze oder bräunliche, mehr oder minder deutlich abgegrenzte Flecken auf. Die Fühler und die Extremitäten sind gebändert, die Augen dunkelbraun oder schwarz.

	№ 1 ♂	№ 2 ♂	№ 3 ♀	№ 4 ♂
Die Zahl der Glieder in der Geissel der oberen Fühler	28	26	23	20
„ „ „ „ „ „ der unteren Fühler	9	8—7	8	7
„ „ „ „ in der Nebengeissel	3	3—4	3	2—3

Maassangaben.

	№ 1.	№ 2.	№ 3.
Totallänge	49,74	53,76	43,22
Körperlänge	31,36	33,60	27,03
Länge der oberen Fühler	15,31	17,12	13,72
Länge der unteren Fühler	9,71	9,70	7,68
Länge der Stiele der oberen Fühler	9,30	10,40	8,50
Länge der Stiele der unteren Fühler	6,35	7,30	5,12
Länge des 3ten Gangbeines	11,5	13,3	10,0
Länge der Steuerbeine	3,79	3,84	3,20
Höhe des Körpers	5,5	6,0	6,0
Breite des Körpers	3,6 / 4,6	5,5	3,5 / 5,3

Die Art ist häufig und kommt mit *G. cancelloides* in einer Tiefe von 10—20 Meter vor.

Es liegen mir 2 Exemplare des sogenannten *G. cancelloides* var. *europaeus* Kessler, aus dem Onega-See, vor, welche ich der gütigen Vermittelung des Herrn Prof. Dr. Kessler zu verdanken habe. Nach einem genauen Vergleiche dieser Exemplare mit Baikalschen, ergab es sich, dass sie dem *G. Kesslerii* m. am nächsten verwandt sind, sich aber von demselben durch viele und wichtige Merkmale unterscheiden. Ich führe hier ihre wichtigsten Unterscheidungsmerkmale auf und stelle die Maassverhältnisse des Onegaschen Exemplares neben denen eines ihm gleichwüchsigen Baikalschen, um dadurch einen Vergleich zu ermöglichen.

74. G. Kesslerii var. europaeus Kessl.

Unterscheidungsmerkmale. Die Stiele der oberen Fühler, das 2te Stielglied derselben und die oberen Fühler selbst sind kürzer, als die der typischen Form; die Augen sind kleiner, das obere Kopfprofil mehr gewölbt. Die obere Fläche des Kopfes ist glatt und zeigt keine Medianfurche. Der Rumpf ist höher, die Seitenplatten etwas breiter. Der Wangenlappendorn und die Randdornen der 5 ersten Rumpfsegmente sind schwächer und stumpfer, dagegen die Randhöcker der 2 letzten Rumpfsegmente etwas stärker entwickelt. Die Dorne der 2 ersten Schwanzsegmente sind kürzer und der Schwanzanhang ist tiefer eingeschnitten. Die hinteren Hände sind nach vorn erweitert. Die Basalglieder der Gangbeine sind schmäler und die der beiden ersten Paare herzförmig gestaltet, mit schwach eingebogenem Hinterrande. Die Basalglieder des 3ten Gangbeinpaares sind unten etwas schmäler als oben und bilden keinen abgerundeten Lappen. Der Borstenbesatz am Hinterrande der Basalglieder besteht aus langen und dicken, einfachen Borsten. Das innere Blatt der Steuerbeine ist kürzer als das äussere, beide sind flach und lancettförmig gestaltet.

	№ 1 ♂
Die Zahl der Glieder in der Geissel der oberen Fühler.	24—15
„ „ „ „ „ „ der unteren Fühler.	7
„ „ „ „ in der Nebengeissel	2

Maassangaben.

	Baikal-See.	Onega-See.
Totallänge	27,11	26,53
Körperlänge	16,79	17,18
Länge der oberen Fühler .	8,56	7,79
Länge der unteren Fühler	4,64	4,28
Länge der Stiele der oberen Fühler . .	5,20	4,08
Länge der Stiele der unteren Fühler . .	3,15	2,96
Länge des dritten Gangbeines	6,60	7,04
Länge der Steuerbeine . . .	2,27	2,08
Höhe des Körpers	3,0	3,5
Breite des Körpers	2,6	2,5

75. G. Brandtii n. sp.

Taf. XIV, Fig. 1.

Artkennzeichen. Der Kopf ist ungewöhnlich gross und stark gewölbt; die vordere Stirnspitze ist sehr kurz. Die Stiele der oberen Fühler sind dicker und etwas länger als die der unteren, ihr Basalglied ist beinahe 2 mal kürzer, als das Kopfsegment und 2 mal länger, als das Endglied der unteren Stiele. Das Endglied der oberen Stiele ist entweder so lang, wie das 2te Glied oder sogar länger, zuweilen kürzer, immer aber deutlich entwickelt und höchstens 2 mal in der Länge des Basalgliedes enthalten. Die oberen Fühler sind beinahe der halben Körperlänge gleich und 2 mal länger, als die unteren; ihre Nebengeissel ist 6gliedrig und reicht bis zur Mitte des 8ten Geisselgliedes der oberen Fühler. Die Augen sind sehr stark gewölbt und auf einem kegelförmigen Fortsatze sitzend, fast gestielt erscheinend; die Gestalt derselben ist rund oder oval. Hinter den Augen ist kein Dorn, sondern ein nach unten verlaufender Wulst vorhanden. Der Rand des Wangenlappens ist stark verdickt und mit einem wulstigen Kiel versehen. Die Rückenplatten aller Rumpfsegmente haben beiderseits einen Randkiel und einen lateralen Höcker, oder Dorn. Die Randkiele erscheinen als niedrige, etwas flachgedrückte und abgerundete Tuberkeln und laufen nie in Dorne aus. Die lateralen Höcker nehmen allmälig nach hinten an Höhe zu und gehen in kurze, nach hinten gerichtete Dornen über, welche aber nie eine für *G. cancelloides* so charakteristische Länge erreichen. Die medianen Tuberkeln sind doppelt, so dass hier anstatt einer Medianreihe 2 Mittelreihen von Tuberkeln vorhanden sind. Die 3 ersten Rumpfsegmente haben von jeder Seite einen Kiel und einen Dorn, die ersteren entsprechen den Randkielen, die letzteren den Seitendornen der Rumpfsegmente und liegen auch in der Fortsetzung der über den Rumpf fortlaufenden Reihen [1]). Auf den Schwanzsegmenten sind die medianen Tuberkel ebenfalls doppelt und bilden 2 parallele Reihen. Die Dornen [2]) und Tuberkeln sind auf dem 3ten Schwanzsegmente schwächer entwickelt, als auf den beiden ersten, die Kiele dagegen stärker. Auf den 3 letzten Schwanzsegmenten sind alle Erhöhungen kaum angedeutet. An der 3ten und 4ten Seitenplatte sind kleine Tuberkeln vorhanden. Der Schwanzanhang ist bis zur Hälfte gespalten und stellt 2 schlauchförmige, mit den Spitzen gegen einander gebogene Blätter vor. Die Hände sind fast gleich gross, die vorderen birn-, die hinteren becherförmig. Die Basalglieder der Gangbeine sind ähnlich wie bei *G. cancelloides* gestaltet, jedoch sind die des 3ten Gangbeinpaares oben etwas breiter, als unten. Die Basalglieder sind am Hinterrande entweder unbehaart,

---

[1]) Bei *G. cancelloides* sind die unteren Höcker der Schwanzsegmente nicht vorhanden, oder eigentlich verschmelzen die beiden Reihen derselben zu einer einzigen Reihe von Dornen, woher auch diese Dornreihe viel mehr nach unten gerückt ist. Dieses Verhältniss führt Gerstfeldt (l. c. p 28 [288]) als charakteristisch für *G. cancelloides* an.

[2]) Die Dornen des 3ten Schwanzsegmentes sind in längliche Kiele umgestaltet; denkt man sich diese Kiele stärker entwickelt und mehr nach hinten umgebogen, so entsteht genau dasselbe Verhältniss, wie bei *G. Solskii.* Die Anordnung der Dornen in den Lateralreihen bei *G. Brandtii* lässt uns sehr leicht die Entstehung der Kiele bei *G. Parzyllii* erklären.

oder mit sehr kurzen Borsten besetzt. Die vorderen Springbeine berühren die Spitzen der Steuerbeine, die hinteren reichen etwas über die Enden der Basalglieder derselben hinaus. Die Scheerenglieder der Springbeine sind an den Rändern mit Borsten und an den Enden mit 1—3 Stacheln versehen (bei *G. cancelloides* sind weder Borsten noch Stacheln). Die Blätter der Steuerbeine sind gleich lang, oder das innere unbedeutend kürzer, als das äussere; beide sind mit üppigen Borsten besetzt. Die Länge der Steuerbeine erreicht $^1/_7$—$^1/_5$ der Körperlänge. Der Körper ist ungleichmässig gefärbt: der Kopf, das 6te und 7te Rumpfsegment und die 3 letzten Schwanzsegmente sind hell-grünlich, die übrigen Segmente bräunlich.

	№ 1 ♂	№ 2 ♀	№ 3 ♂
Die Zahl der Glieder in der Geissel der oberen Fühler	45	47	30
„ „ „ „ „ „ der unteren Fühler	12	12	9
„ „ „ „ in der Nebengeissel	6	6	4

Maassangaben.

	№ 1.	№ 2.	№ 3.
Totallänge	49,17	49,56	28,30
Körperlänge	32,02	31,60	19,19
Länge der oberen Fühler	14,96	15,86	8,10
Länge der unteren Fühler	7,46	7,52	4,04
Länge der Stiele der oberen Fühler	5,60	6,02	3,14
Länge der Stiele der unteren Fühler	5,14	5,36	2,84
Länge des dritten Gangbeines	12,5	12,4	6,5
Länge der Steuerbeine	3,71	4,0	1,84
Höhe des Körpers	5,0	5,5	3,5
Breite des Körpers	5,0	5,0	3,3

Die Art ist selten und kommt in einer Tiefe von 10—50 Meter vor.

76. G. Lovenii n. sp.

Taf. XIII, Fig. 7.

Artkennzeichen. Die Stiele der oberen Fühler sind dicker und um $^1/_7$—$^1/_8$ länger als die der unteren, ihr Basalglied ist um $^1/_3$ länger als das Kopfsegment und nur wenig länger, als das Endglied der oberen Stiele. Die oberen Fühler sind etwa um $^1/_3$ länger als die unteren und fast der halben Körperlänge gleich. Das 1ste Geisselglied der unteren Fühler ist so lang, wie 3—4 folgende Glieder zusammengenommen und ist aus dem Verwachsen der 3—4 ersten Glieder entstanden. Die Nebengeissel ist 4gliedrig und erreicht die Mitte des 6ten Geisselgliedes der oberen Fühler; die Augen sind sehr stark gewölbt, von der Seite betrachtet erscheinen sie fast kugelig; ihr Höhendiameter ist grösser, als die halbe Kopflänge. Der untere Rand des Wangenlappens läuft in einen spitzen Dorn aus. Die obere Fläche des

Kopfes ist nur wenig rauh und zeigt keine mediane Furche. Auf den Rückenplatten der 5 ersten Rumpfsegmente sind nur lange Randdornen vorhanden, welche dünner, etwas länger und mehr nach hinten gekrümmt sind, als bei *G. cancelloides*. Die an den Seiten der Segmente befindlichen, schwachen Wölbungen müssen als Rudimente der lateralen Reihen angesehen werden. Die Rückenplatten der Schwanzsegmente tragen keine Dornen, oder Höcker, nur am Hinterrande der 3 letzten sind kleine, zu je 2 in eine Gruppe angeordnete Stacheln vorhanden. Der an den Rändern mit langen Borsten bewachsene und an seinem freien hinteren Rande seicht ausgeschnittene Schwanzanhang ist verhältnissmässig länger und weniger muldenförmig vertieft, als bei anderen nahe verwandten Arten. Die Hände sind birnförmig. Die Basalglieder der Gangbeine sind schmal, oben breiter als unten und am Hinterrande eingebogen und mit langen, dichten Borsten besetzt. Die Basalglieder des 3ten Gangbeinpaares sind 2 mal länger, als breit. Die vorderen Springbeine reichen etwas über die Spitzen der Steuerbeine, die hinteren über das Ende der Basalglieder derselben hinaus. Das äussere Blatt der Steuerbeine ist um $1/_{10}$ länger als das innere, beide sind mit üppigen, meistentheils gefiederten Borsten bewachsen. Die Farbe des Körpers ist braun mit weissen Flecken und Binden; die Mitte des Kopfes, des 1sten, 4ten und 5ten Rumpfsegmentes ist weiss, die übrigen Segmente braun. Die Seitenplatten und die Basalglieder der Gangbeine sind gefleckt, die Fühler und die Handbeine gebändert. Die Augen sind braun.

	№ 1 ♂	№ 2 ♂	№ 3 ♀
Die Zahl der Glieder in der Geissel der oberen Fühler	32	26	26
„ „ „ „ „ „ „ „ unteren Fühler	8	8	8
„ „ „ „ in der Nebengeissel	4	4	4

Maassangaben.

	№ 1.	№ 2.	№ 3.
Totallänge	49,04	47,69	37,58
Körperlänge	29,10	30,18	23,72
Länge der oberen Fühler	16,88	14,03	11,78
Länge der unteren Fühler	11,68	10,38	7,95
Länge der Stiele der oberen Fühler	9,52	8,78	6,66
Länge der Stiele der unteren Fühler	8,24	7,66	5,71
Länge des dritten Gangbeines	14,5	14,5	10,8
Länge der Steuerbeine	4,34	4,16	3,20
Höhe des Körpers	6,0	6,0	5,5
Breite des Körpers	$\frac{6,0}{3,4}$	$\frac{6,0}{3,6}$	$\frac{5,2}{3,3}$

Die Art ist selten; wir haben sie in einer Tiefe von 10—50 Meter gefangen.

77. G. Borowskii n. sp.

Taf. II, Fig. 3.

Artkennzeichen. Die Stiele der oberen Fühler sind dicker und um $1/3 - 1/10$ länger als die der unteren, ihr Basalglied ist länger als das Kopfsegment und länger, als jedes der beiden gleichlangen Endglieder der unteren Stiele. Die oberen Fühler sind um $1/4 - 1/5$ kürzer als der Körper und 2 mal länger als die unteren. Die Nebengeissel ist 8—12gliedrig. Die Augen sind schwach gewölbt, $2 1/2 - 3$ mal in der Kopflänge enthalten, nierenförmig. Das obere Kopfprofil ist gewölbt. Die Stirn tritt mit einer kurzen Spitze vor. Das Kopfsegment ist glatt. Die Rumpf- und Schwanzsegmente sind mit schwachen Randwölbungen und die 3 letzten Rumpf- und alle Schwanzsegmente mit 2 Dornen versehen; letztere stehen am Hinterrande der Rückenplatten und sind in der Regel nach hinten und aussen gerichtet, bei manchen Individuen sind die 2 ersten Dornenpaare hakig nach aussen gebogen. Die Dornen sind kurz, nur auf den 3 ersten Schwanzsegmenten etwas länger, auf den 3 letzten dagegen sind die Dornen höckerartig gestaltet und mit je 3 Stacheln versehen; zwischen den Lateralhöckern der 3 letzten Schwanzsegmente ist der Rücken zu einem medianen, flachen Kiele gewölbt, auf dessen hinterem Ende 1—2 Stacheln stehen. Die Seitenplatten der 4 ersten Rumpfsegmente sind ziemlich hoch und breit, die 2te und 3te sind ungefähr um $1/3$ höher, als breit. Der Schwanzanhang ist breit ausgeschnitten, zweitheilig. Die Hände sind beinahe gleich gross, die vorderen sind birn-, die hinteren becherförmig, mit gewölbtem Volarrande. Die Basalglieder der Gangbeine sind schmal herzförmig; das Basalglied des 3ten Gangbeines ist 2 mal so lang, wie breit. Die vorderen Springbeine reichen weiter nach hinten, als die hinteren, berühren aber die Mitte der Steuerbeine nicht. Die Steuerbeine erreichen $1/4 - 1/5$ der Körperlänge, ihr äusseres Blatt ist in der Regel um $1/3$ länger, als das innere, beide tragen an den Rändern lange und dichte Borsten. Die Farbe des Körpers ist hell fleischroth oder hell pomeranzenroth. Die Augen sind schwarz.

78. G. Borowskii, var. dichrous.

Kennzeichen. Diese Varietät ist zweifarbig: die Mitte eines jeden Segmentes schmutzig violett und die Ränder horngelb; ferner sind die beiden vorderen Dornpaare hakig nach vorn umgebogen, wodurch sie auch an Spiritusexemplaren von der typischen Form unterschieden werden kann.

79. G. Borowskii, subvarietas abyssalis.

In den 1000 Meter übertreffenden Tiefen des Baikalsees fanden wir die letztgenannte Varietät (*dichrous*) schon etwas modificirt vor: der Körper ist gelblich weiss: die Augen sind weiss, die Steuerbeine länger, und die übrigen Extremitäten zarter und länger. Die erwähnten Modificationen lassen sich durch den Einfluss der verschiedenen Aufenthaltsorte erklären. Ich sehe diese weissäugige Form als Subvarietät an.

	Typische Form.		dichrous.	abyssalis.
	№ 1 ♂	№ 2 ♀	№ 3 ♂	№ 4.
Die Zahl der Glieder in der Geissel der oberen Fühler . . .	71	52	60	74
" " " " " " " unteren Fühler . . .	20	17	17	18
" " " " in der Nebengeissel	10	11	10	8

Maassangaben.

	№ 1.	№ 2.	№ 3.	№ 4.
Totallänge	94,26	89,5	91,5	85,9
Körperlänge	47,96	48,5	50,2	43,9
Länge der oberen Fühler	38,89	36,2	33,8	33,8
Länge der unteren Fühler	18,65	15,8	16,0	15,5
Länge der Stiele der oberen Fühler . . .	14,46	15,2	13,8	10,8
Länge der Stiele der unteren Fühler . .	11,20	10,5	10,5	9,7
Länge des 3ten Gangbeines	25,0	23,2	24,0	21,7
Länge der Steuerbeine	8,91	6,3	9,0	10,0
Höhe des Körpers.	8,7	9,2	9,0	7,3
Breite des Körpers	7,0	6,8	6,3	5,2

Die typische Form kommt in einer Tiefe von 100—500 Meter vor; die Var. *dichrous* haben wir in einer Tiefe von 50 Meter gefangen, sie kommt aber bis zur Tiefe von 600 Meter vor und wird in grösseren Tiefen durch die Subvarietät *abyssalis* vertreten. Alle Formen sind nicht selten.

80. G. Lagowskii n. sp.

Taf. II, Fig. 2.

Artkennzeichen. Die Stiele der oberen Fühler sind dicker und fast um $1/3$ länger als die der unteren, ihr Basalglied ist etwa um $1/3$ länger als das Kopfsegment und um $2/7$ länger, als jedes der beiden gleichlangen Endglieder der unteren Stiele; die oberen Fühler sind etwa um $1/5$ kürzer als der Körper und 2 mal so lang, als die unteren. Die Nebengeissel ist 10gliedrig. Die Augen sind sehr klein, beinahe punktförmig. Die Chitinhaut ist über den Augen gewölbt. Der Kopf ist schwach gewölbt, die Stirn fast ganz flach und mit einer schwachen Wölbung versehen. Der Körper ist seitlich zusammengedrückt. Die Rückenplatten aller Segmente sind mit Randwölbungen, welche auf den Schwanzsegmenten viel schwächer ausgebildet sind, und mit 2 Lateralreihen dicker Fortsätze versehen; letztere erscheinen: auf den 5 ersten Rumpfsegmenten als zitzenartige, mit ihren Enden nach vorn und aussen gerichtete Auswüchse; auf den 2 letzten Rumpf- und den 3 ersten Schwanzsegmenten als dicke, spitz zulaufende, nach hinten gerichtete Dornen und auf den 3 letzten Schwanzsegmenten endlich als starke, mit je 4—5 Stacheln versehene Höcker. Die Seitenplatten der 4 ersten Rumpfsegmente sind hoch. Der Schwanzanhang ist zweitheilig. Die Hände sind gleich gross, die vorderen birn-, die hinteren becherförmig und mit verdicktem Volarrande. Die Basalglieder der Gangbeine sind herzförmig und die des 3ten Paares fast 3 mal so lang, wie breit. Die vorderen Springbeine reichen etwas weiter nach hinten als die hinteren und berühren fast die Mitte der Steuerbeine; letztere betragen $1/5$ der Körperlänge, ihr äusseres Blatt ist ungefähr um $1/6$ länger als das innere. Das längere Blatt ist am Innenrande mit Fiederborsten, am Aussenrande mit einfachen Borsten, das kürzere dagegen an beiden mit Fiederborsten besetzt. Die Farbe des Körpers ist weiss oder hell fleischroth und öfters mit dunkleren Flecken. Die Augen sind weiss.

	№ 1 ♂	№ 2 ♂
Die Zahl der Glieder in der Geissel der oberen Fühler.	63	63
„ „ „ „ „ „ der unteren Fühler.	22	21
„ „ „ „ in der Nebengeissel	10	10

Maassangaben.

	№ 1.	№ 2.
Totallänge	101,0	105,3
Körperlänge	51,2	53,8
Länge der oberen Fühler	41,1	42,5
Länge der unteren Fühler	20,8	20,6
Länge der Stiele der oberen Fühler	16,1	16,5
Länge der Stiele der unteren Fühler	11,8	11,6
Länge des dritten Gangbeines	29,7	29,0
Länge der Steuerbeine	10,5	11,0
Höhe des Körpers	11,5 [1]) / 10,5	12,0
Breite des Körpers	6,2	6,5

Die Art ist nicht selten; wir haben sie in einer Tiefe von 800—1,300 Meter gefangen.

81. G. Puzyllii n. sp.
Taf. III, Fig. 4.

Artkennzeichen. Die Stiele der oberen Fühler sind dicker und etwas länger als die der unteren, ihr Basalglied ist länger als das Kopfsegment und länger, als jedes der beiden End-

---

[1]) Die grössere Zahl giebt die Entfernung zwischen dem unteren Rande der Seitenplatte des 4ten Rumpfsegmentes und der Spitze des 4ten Dornes aus der Lateralreihe an.

glieder der unteren Stiele. Die oberen Fühler sind beinahe der halben Körperlänge gleich und fast 2 mal so lang, wie die unteren. Die Nebengeissel ist 6—7gliedrig. Die Augen sind klein, rundlich, stark gewölbt, ihr Diameter erreicht kaum $1/7$ der Kopflänge. Der untere Theil der Wange ist schwach, wulstig gewölbt. Die obere Fläche des Kopfes ist von den Seitenflächen durch kielartige Leisten getrennt, welche einen flach concaven, viereckigen Raum begrenzen. Der gerade Stirnrand ist in Form von einem niedrigen, leistenartigen Saume emporgehoben. Das obere Kopfprofil ist stark gewölbt. Die Rückenplatten aller Rumpf- und der 3 ersten Schwanzsegmente sind durch 2 niedrige, flügelartig nach aussen sich ausbreitende Kiele [1]) in einen mittleren und 2 Seitentheile getrennt; der mittlere Theil nimmt die ganze Rückenfläche des Segmentes ein und stellt eine schwach concave, vorn von einem convexen, hinten von einem concaven Rande begrenzte Fläche dar, welche 2 flach gewölbte Lateralränder hat [2]); die Seitentheile sind flach gewölbt und mit einer Reihe von Randwülsten versehen. Auf den 3 letzten Schwanzsegmenten sind die Kiele höckerartig und mit 4—5 Stacheln besetzt. Die Seitenplatten der 4 ersten Rumpfsegmente sind mässig hoch. Der Schwanzanhang ist zweitheilig. Die vorderen Hände sind birn-, die hinteren becherförmig. Die Basalglieder der Gangbeine sind mehr oder weniger länglich, herzförmig; ihr Hinterrand ist mit ziemlich langen, weit auseinander stehenden Borsten besetzt. Die vorderen Springbeine reichen weiter nach hinten, als die hinteren, und berühren fast die Mitte der Steuerbeine, während die hinteren kaum über die Basalglieder derselben hinausreichen. Die Steuerbeine betragen $1/7$ der Körperlänge, ihr äusseres Blatt ist um $2/5$ länger, als das innere; beide tragen keine Fiederborsten. Die Farbe des Körpers ist ziegel- oder braunroth, in den beträchtlicheren Tiefen wird der Körper röthlich weiss und roth gefleckt. Die Augen sind schwarz.

	№ 1 ♂	№ 2 ♂	№ 3 ♀
Die Zahl der Glieder in der Geissel der oberen Fühler	47	41	40
„ „ „ „ „ „ „ unteren Fühler	14	16	15
„ „ „ „ in der Nebengeissel	7	5—6	6

Maassangaben.

	№ 1.	№ 2.	№ 3.
Totallänge	75,9	55,0	46,8
Körperlänge	47,3	32,8	27,6
Länge der oberen Fühler	23,8	17,6	15,4
Länge der unteren Fühler	13,7	9,6	8,1
Länge der Stiele der oberen Fühler . . .	9,8	9,66	6,50
Länge der Stiele der unteren Fühler . . .	9,0	5,64	4,92
Länge des 3ten Gangbeines	18,5	14,5	11,8
Länge der Steuerbeine	6,32	5,70	4,88
Höhe des Körpers	9,5	6,8	5,5
Breite des Körpers	—	4,8	2,9

---

[1]) Die Kiele müssen als Analoga der Lateralreihen angesehen werden.
[2]) Bei der Betrachtung des Thieres von oben werden die Seitenflächen des Körpers grösstentheils von den horizontalen, flügelartigen Ausbreitungen der Kiele verdeckt, woher die hintereinander liegenden Rückenplatten der Segmente wie die Glieder einer *Taenia* erscheinen; erst bei der Seitenansicht zeigt sich eine Reihe von mehr oder weniger hohen Kielen, deren Flügelausbreitungen die obere Fläche des Körpers verdecken.

Diese Art ist häufig und wird in einer Tiefe von 50—500 Meter zahlreich angetroffen. Die meisten Exemplare werden mit einem Stück Lerchenbaumrinde, welche sie mitschleppen, gefangen. Es scheinen die vermoderten Theile dieser Rinde ihnen als Nahrung zu dienen. Die Körperfarbe der Thiere ist derjenigen der Lerchenbaumrinde auffallend ähnlich. Bei der leisesten Berührung rollen sich die Thiere kugelartig zusammen und haben dann ein Ansehen von flachen, auf der Oberfläche radiär gefurchten, am Rande tief eingeschnittenen Knöpfchen.

82. G. Godlewskii n. sp.
Taf. I, Fig. 6.

Artkennzeichen. Die Stiele der oberen Fühler sind dicker und etwas länger als die der unteren, ihr Basalglied ist um $1/7$ kürzer als das Kopfsegment und fast so lang, wie das Endglied der unteren Stiele. Das Endglied der oberen Stiele ist bei den Männchen so lang, wie das Basalglied; oder etwas länger. Das 2te Stielglied der unteren Fühler ist bei den Männchen cylindrisch, bei den Weibchen dagegen etwas flach gedrückt und fast 5—6 mal so lang, wie breit. Die oberen Fühler sind länger, als die Hälfte des Körpers und $2\,1/2$ mal länger, als die unteren. Die Nebengeissel ist 10gliedrig. Die Augen sind gewölbt, nierenförmig; ihr Höhendiameter ist etwa $2-2^{1}/_{2}$ mal in der Körperlänge enthalten. Die Oberfläche des Kopfes ist rauh, die Stirn grubenartig vertieft und nach vorn mit einer kurzen Spitze vortretend. Der untere Rand des Wangenlappens trägt keine Höcker oder Dornen. Auf der Medianlinie der Rückenplatten eines jeden Segmentes, mit Ausnahme der 2 letzten Schwanzsegmente, erhebt sich ein mehr oder weniger stark entwickelter Dorn. Die Dornen der 4 ersten Rumpfsegmente sind kurz und stumpf, der 3 letzten Rumpf- und 3 ersten Schwanzsegmente lang und spitz, die des 7ten Rumpf- und des 1sten Schwanzsegmentes sind die längsten und erreichen fast $1/3$ der Höhe dieser Segmente; auf dem 4ten Schwanzsegmente ist der Mediandorn kurz und stumpf und auf den 2 letzten schliesslich wird er durch einen schwachen Kiel ersetzt. Die Rand- und Lateralreihen sind einander so nahe gestellt, dass sie zusammenfliessen und jederseits nur eine einzige Reihe bilden. An den 3 ersten Rumpfsegmenten wird diese Reihe durch ziemlich kurze Dornen repräsentirt, welche horizontal vom Körper abstehen und etwas nach hinten gerichtet sind. An dem 4ten Segmente erreicht der Dorn auf jeder Seite des Körpers so beträchtliche Dimensionen, wie er bei keiner anderen Art des Baikalsees (ausgenommen var. *Victorii*, wo er noch stärker ausgebildet ist) vorzukommen pflegt; ihre Länge ist bei manchen Exemplaren der Breite des flachen Rückens gleich und die Entfernung der Spitzen beider Dornen von einander ist 2 mal so gross, wie die grösste Breite des Körpers. Das erwähnte Dornenpaar ist nicht, wie das 5te Dornenpaar des *G. cancellus*, gegen die Medianlinie vorgerückt und nicht hakig gebogen, sondern ganz gerade und steht horizontal, nach aussen und hinten gerichtet, von den Seiten des Körpers ab [1]). Auf den folgenden 4 Seg-

---

[1]) Diese Dornen sind so scharf, dass man oft, beim Aufsuchen der Thiere im Schlamme des Schleppnetzes, die Finger zu verletzen Gefahr läuft.

menten sind die Dornen kurz, auf den 4 ersten Schwanzsegmenten durch flache Wülste ersetzt und auf den 2 letzten nicht mehr ausgebildet. Die 1ste Seitenplatte läuft spitz nach vorn zu und reicht so weit, dass sie, bei der etwas gesenkten Haltung des Kopfes, die Basis der unteren Fühler überdeckt; die 4te Seitenplatte ist 5eckig, nach hinten in einen spitzen Zahn verlängert und am unteren, eckig gebogenen Rande mit einem kurzen, aber spitzen Dorne versehen. Der Schwanzanhang ist bis zur Hälfte getheilt, und in der Medianlinie seiner hinteren Hälfte mit einem leistenartigen Kiele versehen. Die Hände sind birnförmig; der Volarrand der hinteren Hände ist mehr gewölbt, als der der vorderen. Die Basalglieder der Gangbeine sind schmal; der hintere Rand der beiden vorderen Paare ist schwach eingebogen, des 3ten Paares convex und bei allen mit kurzen, einfachen Borsten besetzt. Die vorderen Springbeine übertreffen um $2/5$ der Länge ihrer Scheerenglieder die Spitzen der Steuerbeine, die hinteren sind etwas kürzer. Die Steuerbeine betragen $1/10$ der Körperlänge, ihre Blätter sind beinahe gleich lang und an ihren Rändern mit üppigen Fiederborsten besetzt. Die Farbe des Körpers ist sehr zart horngelb oder weisslichgelb; am Hinterrande eines jeden Segmentes verläuft eine Querbinde von hornbrauner oder röthlichgelber Farbe. Die Augen sind schwarz.

	№ 1 ♂	№ 2 ♂	№ 3 ♀
Die Zahl der Glieder in der Geissel der oberen Fühler.	58	61	50
„ „ „ „ „ „ „ der unteren Fühler.	11	11	10
„ „ „ „ in der Nebengeissel	10	11	9

Maassangaben.

	№ 1.	№ 2.	№ 3.
Totallänge.	87,5	86,34	69,4
Körperlänge	51,9	49,7	43,1
Länge der oberen Fühler	32,5	33,92	23,7
Länge der unteren Fühler	12,18	12,56	9,7
Länge der Stiele der oberen Fühler	10,0	10,40	7,5
Länge der Stiele der unteren Fühler	9,3	9,84	7,4
Länge des 3ten Gangbeines	34,0	36,0	28,0
Länge der Steuerbeine.	5,0	5,12	4,0
Höhe des Körpers	12,0	12,0	11,2
Breite des Körpers	9,2	9,1	9,2
Entfernung zwischen den Spitzen des 4ten Dornenpaares.	23,5	23,0	23,0

Die Art ist häufig; sie lebt in einer Tiefe von 10—150 Meter und wird sehr oft mit Fischernetzen gefangen. Da die Fischer an den scharfen Dornen dieser Art oft ihre Hände verletzen müssen, so ist sie hier allgemein unter dem Namen «koljutschaja bokoplawka» (der stechende Seitenschwimmer) bekannt.

83. G. Godlewskii, var. Victorii.

Kennzeichen. Die Stiele der oberen Fühler sind nicht dicker, als die der unteren, aber etwas schmäler und kürzer [1]), ihr Basalglied ist um $1/3$ kürzer, als das Kopfsegment und um $1/3$ länger, als das Endglied der unteren Stiele. Das Endglied der oberen Stiele ist kürzer, als das Basalglied. Das 2te Stielglied der unteren Fühler ist flach und nur $2^1/_2$ mal so lang, wie breit. Die oberen Fühler sind kürzer, als die Hälfte des Körpers und $2-2^1/_2$ mal länger, als die unteren. Die Nebengeissel ist 10gliedrig. Die Augen sind gewölbt, nierenförmig, ihr Höhendiameter ist $1/3$ der Kopflänge gleich. Die Oberfläche des Kopfes ist rauh. Die Stirn ist vertieft und mit einem stumpfen Höcker versehen. Die Dornen sind nach demselben Plane, wie bei der typischen Form angeordnet, zeichnen sich aber von denen der typischen Form durch beträchtlichere Grösse und durch verschiedene Gestalt aus: die 5 ersten Mediandornen sind flacher und fast alle doppelbucklig, die übrigen stärker, seitlich zusammengedrückt und an den Seiten mit einer flachen, rinnenförmigen Grube versehen. Die laterale Randdornenreihe besteht ebenfalls aus flachen Dornen; das 4te Dornenpaar ist viel stärker entwickelt, als bei der typischen Form und breit flügelartig gestaltet, so dass die entsprechende Rückenplatte, von oben betrachtet, wie ein sehr schmaler, langgestreckter, gegen sein Ende spitzzulaufender Halbmond, dessen convexer Rand nach vorn gekehrt ist, erscheint. Die Entfernung der Spitzen beider Dornen von einander ist $2^1/_2$ mal grösser, als die grösste Breite des sehr flachen und breiten Rückens. Die übrigen Dornen sind ganz wie bei der vorigen Art beschaffen. Die erste Seitenplatte ist vorn stärker abgerundet, der untere Rand der 4 ersten Seitenplatten tiefer eingeschnitten, die Richtung derselben viel schiefer und der hintere Zahn der 4ten Seitenplatte höher, als bei der typischen Form. Als wichtigere Unterschiede können weiter hervorgehoben werden: der stärkere Borstenbesatz an den Rändern aller Seitenplatten, an den Basalgliedern der Gangbeine und an den Seitenlappen des Schwanzanhanges; der tiefer gespaltene Schwanzanhang und schliesslich etwas kürzere Springbeine. Die Farbe des Körpers ist schmutzig hell bräunlichgelb (die Querbinde habe ich nicht gesehen). Die Augen sind schwarz.

	№ 1 ♂	№ 2 ♀
Die Zahl der Glieder in der Geissel der oberen Fühler.	53	47
" " " " " der unteren Fühler.	9	7
" " " " in der Nebengeissel.	10	9

Maassangaben.

	№ 1.	№ 2.
Totallänge	106,9	73,7
Körperlänge.	70,1	50,3

---

[1]) Dieses anomale Verhältniss wird durch die hypertrophische Entwickelung der beiden ersten Basalglieder der unteren Stiele bedingt; das 2te Glied ist flach gedrückt, prismatisch gestaltet und an seinem convexen Augenrande bürstenartig mit steifen und kurzen Borsten besetzt.

	№ 1.	№ 2.
Länge der oberen Fühler	32,5	20,7
Länge der unteren Fühler	14,38	8,4
Länge der Stiele der oberen Fühler	11,0	6,7
Länge der Stiele der unteren Fühler	11,5	6,9
Länge des 3ten Gangbeines	43,0	29,5
Länge der Steuerbeine	6,5	4,3
Höhe des Körpers	18,5	14,5
Breite des Körpers	15,0	12,7
Entfernung der Spitzen des 4ten Dornenpaares	35,0	25,0

Diese schöne und so charakteristische Varietät haben wir in der Nähe der Mündung des Murin-Flusses, am südlichen Ufer des Baikalsees, in einer Tiefe von 10 Meter gefangen.

84. G. armatus n. sp.

Taf. XII, Fig. 1.

Artkennzeichen. Die Stiele der oberen Fühler sind dicker und 2 mal länger als die der unteren, ihr Basalglied ist cylindrisch, länger als das Kopfsegment, oder nur so lang und über 2 mal so lang, wie das Endglied der unteren Stiele. Die oberen Fühler sind 4—5 mal länger als die unteren und um $^1/_4$ kürzer als der Körper. Die Nebengeissel ist 3—5gliedrig. Die Augen sind nierenförmig, schwach gewölbt; ihr Höhendiameter ist der halben Kopflänge gleich und 2 mal so gross, wie die Breite des Auges. Die Stirn tritt mit einer medianen, kurzen Spitze vor. Das Kopfsegment ist glatt. Auf allen Rumpfsegmenten, bei den erwachsenen Thieren vom ersten, bei den jungen vom 2ten an, tritt eine Reihe von Tuberkeln oder Kielen auf, welche zu je 3 die Rückenplatten besetzen und durch ihre Anordnung, Gestalt und Bewaffnung die Art ganz vortrefflich charakterisiren. Die Tuberkeln bilden 3 Längsreihen: eine mediane und 2 Lateralreihen. Die Medianreihe besteht aus seitlich zusammengedrückten, kielartigen Höckern, welche nach hinten allmälig an Grösse zunehmen und keine Dornen an ihrer Oberfläche tragen. Die hoch auf der Rückenfläche gelegenen Lateralreihen werden aus starken, leisten- oder zahnartigen Hervorragungen gebildet. Die Hervorragungen sind stark von vorn nach hinten zusammengedrückt, schief zur Längsachse des Thieres gerichtet und nach hinten umgebogen. Eine jede zahnartige Erhöhung hat somit eine vordere convexe, eine hintere concave Fläche und ausserdem einen oberen abgerundeten Rand, welcher mit 2—7 Dornen besetzt ist. Auf den 3 ersten Schwanzsegmenten fehlt die Medianreihe und anstatt dieser treten 2 Gruppen von Stacheln, welche zu 3—5 auf schwachen Erhöhungen angeordnet sind. Auf den 3 letzten Schwanzsegmenten kommen nur 4 am Hinterrande der Rückenplatten gelegene Stacheln vor. Die Seitenplatten tragen nur 2 kurze, stachelartige Borsten. Der Schwanzanhang ist zweitheilig. Die Hände sind gleich gross, die vorderen birn-, die hinteren becherförmig. Die Basalglieder der Gangbeine sind herzförmig, ihre untere, hintere Ecke ist abgestutzt, der Hinterrand mit 7—10 kurzen, einfachen Borsten besetzt. Die vorderen Springbeine sind etwas länger als die hinteren und reichen bis zur Mitte des äusseren Blattes der Steuerbeine. Die äusseren Blätter der Steuerbeine sind um $^1/_4$—$^1/_5$ länger als die inneren, beide sind mit einfachen Borsten und nur am Innenrande mit Fiederborsten besetzt. Der Körper ist hell hornbraun, dunkel hornbraun marmorirt, ausserdem ist der 3te, 4te und die vordere Hälfte des 5ten Rumpfsegmentes viel heller gefärbt, wodurch eine sattelförmige Querbinde entsteht. Die Augen sind schwarz.

	№ 1 ♂	№ 2 ♀	№ 3 ♀	№ 4 ♂
Die Zahl der Glieder in der Geissel der oberen Fühler	47	30	30	34
" " " " " " " unteren Fühler	8	5	5	5
" " " " in der Nebengeissel	5	3	3	4

Maassangaben.

	№ 1.	№ 2.	№ 3.	№ 4.
Totallänge	37,6	15,58	14,7	12,5
Körperlänge	21,7	8,51	8,3	6,5
Länge der oberen Fühler	15,90	6,68	6,4	—
Länge der unteren Fühler	2,92	1,50	1,4	—
Länge der Stiele der oberen Fühler	4,40	2,12	1,8	—
Länge der Stiele der unteren Fühler	1,80	0,99	0,9	—
Länge des 3ten Gangbeines	8,5	4,24	—	—
Länge der Steuerbeine	3,0	0,84	0,88	—
Grösste Höhe des Körpers	3,0	1,5	—	—
Grösste Breite des Körpers	3,0	1,3	—	—

Die Art ist selten; wir haben sie in einer Tiefe von 10 Meter gefangen.

85. G. parasiticus n. sp.

Taf. III, Fig. 3.

Artkennzeichen. Die Stiele der oberen Fühler sind dicker und fast 2 mal so lang, wie die der unteren, ihr Basalglied ist auf seiner oberen Fläche mit einem von kurzen Fiederborsten besetzten Höcker und mit 11—12 starken Stacheln, auf der unteren mit 2 Endstacheln versehen. Das Basalglied der oberen Stiele übertrifft um $^1/_3$ die Länge des Kopfes und ist fast 2 mal so lang, wie das Endglied der unteren Stiele. Die oberen Fühler sind der Körperlänge gleich und fast 3 mal länger als die unteren. Die Nebengeissel ist 2gliedrig und länger, als die beiden ersten Geisselglieder der oberen Fühler. Die Augen sind rundlich, stark gewölbt, ihr Höhendiameter beträgt eine halbe Kopflänge. Die Stirn tritt mit einer kurzen Spitze vor. Auf der oberen Fläche des Kopfsegmentes kommen 18—16 Stacheln vor:

in der Mitte der Stirnfläche und auf dem Scheitel stehen 3 Paare nach hinten umgebogener Stacheln, dann ein kleiner Stachel am Hinterrande jedes Auges, ferner je 3—4 am Hinterrande der Wangenlappen und schliesslich je einer hinter den Augen auf den Wangenflächen. Jedes Rumpfsegment ist mit einem Median- und, von beiden Seiten, mit je einem Randzahne versehen; letztere sind unmittelbar über den Seitenplatten gelegen. Alle diese Zähne sind mit einer ziemlich constanten Anzahl von Stacheln besetzt. Auf dem ersten, zweibuckligen Zahne zählte ich 3 Paare von Stacheln, auf dem zweiten 4—5, auf dem dritten 4—6, auf den übrigen 2—3 Paare und auf jedem Randzahne 3—5 Stacheln. Auf den 3 ersten Schwanzsegmenten besteht die Medianreihe aus kielartigen, die Lateralreihe aus sehr schwach entwickelten tuberkelartigen Höckern. Die Mediankiele sind an der Basis mit 2, die lateralen Tuberkeln nur mit einem Stachel versehen, ausserdem tragen die Kiele der 2 ersten Segmente 4—5, des 3ten 2—3 Stacheln. Die 3 letzten Schwanzsegmente sind stachellos. Die Seitenplatten der 4 ersten Rumpfsegmente haben nur vereinzelt stehende, kurze Borsten. Der Schwanzanhang ist 2theilig. Die Hände sind mässig gross, die vorderen birn-, die hinteren becherförmig und nach vorn erweitert. Die Basalglieder der Gangbeine sind nicht erweitert; ihr vorderer Rand ist schwach gewölbt, der hintere oben convex, unten etwas eingebogen und mit 1—4 Stacheln versehen; die obere, hintere Ecke ist zugespitzt, was am 3ten Gangbeine besonders deutlich ausgebildet ist. Auf der Aussenfläche der Basalglieder erhebt sich eine longitudinale Leiste, welche am 1sten und 2ten Gangbeine mit 1—3 Stacheln besetzt ist und unten, über dem Gelenke, in einen mehr oder weniger stark entwickelten Fortsatz ausläuft; dieser stumpf zulaufende Fortsatz ist unter einem spitzen Winkel zur Fläche des Basalgliedes gestellt und auf dem 1sten Gangbeine mit 3, auf dem 2ten mit 2—3, auf dem 3ten mit 1 Stachel versehen. Die vorderen Springbeine reichen bis an die Enden der Steuerbeine, die hinteren berühren kaum das Ende des 1sten Drittels der Steuerbeine. Das äussere Blatt der Steuerbeine ist kaum länger als das innere, beide sind mit langen Borsten versehen, welche am Innenrande des längeren und an beiden Rändern des kürzeren gefiedert sind. Die Farbe des Körpers ist grünlich; die Spitzen aller Kiele und Zähne sind goldgelb, die Augen schwarz.

	№ 1 ♀	№ 2 ♀	№ 3 ♂	№ 4 ♂
Die Zahl der Glieder in der Geissel der oberen Fühler.	26	25	26	27
» » » » » » der unteren Fühler.	8	8	8	8
» » » » in der Nebengeissel	2	2	2	2

Maassangaben.

	№ 1.	№ 2.	№ 3.
Totallänge	22,80	22,54	22,94
Körperlänge	11,10	11,58	11,20
Länge der oberen Fühler	10,28	10,39	10,96
Länge der unteren Fühler	3,24	3,80	3,76
Länge der Stiele der oberen Fühler. . . .	4,43	4,39	4,56
Länge der Stiele der unteren Fühler . . .	2,12	2,33	2,32
Länge des 3ten Gangbeines	5,36	5,04	5,68
Länge der Steuerbeine	1,00	0,97	0,92
Höhe des Körpers	3,0	2,8	2,8
Breite des Körpers	3,5	3,5	3,4

Die Art ist häufig; wir haben sie stets in der Nähe der *Spongia baicalensis* gefangen und oft auf den Stöcken derselben schmarotzen sehen. Die Farbe des Thieres scheint mir vom Pigment des grünen Baikalschwammes abzuhängen; denn sobald die in Gefangenschaft gehaltenen Thiere mit anders gefärbten Substanzen gefüttert werden, nehmen sie eine gelbliche Farbe an. Dass die schmarotzenden Thiere mit dem Wechsel ihres Wirths auch die Körperfarbe abändern, habe ich mehrmals zu beobachten Gelegenheit gehabt: so wechselt seine Farbe der *G. branchialis* m. (siehe oben) je nach der Farbe des Thieres, dessen Bruthöhle er bewohnt, dann wird die *Piscicola torquata* Grube, welche gewöhnlich an den Kiemenblättern der Gammaroiden-Arten schmarotzt, weiss, braun, violett etc., je nachdem man sie auf verschieden gefärbte Thiere überträgt.

86. G. Radoszkowskii n. sp.

Taf. XIII, Fig. 3.

Artkennzeichen. Die Stiele der oberen Fühler sind nicht dicker, aber kürzer als die der unteren, ihr Basalglied ist fast so lang, wie das Kopfsegment und nur wenig länger als das Endglied der unteren Stiele. Die oberen Fühler erreichen kaum $1/3$ der Körperlänge und sind etwa 2 mal so lang, wie die unteren. Die Augen sind klein, unregelmässig gestaltet, oft punktförmig. Der Augenlappen ist blattartig, sein Vorderrand steht vor dem Stirnrande. Die mediane Stirnspitze ist sehr kurz. Das obere Kopfprofil ist wenig gewölbt. Die Oberfläche des Kopfes ist eben. Die Oberfläche des Körpers ist sehr zart, sammtartig behaart. Die Rückenplatten aller Segmente sind mit einer Medianreihe, 2 Lateral- und 2 Randreihen versehen. Die Medianreihe aller Rumpf- und der 3 ersten Schwanzsegmente wird aus Tuberkeln und die des 4ten und 5ten Schwanzsegmentes aus starken, breiten Dornen gebildet. Die Dornen sind auf ihrer vorderen Fläche mit buckelartigen Höckern versehen. Auf den letzten Schwanzsegmente sind die Erhöhungen äusserst schwach und undeutlich ausgebildet. In den Lateralreihen treten auf allen Rumpf- und auf den 3 ersten Schwanzsegmenten kleine, nach hinten allmälig an Grösse abnehmende Höcker und in den Randreihen aller Segmente schwache Wölbungen auf. Auf dem 4ten und 5ten Schwanzsegmente trägt eine jede Wölbung 2—3 Stachelspitzen. Der Schwanzanhang ist 2theilig. Am hinteren Rande der 4ten Seitenplatte erhebt sich ein gerader, nach aussen gerichteter, halbröhriger Stachel. Der Stachel entsteht aus einer Falte der Seitenplatte, woher er nach hinten offen bleibt. Die Länge des Stachels ist beinahe der halben Breite der Seitenplatte gleich. Die Hände sind becherförmig, und die vorderen sind etwas grösser, als die hinteren. Die Basalglieder der 2 ersten Gangbeinpaare sind herzförmig, die des 3ten unregelmässig viereckig. Der Hinterrand aller Basalglieder ist mit langen, weit auseinander stehenden Borsten besetzt. Die vorderen Springbeine reichen über die Mitte der Steuerbeine hinaus, die hinteren erreichen kaum die Mitte derselben. Die Steuerbeine betragen etwa $1/10$ der Körperlänge, ihre Blätter sind beinahe gleich lang, oder das innere ist um $1/10$ kürzer; beide tragen am Innenrande Fiederborsten, während der äussere mit einfachen Borsten besetzt ist. Die Farbe des Körpers ist schmutzig bräunlichgelb. Die Augen sind weiss.

	№ 1 ♂	№ 2 ♂
Die Zahl der Glieder in der Geissel der oberen Fühler	34	34
„ „ „ „ „ „ der unteren Fühler	10	10
„ „ „ „ in der Nebengeissel	4	4

Maassangaben.

	№ 1.	№ 2.
Totallänge	56,1	55,1
Körperlänge	40,8	40,9
Länge der oberen Fühler	13,0	12,40
Länge der unteren Fühler	7,73	8,16
Länge der Stiele der oberen Fühler	5,6	4,96
Länge der Stiele der unteren Fühler	6,04	6,40
Länge des dritten Gangbeines	16,8	18,0
Länge der Steuerbeine	4,3	4,00
Höhe des Körpers	8,7	8,5
Breite des Körpers	$\frac{7,2}{12,3}$	7,0

Die Art ist sehr selten; sie kommt in einer Tiefe von 100—200 Meter vor.

87. G. Grewingkii n. sp.

Taf. II, Fig. 4.

Artkennzeichen. Die Stiele der oberen Fühler sind dicker und etwa um $1/4$ länger, als die der unteren, ihr Basalglied ist in der Regel länger als das Kopfsegment, selten ebenso lang, und immer länger als das Endglied der unteren Stiele. Das 2te Stielglied der unteren Fühler ist cylindrisch oder nur schwach zusammengedrückt und 4—5 mal so lang, wie breit. Die oberen Fühler betragen $2/3$—$3/5$ der Körperlänge und sind etwa 3 mal so lang, wie die unteren. Die Nebengeissel ist 22gliedrig. Die Augen sind sehr schwach ausgebildet und erscheinen als sehr kleine, durch die etwas gewölbte, pellucide Stelle der Chitinhaut [1]) durchschimmernde Flecken. Die Oberfläche des Kopfes ist rauh, die Stirn tritt mit einer stumpfen, kurzen Spitze vor. Unmittelbar unter dem Auge erhebt sich auf dem Wangenlappen ein langer, spitzer, schräg nach aussen und vorn gerichteter Stachel, dessen Länge diejenige des Kopfsegmentes übertrifft. Die Medianreihe auf den Rückenplatten aller Segmente, mit Ausnahme der 2—3 letzten Schwanzsegmente, wird durch einen starken Dorn repräsentirt. Die Dornen sind auf den 3 letzten Rumpf- und den 2 ersten Schwanzsegmenten, in der Regel, die stärksten und erreichen $2/5$ der Körperhöhe (derjenigen Stelle, wo die Dornen sich befinden); alle und besonders die der 3 ersten Schwanzsegmente sind sehr stark seitlich zusammenge-

---

[1]) Bei manchen Exemplaren habe ich keine pellucide Stelle der Chitinhaut auffinden können, woher die betreffenden Thiere ganz blind zu sein scheinen.

drückt. Die hinteren Segmente sind abgerundet und vollkommen glatt. Die Lateralreihen der Rumpfsegmente bestehen aus schwachen, mit Höckern versehenen Kielen, die der Schwanzsegmente aus flachen, wulstigen Wölbungen. Der untere Rand der 4 ersten Seitenplatten ist tief eingeschnitten und läuft in 2 spitze, nach unten gerichtete Ecken aus, deren hintere lang und dornartig ist. Die 4te Seitenplatte ist am unteren Theile ihrer Fläche mit einem nach unten und hinten gerichteten, starken, spitzen und abgeflachten Dorne versehen, welcher weit über die hintere Ecke derselben hinausreicht. Die Seitenlappen der 3 ersten Schwanzsegmente sind nach unten zugespitzt; der hintere Rand derselben ist in der Richtung von hinten und oben, nach vorn und unten abgestutzt. Auf der äusseren Fläche der genannten Seitenplatten verläuft, in der dem Hinterrande derselben entgegengesetzten Richtung, eine sehr deutlich entwickelte, leistenartige Erhöhung. Der Schwanzanhang ist an seinem hinteren Rande nur schwach eingebogen, nicht zweitheilig. Die Hände sind birnförmig. Die Gangbeine sind sehr lang; das 2te Paar derselben erreicht die Länge des Körpers. Die Basalglieder der Gangbeine sind schmal herzförmig und am Hinterrande mit keinen Borsten versehen. Die Springbeine sind mächtig entwickelt, fast gleich lang und reichen weit über die Enden der Steuerbeine hinaus. Die Scheerenglieder der Springbeine sind an den Rändern mit dichten einfachen Borsten besetzt. Die Steuerbeine sind verkümmert und liegen zwischen den Basalgliedern der Springbeine versteckt; sie erreichen kaum $1/20$—$1/25$ der Körperlänge; ihr äusseres Blatt, dessen Ränder mit einfachen Borsten besetzt sind, ist 3—5 mal länger als das innere, welches nur eine Endborste hat. Die Farbe des Körpers ist dunkel horn-gelb bis gelblich-weiss, je nach der verschiedenen Tiefe, in welcher die Thiere leben. Die Augenflecke sind weiss.

	№ 1 ♂	№ 2 ♀	№ 3 ♀
Die Zahl der Glieder in der Geissel der oberen Fühler	62?...	62	63
„ „ „ „ „ „ „ der unteren Fühler	14	13	11
„ „ „ „ in der Nebengeissel	23	21	20

Maassangaben.

	№ 1.	№ 2.	№ 3.
Totallänge	106,2	88,6	89,56
Körperlänge	63,1	51,1	54,18
Länge der oberen Fühler	41,5	36,3	34,5
Länge der unteren Fühler	14,3	11,0	13,0
Länge der Stiele der oberen Fühler	13,5	11,8	10,5
Länge der Stiele der unteren Fühler	9,8	8,2	9,0
Länge des 3ten Gangbeines	60,0	50,2	56,0
Länge der Steuerbeine	3,2	2,7	2,56
Höhe des Körpers (von der Spitze des Dornes der 4ten Seitenplatte bis zur Spitze des Mediandornes)	23,0	16,5	17,0
Breite des Körpers	14,2	10,0	10,0

Die Art ist nicht häufig; wir haben sie in verschiedenen Tiefen von 100—1,000 Meter gefangen.

Es kommt eine Varietät dieser Form vor, welche sich durch flacheren Ausschnitt, kürzeren und mehr zusammengedrückten Dorn der 4 ersten Seitenplatten und durch eine doppelte Lateralrandreihe auf den 2 letzten Rumpf- und den 3 ersten Schwanzsegmenten vor der typischen Form auszeichnet. Die Tuberkeln dieser Reihe sind sehr klein, punktförmig und bleiben stets auf den Seitenflächen der Platten, ohne auf den hinteren Rand der Segmente überzugehen.

88. G. Reichertii n. sp.

Taf. XIII, Fig. 4.

Artkennzeichen. Die Stiele der oberen Fühler sind dicker und mehr als um $1/3$ länger als die der unteren, ihr Basalglied ist länger als das Kopfsegment und 2 mal länger als das Endglied der unteren Stiele. Die oberen Fühler sind nur um $1/3$ kürzer als der Körper, aber 3—4 mal länger als die unteren. Die Nebengeissel ist lang, 12gliedrig. Die Augen schimmern als kleine, weisse Punkte durch die etwas gewölbte pellucide Stelle der Chitinhaut hindurch. Die Oberfläche des Kopfes ist rauh. Die Stirn tritt mit einem kurzen, stumpfen Höcker vor. Von dem Rande des Wangenlappens erhebt sich nach vorn, aussen und oben ein spitzer, schwach gebogener Dorn, dessen Länge diejenige des Kopfsegmentes nicht erreicht. Die Medianreihe besteht, ebenso wie bei *G. Grewingkii*, aus langen Dornen, welche jedoch höher, spitzer und weniger zusammengedrückt sind, als bei der erwähnten Art; die längsten Dornen befinden sich auf den 2 ersten Schwanzsegmenten und erreichen eine halbe Körperhöhe der betreffenden Stelle. Auf den 4 ersten Rumpfsegmenten ist nur die Lateralreihe allein vorhanden, welche durch schwache Kiele dargestellt wird und aus der Verwachsung zweier Reihen (Lateral- und Randreihe) entsteht. Erst von dem 5ten Rumpfsegmente an treten die beiden Reihen gesondert auf. Die Randreihe der Rumpfsegmente besteht aus kielartigen, in der Mitte mit kleinen Höckern versehenen Erhöhungen, die Lateralreihe aus kleinen, rundlichen Tuberkeln. Auf den Schwanzsegmenten kommen in der Randreihe flache Wülste, in der Lateralreihe dagegen kleine Höcker vor; letztere sind am Hinterrande der Rückenplatten, seitlich von den Mediandornen angeordnet. Der untere Rand der 4 ersten Seitenplatten ist flach eingeschnitten, die beiden hinteren Ecken derselben sind stumpf und kurz. Aus der Fläche des 4ten Seitenplattenpaares entspringt nach aussen ein horizontaler, langer Dorn, welcher von demjenigen des *G. Grewingkii* ganz verschieden ist. Die Entfernung der Dornspitzen von einander ist $2^{1}/_{2}$—3 mal so gross, wie die grösste Breite des Körpers. Die Seitenplatten der 3 ersten Schwanzsegmente sind unten gleichmässig abgerundet, und auf der Fläche der 3ten fehlt die Leiste, welche auf den 2 ersten deutlich ausgebildet ist. Die Hände sind birnförmig und die vorderen etwas grösser, als die hinteren. Die Springbeine übertreffen die Steuerbeine nur um die Länge der 3 letzten Schwanzsegmente. Die Scheerenglieder der Springbeine sind an ihren Rändern nur sparsam mit Borsten besetzt. Die Steuerbeine sind äusserst klein und betragen weniger als $1/_{30}$ der Körperlänge. Das äussere Blatt der Steuerbeine ist 2—3 mal länger als das innere, beide haben nur Endborsten. Die Farbe des Körpers ist weisslich oder gelb. Die Augenflecke sind weiss.

	№ 1 ♂	№ 2 ♀	№ 3 ♀
Die Zahl der Glieder in der Geissel der oberen Fühler .	39	46	24
„ „ „ „ „ „ der unteren Fühler .	7	8	4
„ „ „ „ in der Nebengeissel . . .	11	12	6

Maassangaben.

	№ 1.	№ 2.	№ 3.
Totallänge.	40,92	54,74	17,63
Körperlänge	23,96	31,24	11,0
Länge der oberen Fühler.	16,8	23,1	6,36
Länge der unteren Fühler	5,2	6,2	2.11
Länge der Stiele der oberen Fühler . .	5,8	7,5	2,20
Länge der Stiele der unteren Fühler . .	3,7	4,6	1,47
Länge des 3ten Gangbeines	22,5	27,5	8,0
Länge der Steuerbeine.	0,72	0,95	0,30
Höhe des Körpers	7,2	9,8	3,5
Breite des Körpers.	5,5	8,0	—
Entfernung der Dornspitzen der 4ten Seitenplatte von einander.	16,0	22,0	—

Diese Art kommt in einer Tiefe von 200—500 Meter vor.

89. G. Solskii n. sp. [1]).

Taf. III, Fig. 2.

90. G. Czyrniańskii n. sp.

Taf. IX, Fig. 5.

Artkennzeichen. Die Stiele der oberen Fühler sind dicker und etwas länger als die der unteren, ihr Basalglied ist verdickt, cylindrisch, 2 mal kürzer als das Kopfsegment und etwa um $^1/_3$ länger, als das Endglied der unteren Stiele. Die oberen Fühler sind um $^1/_4$ — $^1/_5$ länger als die unteren und etwa 4 mal in der Körperlänge enthalten. Die Geisseln der unteren Fühler haben keine Kolbenorgane. Die Nebengeissel ist eingliedrig und um $^1/_3$ kürzer als das

---

[1]) *Anmerkung der Redaction.* In dem uns zugestellten Manuscripte fehlt die Beschreibung dieser Art. Bei der sehr grossen Entfernung des Wohnorts des Hrn. Verfassers, müsste der Druck der vorliegenden Arbeit auf längere Zeit sistirt werden, wenn von demselben die fehlende Beschreibung erbeten werden sollte. Um diese Verzögerung nicht eintreten zu lassen, hielten wir es für zweckmässig, die Beschreibung des *Gammarus Solskii* auszulassen, um so mehr, als die wichtigsten Merkmale dieser Art bereits auf S. 42 gegeben sind.

erste Geisselglied der oberen Fühler. Die Augen sind klein, rundlich, stark gewölbt und betragen $1/4$ der Kopflänge. Die Stirn tritt mit einer kurzen Spitze vor. Die Oberfläche des Körpers ist glatt (ohne Kiele, Borsten, Stacheln oder Haare). Die Seitenplatten der 4 ersten Rumpfsegmente sind mit wenigen kurzen Borsten besetzt. Der Schwanzanhang ist klein, blattförmig (nicht getheilt). Die Hände sind ziemlich gross, die vorderen birn-, die hinteren becherförmig. Die vorderen Hände sind bei den Männchen schlanker, als bei den Weibchen; ihr Palmarrand ist abschüssig und gegen den Pulvinar hin mit 2 Paar Stacheln versehen; an dem Volarrande stehen 5 kleine Stacheln hinter einander; die hinteren Hände sind mit 3 Pulvinarstacheln versehen. Die Basalglieder der beiden vorderen Gangbeinpaare sind herzförmig, ihr Hinterrand ist schwach gewölbt und mit kurzen Borsten besetzt. Das Basalglied des 3ten Gangbeinpaares ist erweitert, hinten gleichmässig abgerundet und nach unten in einen abgerundeten Lappen verlängert, der hintere Rand derselben trägt kurze weit auseinander stehende Borsten, der vordere dagegen lange, dichte, büschelartig angeordnete Borsten. Die Springbeine reichen über die Spitzen der Steuerbeine hinaus, letztere sind sehr kurz, rudimentär und einblättrig; das einzige Blatt derselben sitzt wie ein Stummel auf dem breiten und kurzen Basalgliede und trägt an seinem flachen und breiten Ende 5—6 dicke Stacheln. Die Farbe des Körpers ist dunkel horngrau. Die Augen sind schwarz.

	№ 1 ♂	№ 2 ♀	№ 3 ♀
Die Zahl der Glieder in der Geissel der oberen Fühler.	9—11	9	8
„ „ „ „ „ „ der unteren Fühler.	8	8	5
„ „ „ „ in der Nebengeissel	1	1	1

Maassangaben.

	№ 1 ♂	№ 3 ♀
Totallänge	13,91	8,00
Körperlänge	10,88	6,62
Länge der oberen Fühler	2,64	1,38
Länge der unteren Fühler . . .	1,89	1,01
Länge der Stiele der oberen Fühler . .	1,09	0,55
Länge der Stiele der unteren Fühler. .	0,97	0,50
Länge des dritten Gangbeines	3,66	—
Länge der Steuerbeine	0,56	0,30
Höhe des Körpers	3,0	2,4
Breite des Körpers.	3,2	2,6

Die Art ist selten; wir haben sie in einer Tiefe von 10 Meter gefangen. Sie zeichnet sich vor allen übrigen Arten des Baikalsees durch das Fehlen des inneren Blattes der Steuerbeine aus.

91. G. asper n. sp.

Taf. XIII, Fig. 1.

Artkennzeichen. Die Stiele der oberen Fühler sind dicker und länger (ausnahmsweise kürzer, siehe Fig. 1), als die der unteren, ihr Basalglied ist verdickt, cylindrisch, gewöhnlich um $1/3 - 1/4$ kürzer als das Kopfsegment und entweder um $1/4$ länger, oder (nur höchst selten) etwas kürzer, als das Endglied der unteren Stiele. Die oberen Fühler erreichen meistentheils $1/3$ der Körperlänge und überragen die unteren fast um die Hälfte. Die Nebengeissel ist eingliedrig und reicht bis zum Ende des ersten Geisselgliedes der oberen Fühler. Die Augen sind stark gewölbt, rundlich, ihr Höhendiameter beträgt $1/5$ der Kopflänge. Das obere Kopfprofil ist gewölbt, der Stirnrand verdickt, stumpf und wenig vortretend. Auf dem Wangenlappen erhebt sich ein dicker abgerundeter Höcker, der nach aussen und unten sich verlängert und den Wangenhügel überdeckt. Der Rumpf ist mit 4 Reihen (2 Rand- und 2 Lateralreihen) zahnartiger Kiele oder Tuberkeln versehen. Die Randreihen sind viel stärker ausgebildet, als die lateralen, die Kiele derselben sind flach gedrückt und mit abgerundetem oberen Rande versehen; die 5 ersten sind fast 2 mal so lang, wie die beiden letzten und der 5te länger und etwas spitzer, als die vorhergehenden. Die Lateralreihen bestehen aus kleinen Tuberkeln, deren 5 erste ebenfalls etwas stärker ausgebildet sind, als die 2 letzten. Die Richtung der Lateralreihen zur Längsachse des Körpers ist nicht ganz parallel. Von den Seitenplatten der Rumpfsegmente ist nur die 4te mit einem fast central gestellten Höcker versehen; auf dem unteren Rande der Platte sind keine Borsten vorhanden. Auf den 3 ersten Schwanzsegmenten sind nur die lateralen, aus kleinen Tuberkeln bestehenden Reihen vorhanden und auf den 2 ersten kommt ausserdem noch ein kleiner, medianer Tuberkel vor. Auf den übrigen Schwanzsegmenten sind nur undeutliche und äusserst kleine Höcker vorhanden. Der Schwanzanhang ist abgerundet 5eckig, sein hinterer Rand ist nur schwach eingebogen. Die Hände sind bei den Männchen grösser, als bei den Weibchen, die vorderen sind birn-, die hinteren becherförmig. Die Basalglieder der Gangbeine sind mässig breit, länglich eiförmig und am Hinterrande mit kurzen, weit auseinander stehenden Borsten besetzt. Der untere, hintere Theil des Basalgliedes des 3ten Gangbeines ist nach unten in einen abgerundeten Lappen verlängert. Die vorderen Springbeine reichen nicht bis zum Ende der Steuerbeine; die vorderen erreichen das Ende der Basalglieder, die hinteren das Ende des 6ten Schwanzsegmentes, welches 2 mal länger ist, als das 5te. Die Steuerbeine erreichen bei den Männchen $1/7$, bei den Weibchen $1/9$ der Körperlänge. Die Blätter der Steuerbeine sind beinahe gleich lang und an ihren Rändern mit Fiederborsten versehen. Die Farbe des Körpers ist dunkel graubraun mit helleren Zeichnungen und Binden[1]). Die Fühler und Extremitäten sind gebändert. Die Augen sind braun.

	№ 1 ♂	№ 2 ♀	№ 3 ♀
Die Zahl der Glieder in der Geissel der oberen Fühler	15	17	17
„ „ „ „ „ „ der unteren Fühler	7	7	6
„ „ „ „ in der Nebengeissel	1	1	1

---

[1]) Längs dem Rücken läuft eine dunkle Binde. Die Kiele sind dunkeler gefärbt, als der übrige Körper; im hinteren Theile des Körpers sind sie öfters roth gefärbt.

Maassangaben.

	№ 1.	№ 2.	№ 3.
Totallänge	21,56	21,12	19,74
Körperlänge	15,01	15,50	14,78
Länge der oberen Fühler	5,16	4,42	3,84
Länge der unteren Fühler	3,77	2,40	2,12
Länge der Stiele der oberen Fühler	2,52	1,94	1,52
Länge der Stiele der unteren Fühler	2,17	1,60	1,48
Länge des 3ten Gangbeines	5,0	4,88	4,6
Länge der Steuerbeine	2,03	1,60	1,6
Höhe des Körpers	3,0	3,8	—
Breite des Körpers	3,3	3,8	3,0

Die Art ist selten und kommt mit *G. armatus* in gleichen Localitäten vor. Sie zeichnet sich vor allen nächstverwandten Arten, wie *G. cancelloides, armatus* etc. dadurch aus, dass sie beim Schwimmen und Kriechen ihren Rücken nach oben kehrt, während jene Seitenschwimmer sind und auf der Seite liegend sich auf dem Boden fortbewegen. Sie stellt ferner ein Verbindungsglied zwischen den *Pontoporeia* ähnlichen Formen und derjenigen Gruppe, zu welcher die Arten: *G. cancelloides, Grubii, Brandtii, Kesslerii* etc. angehören, vor. Die systematische Stellung dieser Art ist nicht leicht, und muss verschieden ausfallen, je nachdem man den morphologischen oder den biologischen Charakteren den Vorzug giebt. In meinem künstlich errichteten Systeme stelle ich sie an die Seite derjenigen Arten, bei welchen die Nebengeissel eingliedrig ist, und mit welchen sie, in ihrer Lebensweise und Bewegungsart, am meisten übereinstimmt.

92. G. Taczanowskii.[1] n. sp.

Taf. XIV, Fig. 9.

Artkennzeichen. Die Stiele der oberen Fühler sind dicker und länger als die der unteren; ihr Basalglied ist verdickt, ziemlich breit, um die Hälfte kürzer als das Kopfsegment, aber etwa 2 mal länger, als das Endglied der unteren Stiele. Die Basis der beiden Fühlerpaare ist unter den haubenartig nach vorn sich ausbreitenden Rändern des Kopfsegmentes versteckt. Die Stirn läuft nach vorn in eine lange Spitze aus, welche weit über die Basis der Fühler hinausragt. Der Augenlappen ist ebenfalls mit einer Spitze versehen, welche der Stirnspitze gleich lang ist und den Wangenhügel vollständig überdeckt. Die oberen Fühler sind fast 2 mal länger, als die unteren, erreichen aber kaum ¼ der Körperlänge. Die Geisseln der unteren Fühler haben keine Kolbenorgane. Die Nebengeissel ist eingliedrig und kürzer, als das

---

[1] Wird Tatschanowskii gelesen.

1ste Geisselglied der oberen Fühler. Die Augen sind punktförmig, ihr Diameter beträgt kaum $1/11$ der Kopflänge. Die Oberfläche des Kopfes und der Rückenplatten aller Segmente ist granulirt. Auf jedem Segmente befindet sich ein, unmittelbar über den Seitenplatten gelegener, stark entwickelter Kiel und ausserdem ein breiter, reifenartiger, granulirter Wulst, welcher quer durch die ganze Fläche der Rückenplatten verläuft. Durch diese parallel hinter einander gelegenen Wülste gewinnt das Thier ein so eigenthümliches Aussehen, dass es unter Tausenden Exemplaren von verschiedenen anderen Arten sofort erkannt wird. Die reifenartigen Wülste der Schwanzsegmente sind so breit, dass sie fast die ganze Oberfläche der Rückenplatten einnehmen. Der Wulst am 4ten Schwanzsegmente ist durch eine tiefe Längsfurche in 2 neben einander liegende Wülste getrennt. Die 2 letzten Schwanzsegmente sind sehr klein und bei den Weibchen durch das 4te Segment verdeckt, so dass sie bei der Seitenansicht unsichtbar sind; bei den Männchen treten sie deutlicher hervor. Der Schwanzanhang ist blattförmig und am hinteren Rande eingebogen oder nur seicht eingeschnitten. Die Seitenplatten der 4 ersten Rumpfsegmente tragen einen Borstenbesatz. Die Hände sind gleich gross, die vorderen ei-, die hinteren becherförmig, letztere sind bei den Männchen etwas nach vorn erweitert. Die Basalglieder der beiden vorderen Gangbeinpaare sind herzförmig, vorn und hinten mit langen, aber ziemlich weit auseinander stehenden Borsten bewachsen. Das Basalglied des 3ten Paares ist unten breiter als oben und an beiden Rändern mit langen Borsten besetzt. Die Springbeine sind mässig lang und reichen über die Enden der Steuerbeine hinaus; letztere sind rudimentär und so versteckt, dass man sie, ohne vorherige Präparation, nicht sehen kann; ihre Länge beträgt $1/50 - 1/30$ der Körperlänge. Die beiden Blätter der Steuerbeine sind sehr kurz, zapfenförmig und mit einer langen Endborste versehen; das innere ist bei den Männchen um $1/10$, bei den Weibchen um $1/3$ kürzer als das äussere. Die Farbe des Körpers ist wachsgelb. Die Augen sind schwarz.

	№ 1 ♀	№ 2 ♂	№ 3 ♂	№ 4 ♀
Die Zahl der Glieder in der Geissel der oberen Fühler .	12	10	10	12
„ „ „ „ „ „ der unteren Fühler .	5	5	5	6
„ „ „ „ in der Nebengeissel	1	1	1	1

Maassangaben.

	№ 1.	№ 3.	№ 4.
Totallänge	13,03	10,43	9,54
Körperlänge	10,27	8,36	7,76
Länge der oberen Fühler	2,84	2,14	1,84
Länge der unteren Fühler	1,63	1,25	1,23
Länge der Stiele der oberen Fühler .	1,24	1,02	0,80
Länge der Stiele der unteren Fühler .	1,04	0,77	0,75
Länge des 3ten Gangbeines . .	3,10	2,26	—
Länge der Steuerbeine	0,24	0,25	0,24
Höhe des Körpers.	3,2	1,76	2,0
Breite des Körpers	2,7	1,8	2,0

Die Art ist häufig und kommt in einer Tiefe von 10—50 Meter vor. Wir haben sie nur kriechend, nie aber schwimmend oder springend gesehen.

93. G. latior n. sp.
Taf. IV, Fig. 6.

Artkennzeichen. Die Stiele (oder wenigstens die Basalglieder) der oberen Fühler sind dicker und bei den Männchen um $1/3$ kürzer, bei den Weibchen um $1/4 - 1/6$ länger, als die der unteren; ihr Basalglied ist kürzer als das Kopfsegment und bei den Männchen kürzer, bei den Weibchen länger, als jedes der beiden Endglieder der unteren Stiele. Auf der oberen Fläche und fast am vorderen Ende des Basalgliedes stehen 2 mächtige Höcker hintereinander, deren ersterer mit 2 nach hinten gerichteten Dornen versehen ist; auf der unteren Fläche dagegen kommt nur ein langer, nach vorn gerichteter Stachel vor. Die oberen Fühler sind bei den Männchen kürzer oder kaum länger, bei den Weibchen in der Regel um die Hälfte länger als die unteren. Bei den Männchen ist das 3te, bei den Weibchen das 4te Geisselglied das längste. Die Geisseln der unteren Fühler haben keine Kolbenorgane. Die Nebengeissel ist eingliedrig und so lang, wie das erste Geisselglied der oberen Fühler. Die Augen sind stark gewölbt ei- oder nierenförmig und betragen $1/4 - 1/3$ der Kopflänge. Der Körper ist mit verschiedenen Erhabenheiten versehen. Auf dem Scheitel stehen 4 breite Höcker, deren jeder in einen nach hinten umgebogenen Stachel ausläuft; hinter denselben und etwas nach aussen gerückt, stehen jederseits 2 ebenfalls in Stacheln auslaufende Höcker; auf jeder Wange und etwa um einen Durchmesser der Augen von den letzteren entfernt befindet sich ein dicker Höcker, welcher in einen kurzen geraden Dorn endet. Die Stirn tritt mit 2 nach hinten gebogenen Dornen vor. Von allen 12 auf dem Kopfe befindlichen Stacheln, sind bei der Seitenansicht nur 4 zu sehen (vergleiche die Abbildung). Die Rückenplatten der Rumpfsegmente sind flach-dachförmig gewölbt und mit je einem starken, medianen, höckerartigen Kiele und 2 wulstartigen Randkielen versehen. Der mediane Kiel des 1sten Segmentes endet mit einem, oder 2 nebeneinander stehenden, nach hinten umgebogenen Dornen, die Randkiele dagegen laufen in je einen kurzen Stachel aus. Auf den 3 ersten Schwanzsegmenten befindet sich ein dicker, höckerartiger Mediankiel, welcher am 2ten und 3ten Segmente 3—4 Paare von Stacheln trägt, am 1sten aber stachellos ist. Am 3ten Schwanzsegmente stehen die beiden Stacheln fast 2 mal so weit auseinander, wie der der übrigen Paare und sind ausserdem fast ganz an den Hinterrand der Rückenplatte verschoben. Ein ähnliches Verhalten findet auf dem 2ten Segmente nur in solchem Falle statt, wenn das 4te Dornenpaar ausgebildet ist. Ausser den erwähnten Kielen, sind auf den 3 ersten Schwanzsegmenten noch laterale Wölbungen vorhanden, welche den Randwölbungen der Rumpfsegmente entsprechen. Die 3 letzten Schwanzsegmente haben keine Erhöhungen, sind aber viel länger, als die des *G. latus*. Die Seitenplatten der 4 ersten Rumpfsegmente sind mit stark ausgebildeten, kielartigen medianen Wölbungen versehen, der Borstenbesatz aber fehlt. Die fast gleich grossen Hände sind schlank, mit schwach gewölbten Rändern. Die Basalglieder der Gangbeine sind herzförmig und schmäler, als bei *G. latus*, ihr Hinterrand ist mit äusserst kurzen und sehr weit auseinander stehenden Borsten besetzt. Die Springbeine sind gleich lang und berühren die Enden der Basalglieder der Steuerbeine, letztere erreichen bei den Männchen $1/8$ der Körperlänge. Die beiden Blätter der Steuerbeine sind beinahe gleich lang und mit Büscheln üppiger Borsten besetzt, unter welchen am Innenrande derselben auch Fiederborsten vorkommen. Bei den Weibchen sind die Steuerbeine kürzer, als bei den Männchen, nie aber rudimentär, wie bei *G. latus*, sie reichen stets über die Spitzen der Springbeine hinaus. Die Farbe des Körpers ist im Allgemeinen grünlich braun; der vordere Theil des Kopfes, der Scheitel, der hintere Theil des 3ten und der vordere des 4ten Rumpfsegmentes, ferner die 2te, 3te und 4te Seitenplatten sind hell gefärbt. Die Augen sind schwarz.

	№ 1 ♂	№ 2 ♂	№ 3 ♂	№ 4 ♀
Die Zahl der Glieder in der Geissel der oberen Fühler	27	22	15	22
„ „ „ „ „ „ der unteren Fühler	10	11	7	9
„ „ „ „ in der Nebengeissel	1	1	1	1

Maassangaben.

	№ 1.	№ 2.	№ 3.	№ 4.
Totallänge	35,41	24,81	22,53	25,42
Körperlänge	25,00	17,26	17,18	18,19
Länge der oberen Fühler	8,37	5,92	4,11	6,13
Länge der unteren Fühler	7,92	6,09	5,38	3,49
Länge der Stiele der oberen Fühler	3,17	2,16	2,56	2,51
Länge der Stiele der unteren Fühler	4,56	3,29	3,52	1,89
Länge des dritten Gangbeines	9,0	6,0	7,0	7,6
Länge der Steuerbeine	2,88	2,16	2,00	1,39
Höhe des Körpers	5,3	4,5	5,0	5,0
Breite des Körpers	5,3	4,7	5,0	5,2

Die Art ist nicht selten, aber nur auf gewisse Localitäten beschränkt; am häufigsten haben wir sie, im Mai-Monate, dicht am Ufer des Baikalsees, auf der ganzen Strecke zwischen der Sljudianka-Mündung und dem Felsen Kirkidaj, gefunden. Aus der Angara besitzen wir keine Exemplare.

Vom *G. latissimus* Gerstfeldt unterscheidet sich diese Art: 1) durch Anwesenheit starker Dornen am vorderen Ende des Basalgliedes der oberen Stiele, 2) durch Anwesenheit der Wangenhöcker, 3) durch die mit Dornen versehenen Randkiele der Rückenplatte des 1sten Rumpfsegmentes, 4) durch den dornlosen Mediankiel des 1sten Schwanzsegmentes und schliesslich durch Anwesenheit der 4 Dornenpaare an den Mediankielen des 2ten und 3ten Schwanzsegmentes.

94. G. latus n. sp.
Taf. IV, Fig 6.

Artkennzeichen. Die Stiele der oberen Fühler sind bei den Männchen so dick, aber kürzer, bei den Weibchen dicker und länger, als die der unteren; ihr Basalglied ist kürzer als das Kopfsegment und bei den Männchen kürzer, bei den Weibchen länger, als jedes der beiden Endglieder der unteren Stiele. Auf der oberen Fläche und dicht am vorderen Rande des Basalgliedes erhebt sich ein Höcker, auf welchem nur ein Paar Borsten stehen. Die oberen Fühler sind bei den Männchen um $1/7 - 1/30$, bei den Weibchen fast um die Hälfte länger, als die unteren und betragen ungefähr $1/3$ der Körperlänge. Die Augen sind entweder nieren-, oder eiförmig, stark gewölbt und erreichen kaum $1/5$ der Kopflänge. Die Geissel der unteren Fühler haben keine Kolbenorgane. Die Nebengeissel ist eingliedrig, etwas kürzer, als das 1ste Geisselglied der oberen Fühler. Auf der Oberfläche des Körpers kommen verschiedene Auswüchse und Erhöhungen vor. Auf dem Scheitel stehen 4 breite Höcker, deren jeder in einen breiten, nach hinten gebogenen Dorn ausläuft. Die Stirn tritt weit vor und endet mit 2 Dornen (bei der Seitenansicht kann man nur 3 Dornen sehen, vergl. die Abbildung). Der vortretende, etwas nach oben gebogene Theil der Stirn ist länger, als die Höhe des Auges. Dicht am unteren Rande des Wangenlappens steht, an beiden Seiten des Kopfes, ein ziemlich starker, spitz zulaufender Dorn. Der Rumpf ist flach-dachförmig gewölbt und auf jedem Segmente mit einem medianen und 2 Randkielen versehen. Die Randkiele sind stark ausgebildet, wulstförmig und stehen unmittelbar über den Seitenplatten. Der mediane Kiel ist höckerartig und auf dem ersten Rumpfsegmente mit 1—2 nach hinten gebogenen Dornen versehen. Auf den 3 ersten Schwanzsegmenten kommen 2 laterale und ein medianer Kiel vor. Der mediane, höckerartige Kiel ist auf dem 1sten Schwanzsegmente bei dem Männchen mit 2, bei dem Weibchen mit 4, auf den 2 folgenden der beiden Geschlechter mit 4 nach vorn gekehrten Dornen versehen. Die lateralen Kiele, welche den Randkielen der Rumpfsegmente entsprechen, erscheinen als kleine, schwach gewölbte Erhöhungen. Die 3 letzten Schwanzsegmente sind nur gewölbt, aber ohne Höcker oder Kiele. Der Schwanzanhang ist zweitheilig. Die Seitenplatten der 4 ersten Rumpfsegmente sind mit einem Borstenbesatz, und nur die der 3 ersten mit einer medianen kielartigen Wölbung versehen. Die Hände sind beinahe gleich gross, becherförmig, die vorderen aber haben eine mehr schief gerichtete Palma, als die hinteren und sind ausserdem am Ende der Palma mit einem grossen und 2 kleinen Stacheln versehen. Die Basalglieder der Gangbeine sind herzförmig und am Hinterrande mit 11—15 ziemlich langen Borsten besetzt. Die vorderen Springbeine sind etwas länger, als die hinteren und berühren bei den Männchen fast die Mitte, bei den Weibchen die Spitzen der Steuerbeine. Die Steuerbeine erreichen bei den Männchen $1/13$, bei den Weibchen nur $1/25$ der Körperlänge. Die Blätter der Steuerbeine sind beinahe gleich lang und am unteren Theile ihrer Ränder mit Bündeln langer, einfacher Borsten versehen; unter den Bündeln einfacher Borsten sind am Innenrande auch zarte Fiederborsten vorhanden. Die Farbe des Körpers ist bräunlich gelb bis bräunlich grün; bei manchen Individuen ist, auf den 3 letzten Rumpfsegmenten, ein heller, sattelförmiger Fleck vorhanden. Die Augen sind schwarz.

	№ 1 ♂	№ 2 ♂	№ 3 ♀
Die Zahl der Glieder in der Geissel der oberen Fühler	19	18	17
„ „ „ „ „ „ der unteren Fühler	9	9	7
„ „ „ „ in der Nebengeissel	1	1	1

Maassangaben.

	№ 1.	№ 2.	№ 3.
Totallänge	26,34	22,78	22,27
Körperlänge	18,73	17,82	16,58
Länge der oberen Fühler	6,76	4,96	5,53
Länge der unteren Fühler	6,00	4,83	2,67
Länge der Stiele der oberen Fühler	2,52	2,00	2,16
Länge der Stiele der unteren Fühler	3,44	2,75	1,63
Länge des dritten Gangbeines	6,9	6,8	5,5
Länge der Steuerbeine	1,28	1,12	0,64
Höhe des Körpers	4,8	4,5	4,7
Breite des Körpers	5,2	5,5	5,1

Die Art ist ziemlich häufig und kommt überall, in einer Tiefe von 10—20 Meter, vor; im Frühjahre fanden wir sie in einer Tiefe von 2—5 Meter dicht am Ufer des Schamauen-Vorgebirges. Im Flusse Angara haben wir sie bis jetzt nicht gefunden.

Diese Art zeichnet sich von dem *G. latissimus* Gerstfeldt durch folgende Charaktere aus: 1) das 1ste, nicht das 2te oder 3te Geisselglied der oberen Fühler ist am längsten; 2) auf dem Scheitel stehen nur 4 Höcker und keine Dornen; 3) der mediane Kiel des 1sten Rumpfsegmentes ist mit einem Dorne versehen; 4) die 3 ersten Schwanzsegmente sind mit paarigen Dornen versehen, und schliesslich erreicht die grösste Breite des Körpers $^1/_3$, nicht aber $^1/_2$ der Körperlänge.

95. G. latissimus Gerstfeldt, l. c.

Die Kennzeichen dieser Art, welche aller Wahrscheinlichkeit nach nur im Flusse Angara vorkommt, habe ich im ersten Theile meiner Abhandlung angeführt.

96. G. tuberculatus n. sp.

Artkennzeichen. Die Stiele der oberen Fühler sind dicker, aber kaum um $^1/_{10}$ länger als die der unteren; ihr Basalglied ist breit, oben schwach gewölbt, kürzer als das Kopfsegment und etwa um $^1/_3$ länger, als das vorletzte Glied der unteren Stiele. Die oberen Fühler sind 2 mal länger als die unteren und etwas kürzer, als die Hälfte des Körpers. Die Geisselglieder der unteren Fühler tragen keine Lavalett'schen Kolbenorgane. Die eingliedrige Nebengeissel reicht bis zum Ende des ersten Geisselgliedes der oberen Fühler. Die Augen sind abgerundet eiförmig, mit dem dickeren Ende nach unten gekehrt; ihr Höhendiameter ist $2^1/_2$ mal in der Kopflänge enthalten und fast um $^1/_3$ grösser, als die Breite des Auges. Die Stirn tritt mit einer kurzen, abgerundeten Spitze vor. Auf der Medianlinie der Rückenplatten der

2 letzten Rumpfsegmente ist ein länglicher, tuberkelartiger, schwach ausgebildeter Kiel vorhanden. Unmittelbar über den Seitenplatten aller Rumpf- und der 3 ersten Schwanzsegmente befindet sich eine abgerundete, glatte, wenig hervortretende Wölbung, welche bei ganz jungen Thieren kaum angedeutet ist [1]. Die Seitenplatten der 4 ersten Rumpfsegmente sind mit einem Borstenbesatz versehen. Der Schwanzanhang ist zweitheilig. Die Hände sind fast gleich gross, birnförmig; ihr Klauenglied ist lang, schwach gebogen, die Palma am unteren Ende mit 3 Stacheln versehen. Die Basalglieder der Gangbeine sind vorn schwach gewölbt und mit wenigen, kurzen Borsten besetzt, die des 1sten und 2ten Paares im oberen, hinteren Theil flügelartig erweitert und am ganzen hinteren Rande mit ziemlich langen Borsten besetzt. Das Basalglied des 4ten Paares ist in seinem unteren Theile stark ausgebreitet. Die Springbeine sind gleich lang und reichen über die Spitzen der Steuerbeine hinaus. Die Steuerbeine betragen etwa $1/_{20}$ der Körperlänge, ihr äusseres Blatt ist 2 mal so lang, wie das innere; das äussere ist auf seinem abgerundeten Ende mit 3—7 und am Aussenrande mit 2 Stacheln versehen, das innere hat nur 2 Endstacheln. Der Körper ist schmutzig weiss, oder hellbraun gefärbt und am Hinterrande aller Segmente mit einer schmalen, dunklen Querbinde versehen. Die Augen sind schwarz.

	№ 1 ♂	№ 2 ♂	№ 3 ♀	№ 4 juv.
Die Zahl der Glieder in der Geissel der oberen Fühler.	24	24	24	15
„ „ „ „ „ „ „ der unteren Fühler	8	8	8	7
„ „ „ „ in der Nebengeissel	1	1	1	1

Maassangaben.

	№ 1.	№ 2.	№ 3.	№ 4.
Totallänge	20,94	19,02	22,85	10,35
Körperlänge	14,67	13,64	15,99	7,17
Länge der oberen Fühler	5,98	6,00	6,51	3,04
Länge der unteren Fühler	2,45	2,55	2,79	1,37
Länge der Stiele der oberen Fühler . .	1,82	1,84	2,19	0,96
Länge der Stiele der unteren Fühler .	1,62	1,72	1,91	0,89
Länge des dritten Gangbeines	7,2	6.5	8,7	3,57
Länge der Steuerbeine	0,56	0,64	0,65	0,30
Höhe des Körpers	3,5	3,5	4,7	—
Breite des Körpers	3,7	3,3	4,2	—

Die Art ist häufig und kommt längs der ganzen Uferstrecke, vom Schamanenvorgebirge bis zur Sljudianka-Mündung, mit *G. inflatus, pachytus* und *rugosus* vor.

Diese Art unterscheidet sich: 1) vom *G. inflatus:* durch grössere Augen, kürzere Stiele der oberen Fühler, tuberkelartige Kiele, rauhe Körperoberfläche und schliesslich durch andere Färbung; 2) vom *G. rugosus:* durch längere obere Fühler, welche 2 mal länger sind als die

---

[1] Die tuberkelartigen Kiele sind auch bei jungen Individuen sehr deutlich entwickelt.

unteren, während sie bei *G. rugosus* nur um $1/6$ die unteren übertreffen, durch beträchtlichere Zahl der Geisselglieder der oberen Fühler, durch weniger rauhe Körperoberfläche und endlich durch andere Färbung des Körpers.

97. G. Morawitzii n. sp.

Artkennzeichen. Die Stiele der oberen Fühler sind dicker, aber etwas kürzer als die der unteren, ihr Basalglied ist verdickt, oben gewölbt, um $2/5$ kürzer als das Kopfsegment und um $1/5 - 1/3$ länger als das Endglied der unteren Stiele. Die oberen Fühler erreichen etwas mehr als $1/3$ der Körperlänge und sind um $1/3$ länger als die unteren. Die Geissel der unteren Fühler hat keine Kolbenorgane. Die Nebengeissel ist eingliedrig und reicht bis zur Hälfte des 1sten Geisselgliedes der oberen Fühler. Die Augen sind mässig gross, rundlich, gewölbt; ihr Höhendiameter ist 2 mal in der Kopflänge enthalten und um $1/3 - 1/4$ grösser, als die Breite des Auges. Die mediane Stirnspitze ist breit, abgerundet, wenig vortretend. Die Rückenplatten der 2 letzten Rumpf- und der 3 ersten Schwanzsegmente sind gewölbt und mit einem deutlichen medianen Kiele versehen. Die Stacheln sind auf den 2 letzten Schwanzsegmenten äusserst zart. Die Seitenplatten der 4 ersten Rumpfsegmente sind mit einem Borstenbesatz versehen. Der Schwanzanhang ist zweitheilig, jede Hälfte desselben ist einem mit breiter Basis versehenen Kegel ähnlich. Die Hände sind klein und schlank, die vorderen ei-, die hinteren becherförmig. Das Basalglied des 1sten Gangbeines ist am oberen Rande stark abgerundet, des 2ten herzförmig, des 3ten breiter als die beiden vorderen und am Hinterrande gleichmässig abgerundet. Die Springbeine sind ziemlich lang und die vorderen etwas länger als die hinteren, erstere reichen über die Spitzen der Steuerbeine hinaus. Die Steuerbeine sind rudimentär und erreichen kaum $1/16$ der Körperlänge. Das äussere Blatt der Steuerbeine ist eingliedrig und an seinem Aussenrande mit 2, am Ende mit 4 Stacheln versehen; die Länge desselben übertrifft kaum die des Basalgliedes. Das innere Blatt ist nur mit 1—3 Endstacheln versehen. Die Farbe des Körpers ist schmutzig weiss, bei manchen Individuen mit einer dunklen Längsbinde auf dem Rücken. Die Augen sind schwarz oder dunkelroth.

	№ 1 ♂	№ 2 ♀	№ 3 ♀
Die Zahl der Glieder in der Geissel der oberen Fühler .	18	16	14
„ „ „ „ „ „ der unteren Fühler	9	8	7
„ „ „ „ in der Nebengeissel	1	1	1

Maassangaben.

	№ 1.	№ 2.	№ 3.
Totallänge	13,00	13,68	11,39
Körperlänge	9,00	9,73	8,00
Länge der oberen Fühler	3,65	3,50	3,04
Länge der unteren Fühler	2,40	2,08	2,01

	№ 1.	№ 2.	№ 3.
Länge der Stiele der oberen Fühler . . .	1,09	1,10	1,04
Länge der Stiele der unteren Fühler. . .	1,12	1,12	1,05
Länge des 3ten Gangbeines.	2,71	—	—
Länge der Steuerbeine	0,51	0,62	0,51
Höhe des Körpers.	2,0	2,3	2,0
Breite des Körpers	1,6	1,7	1,6

Die Art ist nicht häufig; wir haben sie in einer Tiefe von etwa 20 Meter gefangen.

Diese Art könnte nur mit der Varietät des *G. rhodophthalmus* verwechselt werden, sie unterscheidet sich aber von derselben durch folgende Merkmale: kürzere Fühler; bedeutend stärker ausgebildete, tuberkelartige Kiele; gewölbte Segmente; kürzere Steuerbeine; eingliedrige Geissel; anders gestaltete Basalglieder der Gangbeine und endlich durch das Fehlen der Fiederborsten an den Rändern der Steuerbeine.

98. G. smaragdinus n. sp.

Taf. XI, Fig. 6.

Artkennzeichen. Die Stiele der oberen Fühler sind dicker und länger als die der unteren, ihr Basalglied ist verdickt, oben schwach gewölbt, kürzer als das Kopfsegment und etwa um $1/3$ länger, als jedes der beiden Endglieder der unteren Stiele. Die oberen Fühler sind bei den Männchen eben so lang, bei den Weibchen halb so lang, wie der Körper und bei den ersteren 2 mal, bei den letzteren 4 mal länger als die unteren. Die Geissel der unteren Fühler hat keine Kolbenorgane. Die Nebengeissel ist eingliedrig und so lang, wie das erste Glied der oberen Fühler. Die Augen sind gewölbt, nierenförmig, ihr Höhendiameter erreicht $3/4$ der Kopflänge und ist beinahe 2 mal grösser, als die Breite des Auges. Die Stirn tritt mit einer abgerundeten, gesenkten Spitze vor. Die 3 letzten Schwanzsegmente sind mit 2—3 kleinen Gruppen von sehr zarten Stacheln versehen. Auf den 2 letzten Rumpf- und den 3 ersten Schwanzsegmenten kommen kleine, längliche, tuberkelartige Kiele vor, welche aber erst bei der Seitenbetrachtung des Thieres unter einem Mikroskope, oder an getrockneten Exemplaren, sichtbar sind. Die Seitenplatten der 4 ersten Rumpfsegmente sind am unteren Rande mit wenigen Borsten bewachsen. Der Schwanzanhang ist zweitheilig. Die Hände sind eiförmig und bei den Männchen die vorderen etwas grösser, als die hinteren. Die Basalglieder der Gangbeine sind gleichförmig, mässig breit, das 3te ist am meisten ausgebreitet; am Hinterrande und auf der vorderen Fläche derselben kommen lange, weit auseinander stehende Borsten, am Vorderrande dagegen nur wenige und kurze Stacheln vor. Die vorderen Springbeine sind etwas länger als die hinteren und reichen bis zu den Spitzen der Steuerbeine. Die Steuerbeine betragen bei den Männchen $1/9$, bei den Weibchen $1/12$ der Körperlänge. Das äussere Blatt der Steuerbeine ist um $1/3$—$1/4$ länger als das innere; bei den Männchen ist das längere am Innenrande mit einer Reihe Fiederborsten, am Aussenrande und am Ende mit Stacheln und einfachen Borsten, das kürzere nur am Innenrande mit Fiederborsten versehen; bei den Weibchen trägt das längere Blatt am äusseren Rande ein Paar Stacheln, am inneren 2—3 lange Borsten, und am Ende 3—4 Stacheln und einige Borsten, das kürzere aber nur 2 Endborsten. Die Farbe des Körpers ist smaragdgrün, die Augen schwarz.

	№ 1♂	№ 2♂	№ 3♀	№ 4♀	№ 5 Pull.
Die Zahl der Glieder in der Geissel der oberen Fühler	44—42	44	34	24	4
„ „ „ „ „ „ der unteren Fühler	8	8	8	8	3
„ „ „ „ in der Nebengeissel	1	1	1	1	1

Maassangaben.

	№ 1.	№ 2.	№ 3.	№ 4.	№ 5.
Totallänge	19,63	18,4	15,45	12,62	1,970
Körperlänge	9,64	9,1	10,18	8,72	1,420
Länge der oberen Fühler	9,08	8,48	4,67	3,12	0,510
Länge der unteren Fühler	2,32	2,10	1,76	1,45	0,325
Länge der Stiele der oberen Fühler	1,33	1,09	0,99	0,86	0,210
Länge der Stiele der unteren Fühler	0,96	0,86	0,80	0,72	0,175
Länge des dritten Gangbeines	5,5	5,16	—	3,6	0,600
Länge der Steuerbeine	1,15	1,08	0,80	0,64	0,110
Höhe des Körpers	2,0	1,68	2,0	2,0	0,350
Breite des Körpers	—	1,6	1,8	1,6	—

Die Art ist nicht häufig; wir haben sie am Nordufer des Sees in einer Tiefe von 50—100 Meter gefangen. Sie bietet ein schlagendes Beispiel von Geschlechtsverschiedenheit dar; während nämlich das Männchen durch seine langen oberen Fühler, einen mehr gestreckten Körper und längere Extremitäten, ferner durch gewölbte Augen und mit Fiederborsten besetzte Steuerbeine sich dem Typus der hüpfenden Formen (wie *G. capellus*, *ibex*, *araneolus* etc.) nähert, ist das Weibchen noch dem Typus der *Pontoporeia*-ähnlichen sehr nahe verwandt; mit letzteren hat es den dicken, gedrungenen Körper, kurze Fühler, rudimentäre Steuerbeine und breite Hüften gemeinschaftlich.

99. G. smaragdinus, var. intermedius m.

Kennzeichen. Die Stiele der oberen Fühler sind dicker und um ¼ länger, als die der unteren; ihr Basalglied ist verdickt, oben gewölbt, um ⅓ kürzer als das Kopfsegment und wenig länger, als das vorletzte Glied der unteren Stiele, aber um ⅓ länger als das Endglied derselben. Die oberen Fühler sind um die Hälfte länger als die unteren und betragen fast ⅓ der Körperlänge. Die Geissel der unteren Fühler hat keine Kolbenorgane. Die Nebengeissel ist eingliedrig und reicht bis zur Hälfte des 2ten Geisselgliedes der oberen Fühler. Die Augen sind nierenförmig; ihr Höhendiameter erreicht $3/5$ der Kopflänge und ist um $2/5$ grösser, als die Breite derselben. Die Stirn tritt mit einer mässig langen, abgerundeten Spitze vor. Die Rückenplatten der 2 letzten Rumpf- und der 3 ersten Schwanzsegmente haben einen sehr schwachen medianen Kiel. Die Seitenplatten der 4 ersten Rumpfsegmente sind mit Randborsten besetzt. Der Schwanzanhang ist kurz, zweitheilig. Die Hände sind klein, die vorderen breit birnförmig, die hinteren schlank becherförmig. Die Basalglieder der Gangbeine sind gleichförmig; ihr Vorderrand ist mit kurzen Stacheln, der hintere mit langen Borsten besetzt. Die Springbeine sind fast gleich lang und reichen etwas über die Spitzen der Steuerbeine hinaus. Die Steuerbeine erreichen $1/11$ der Körperlänge. Das innere Blatt der Steuerbeine ist um $2/5$ kürzer als das äussere, das längere trägt aussen 3 Stachelreihen, innen mehrere Fiederborsten, das kürzere innen einen Stachel, aussen ein Paar Fiederborsten. Die Farbe des Körpers ist weisslich. Die Augen sind schwarz.

	№ 1 ♀
Die Zahl der Glieder in der Geissel der oberen Fühler.	24
„ „ „ „ „ „ der unteren Fühler.	8
„ „ „ „ in der Nebengeissel	1

Maassangaben.

	№ 1.
Totallänge	17,01
Körperlänge	11,48
Länge der oberen Fühler	4,75
Länge der unteren Fühler	1,98
Länge der Stiele der oberen Fühler . . .	1,15
Länge der Stiele der unteren Fühler . . .	0,94
Länge des 3ten Gangbeinpaares	—
Länge der Steuerbeine	1,02
Höhe des Körpers	2,5
Breite des Körpers	2,0

Die Varietät ist sehr selten; wir haben nur ein einziges Exemplar derselben in einer Tiefe von 15 Meter gefangen.

100. G. zebra n. sp.

Taf. XIV, Fig. 7.

Artkennzeichen. Die Stiele der oberen Fühler sind dicker und etwas kürzer als die der unteren, ihr Basalglied ist schwach abgeflacht, mässig breit, beinahe um die Hälfte kürzer, als das Kopfsegment und entweder so lang, wie das Endglied der unteren Stiele, oder etwas kürzer. Die oberen Fühler erreichen $^1/_4$ — $^1/_3$ der Körperlänge und sind um $^1/_8$ — $^1/_{10}$ länger als die unteren. Die Geissel der unteren Fühler hat keine Kolbenorgane. Die eingliedrige Nebengeissel ist so lang, wie das 1ste Geisselglied der oberen Fühler. Die Augen sind nierenförmig, 2 — 2½ mal in der Kopflänge enthalten und 2 mal so hoch, wie breit. Die Stirn tritt mit einer kurzen, medianen, schwach gesenkten Spitze vor. Die Rückenplatten, und besonders die .der 3 letzten Schwanzsegmente, sind gewölbt. Die 2—3 letzten Rumpf- und die 3 ersten Schwanzsegmente sind gekielt, oder mit kleinen, in der Medianlinie der Rückenplatten gelegenen Tuberkeln versehen, welche besonders an getrockneten Exemplaren deutlich zu sehen sind. Die 3 letzten Schwanzsegmente sind mit sehr zarten hinfälligen Stachelspitzen oder Borsten versehen. Die Seitenplatten der 4 ersten Rumpfsegmente tragen spärliche, weit auseinander stehende Randborsten. Der Schwanzanhang ist zweitheilig. Die Hände sind fast gleich gross und becherförmig gestaltet, die hinteren haben eine kürzere und weniger schief gestellte Palma, als die vorderen. Die Basalglieder der Gangbeine sind am vorderen Rande mit kurzen Stacheln und wenigen, steifen Borsten, am hinteren mit weit auseinander stehenden, mehr oder weniger langen Borsten versehen. Das Basalglied des 3ten Gangbeinpaares ist viel breiter und länger, als die übrigen; die Gestalt desselben ist trapezoidisch mit abgerundeten Ecken, seine grösste Breite fällt auf den unteren Theil. Die vorderen Springbeine sind länger als die hinteren, erreichen aber die Spitzen der Steuerbeine nicht. Die Steuerbeine betragen $^1/_7$ der Körperlänge; das innere Blatt ist um $^3/_4$ kürzer, als das äussere zweigliedrige. Das längere Blatt ist am Innenrande mit einfachen Borsten, am äusseren mit 4 Stacheln und mehreren Borsten und am Ende mit Stacheln und Borsten besetzt; das kürzere ist nur an seiner Spitze mit einer langen Borste versehen. Der Körper ist schmutzig horngrünlich oder braungrün gefärbt und am Hinterrande eines jeden Segmentes mit einer dunkelbraunen, oder schwarzen Querbinde versehen. Die Augen sind schwarz.

	№ 1 ♂	№ 2 ♂	№ 3 ♀	№ 4 ♀
Die Zahl der Glieder in der Geissel der oberen Fühler	13	13	12	10
" " " " " der unteren Fühler	7	7	6	5
" " " " in der Nebengeissel	1	1	1	1

Maassangaben.

	№ 1.	№ 2.	№ 3.	№ 4.
Totallänge	19,42	13,36	13,35	12,25
Körperlänge	15,28	10,66	10,33	9,22
Länge der oberen Fühler	3,66	2,79	2,50	2,39
Länge der unteren Fühler	3,36	2,50	2,06	1,61
Länge der Stiele der oberen Fühler	1,58	1,27	1,14	1,10
Länge der Stiele der unteren Fühler	2,08	1,58	1,26	1,02
Länge des 3ten Gangbeines	—	4,45	3,92	2,84
Länge der Steuerbeine	2,0	1,39	1,16	1,04
Höhe des Körpers	—	2,5	2,3	2,0
Breite des Körpers	—	1,8	1,5	—

Die Art ist, besonders an den Flussmündungen, sehr häufig; während des Sommers steigt sie schaarenweise in die Flüsse hinein und kann an manchen Stellen, wie z. B. im Flusse Kultuschmaja, massenhaft gefunden werden.

101. G. littoralis n. sp.

Taf. XIV, Fig. 2.

Artkennzeichen. Die Stiele der oberen Fühler sind dicker und um $1/5$ kürzer als die der unteren, ihr Basalglied ist mässig breit, schwach abgeflacht, um die Hälfte kürzer als das Kopfsegment und kürzer, als jedes der beiden Endglieder der unteren Stiele. Die oberen Fühler sind etwas kürzer, als die unteren und betragen kaum $1/4$ der Körperlänge. Die Geisseln der unteren Fühler haben keine Kolbenorgane. Die eingliedrige Nebengeissel ist fast so lang, wie das 1ste Geisselglied der oberen Fühler. Die Augen sind klein, abgerundet-nierenförmig; ihr Höhendiameter ist 4 mal in der Kopflänge enthalten und 2 mal grösser, als die Breite des Auges. Die Stirn tritt mit einer abgerundeten Spitze vor. Die Rückenplatten der 2 letzten Rumpf- und der 3 ersten Schwanzsegmente sind mit Borsten, die der 3 letzten Schwanzsegmente dagegen mit Gruppen zarter Stacheln versehen, welche letztere auf der oberen Wölbung der Platten angeordnet sind. Die Seitenplatten der 4 ersten Rumpfsegmente sind mit wenigen Randborsten versehen. Der Schwanzanhang ist zweitheilig. Die vorderen Hände sind etwas länger als die hinteren, erstere birn-, letztere becherförmig; die Palma ist stark eingebogen. Die Basalglieder der Gangbeine sind vorn und unten stark buckelig gewölbt, ihr hinterer Rand und der untere Theil des vorderen sind mit dichten Borsten bewachsen. Das Basalglied des 3ten Gangbeinpaares ist unregelmässig trapezoidisch, seine grösste Breite fällt auf das unterste $1/4$ der Längsachse. Die vorderen Springbeine sind länger als die hinteren und berühren die Spitzen der Steuerbeine; letztere betragen kaum $1/15$ der Körperlänge. Das äussere Blatt der Steuerbeine ist um die Hälfte kürzer, als das innere; ersteres ist mit 4—5 Endstacheln und ebensoviel Endborsten und am Aussenrande mit 2 Stacheln und 1—2 Borsten versehen, letzteres hat nur eine lange Endborste. Die Farbe des Körpers ist schmutzig weiss; die Augen sind schwarz.

	№ 1 ♂	№ 2 ♀	№ 3 ♀
Die Zahl der Glieder in der Geissel der oberen Fühler .	8	8	8
„ „ „ „ „ „ der unteren Fühler.	6—7	5	5
„ „ „ „ in der Nebengeissel	1	1	1

Maassangaben.

	№ 1.	№ 2.	№ 3.
Totallänge	11,80	12,26	9,16
Körperlänge	9,17	8,96	7,12
Länge der oberen Fühler	2,03	1,84	1,80

	№ 1.	№ 2.	№ 3.
Länge der unteren Fühler	2,23	1,92	1,68
Länge der Stiele der oberen Fühler	0,83	0,80	0,92
Länge der Stiele der unteren Fühler	1,18	1,04	0,96
Länge des dritten Gangbeines	3,6	—	2,88
Länge der Steuerbeine	0,59	0,57	0,41
Höhe des Körpers	2,0	1,8	1,7
Breite des Körpers	1,5	2,0	1,4

Die Art ist nicht selten; wir haben sie längs dem südlichen Ufer der Kultuschnaja-Bucht gefangen.

102. G. inflatus n. sp.

Taf. XII, Fig. 4.

Artkennzeichen. Die Stiele der oberen Fühler sind bedeutend dicker und um $1/7$ länger als die der unteren, ihr Basalglied ist breit, oben stark gewölbt, wenig kürzer als das Kopfsegment und fast 2 mal länger, als jedes der beiden Endglieder der unteren Stiele. Die oberen Fühler sind 2 mal länger als die unteren und halb so lang, wie der Körper. Die Geisselglieder der unteren Fühler haben keine Lavalett'schen Kolbenorgane. Die Nebengeissel ist fast so lang, wie das erste Geisselglied der oberen Fühler. Die Augen sind sehr klein, punktförmig. Die Stirn tritt mit einer medianen, abgerundeten kurzen Spitze vor. Die Rückenplatten aller Segmente sind glatt. Die Seitenplatten der 4 ersten Rumpfsegmente tragen einen Borstenbesatz. Der Schwanzanhang ist zweitheilig. Die Hände sind fast gleich gross, birnförmig; ihre Klauenglieder sind lang, schwach gebogen, der Palmarrand ist in der hinteren Hälfte eingebogen und am unteren Ende mit 2—3 Stacheln versehen. Die Basalglieder der Gangbeine sind vorn stark gewölbt und die des 1sten Paares mit 8—11, des 2ten mit 7—9, des 3ten mit 7—15 Büscheln steifer Borsten bewachsen. Der obere, hintere Theil der Basalglieder des 1sten und 2ten Gangbeinpaares ist flügelartig ausgebreitet und der ganze hintere Rand derselben mit langen Borsten versehen. Das Basalglied des 3ten Gangbeinpaares ist breit, vorn und hinten stark buckelig gewölbt, hinten gleichmässig abgerundet und mit langen Borsten besetzt; die grösste Breite des Gliedes fällt etwa auf seine Mitte. Die Springbeine sind gleich lang und reichen weit über die Steuerbeine hinaus. Die Steuerbeine sind sehr kurz und betragen kaum $1/20$ der Körperlänge. Das äussere Blatt der Steuerbeine ist um die Hälfte länger als das innere; ersteres ist am Aussenrande mit 2 Paar, am Ende mit 3 Stacheln versehen, letzteres trägt 1—2 lange Endborsten und 2 neben einander stehende Randstacheln. Die Farbe des Körpers ist schmutzig weiss, oder hell-braun; die Augen sind schwarz.

	№ 1 ♂	№ 2 ♀	№ 3 juv.
Die Zahl der Glieder in der Geissel der oberen Fühler	23	23	20
„ „ „ „ „ „ der unteren Fühler	9	9	7
„ „ „ „ in der Nebengeissel	1	1	1

Maassangaben.

	№ 1.	№ 2.	№ 3.
Totallänge	23,25	29,71	12,78
Körperlänge	15,20	19,88	8,30
Länge der oberen Fühler	7,67	9,32	4,29
Länge der unteren Fühler	2,96	3,48	1,62
Länge der Stiele der oberen Fühler	2,15	2,76	1,25
Länge der Stiele der unteren Fühler	1,88	2,16	0,98
Länge des dritten Gangbeines	5,9	6,5	3,74
Länge der Steuerbeine	0,70	0,91	0,35
Höhe des Körpers	4,3	5,5	2,2
Breite des Körpers	3,5	4,5	1,9

Die Art ist sehr häufig und lebt in einer Tiefe von 2—10 Meter längs dem ganzen Ufer vom Schamanenvorgebirge bis zur Sljudianka-Mündung.

103. G. pullus n. sp.

Taf. XI, Fig. 4.

Artkennzeichen. Die Stiele (oder wenigstens die Basalglieder) der oberen Fühler sind dicker als die der unteren und um $1/3$ kürzer; die beiden Endglieder der unteren Stiele sind schwach säbelförmig nach unten gebogen. Das Basalglied der oberen Stiele ist wenig kürzer, als das Kopfsegment, aber um $1/3 — 1/2$ kürzer, als jedes der beiden Endglieder der unteren Stiele. Die oberen Fühler sind nur wenig länger als die unteren und erreichen eine halbe Körperlänge. Die Geissel der unteren Fühler hat keine Kolbenorgane. Die Nebengeissel ist nur so lang, wie die Hälfte des 1sten Geisselgliedes der oberen Fühler. Die Augen sind gross, schwach gewölbt-nierenförmig; ihr Höhendiameter erreicht beinahe eine Kopflänge und ist 2 mal grösser, als die Breite des Auges. Die Stirn ist schwach nach unten gebogen und helmartig vortretend. Die Rückenplatten der 3—5 letzten Schwanzsegmente sind nur mit je 2—4 kurzen Borsten, oder sehr feinen und zarten Stacheln versehen, sonst ist die ganze obere Fläche der Segmente glatt. Auf den Seitenplatten der 4 ersten Rumpfsegmente stehen vereinzelte, kurze Borsten. Der Schwanzanhang ist zweitheilig. Die Hände sind fast gleich gross, die vorderen birn-, die hinteren becherförmig, mit einem schiefen Palmar- und gewölbtem Volarrande. Die Basalglieder der Gangbeine sind breit; ihre flügelartigen Ausbreitungen sind gross und laufen nach unten in eine lange, abgerundete Ecke aus. Der vordere Rand der Basalglieder ist mit kurzen Stacheln, der untere mit 6 kurzen Borsten versehen. Die Springbeine sind verschieden lang, die vorderen berühren die Spitzen, die hinteren nur die Enden der Basalglieder der Steuerbeine. Die Steuerbeine erreichen $1/5$ der Körperlänge, ihre Basalglieder sind länger, als ihre Blätter. Das äussere 2gliedrige Blatt der Steuerbeine ist um

¹/₃ länger als das innere, beide sind am Innenrande mit Fiederborsten besetzt. Der Körper ist grün, braun gefleckt. Die Augen sind schwarz.

	№ 1♂	№ 2♂	№ 3♀
Die Zahl der Glieder in der Geissel der oberen Fühler	18	16	15
„ „ „ „ „ „ der unteren Fühler	10	10	7—5
„ „ „ „ in der Nebengeissel	1	1	1

Maassangaben.

	№ 1.	№ 2.	№ 3.
Totallänge	12,92	11,17	8,56
Körperlänge	8,00	6,98	5,36
Länge der oberen Fühler	4,04	3,50	2,66
Länge der unteren Fühler	3,48	2,94	1,59
Länge der Stiele der oberen Fühler	1,32	1,10	0,82
Länge der Stiele der unteren Fühler	1,84	1,66	0,95
Länge des 3ten Gangbeines	3,39	—	2,44
Länge der Steuerbeine	1,20	1,00	0,73
Höhe des Körpers	1,5	1,2	1,6
Breite des Körpers	1,2	1,0	1,0

Diese Art ist sehr häufig und kommt überall in einer Tiefe von 3—10 Meter vor.

104. G. talitroides n. sp.

Taf. XIV, Fig. 3.

Artkennzeichen. Die Stiele der oberen Fühler sind bei dem Männchen dicker und etwas kürzer, als die der unteren, bei dem Weibchen gleich lang, ihr Basalglied ist breit, unten abgeflacht, etwa der halben Kopflänge gleich und fast 2 mal so lang, wie das Endglied der unteren Stiele. Die oberen Fühler erreichen ¹/₃ der Körperlänge und sind um ¹/₃ länger als die unteren. Die Geisselglieder der unteren Fühler sind bei dem Männchen mit Kolbenorganen versehen, bei dem Weibchen habe ich sie nicht finden können. Die Nebengeissel ist so lang, wie die beiden ersten Geisselglieder der oberen Fühler. Die Augen sind nierenförmig, ihr Höhendiameter erreicht ¹/₄—¹/₃ der Kopflänge und ist 2 mal grösser, als die Breite des Auges. Die Stirn tritt mit einem medianen, stumpf-abgerundeten, helmartigen, nach vorn gestreckten Fortsatze vor. Die Stirnbreite zwischen den Augen beträgt ¹/₃ der Kopflänge. Nur die Rückenplatten der 2 letzten Schwanzsegmente sind mit kurzen, zarten Stachelspitzen besetzt. Die Seitenplatten der 4 ersten Rumpfsegmente haben einen Borstenbesatz. Der Schwanzanhang ist zweitheilig. Die birnförmigen vorderen Hände sind etwas kleiner, als die becherförmigen hinteren. Die Basalglieder der beiden vorderen Gangbeinpaare sind vorn und unten bucklig gewölbt; ihre hintere flügelartige Ausbreitung ist oben abgerundet und nach unten verschmälert. Alle Basalglieder sind am vorderen und hinteren Rande mit langen Borsten besetzt. Die Basalglieder des 3ten Gangbeinpaares sind länger und etwas breiter, als die der beiden vorderen; die flügelartige Ausbreitung derselben ist schmäler, als der muskeltragende Theil. Die grösste Breite des 3ten Basalgliedes fällt, der starken Wölbung seines Vorderrandes wegen, auf das unterste $1/4$ seiner Länge. Die vorderen Springbeine sind etwas länger, als die hinteren und reichen bis zu den Spitzen der Steuerbeine; letztere betragen $1/10 - 1/12$ der Körperlänge. Das äussere, eingliedrige Blatt der Steuerbeine ist um $1/7 - 1/5$ länger als das innere, beide sind mit langen Endborsten versehen, ausserdem hat das längere an seinem Aussenrande 2 Paar starker Dornen. Die Farbe des Körpers ist gelblich-, oder grünlich-grau; der Stirnrand, die Augen, die vorderen Ränder der 3 ersten Seitenplatten und fast die ganze 4te, ferner die Basalglieder der Gangbeine, der Schwanzanhang und die Steuerbeine sind bräunlich schwarz.

	№ 1 ♂	№ 2 ♂	№ 3 ♀	№ 4 ♀
Die Zahl der Glieder in der Geissel der oberen Fühler	16—18	16	16	14
„ „ „ „ „ „ „ der unteren Fühler	7	7	7	7
„ „ „ „ in der Nebengeissel	1	1	1	1

Maassangaben.

	№ 1.	№ 2.	№ 3.	№ 4.
Totallänge	14,57	13,25	14,60	11,37
Körperlänge	10,36	9,35	10,96	8,30
Länge der oberen Fühler	3,65	3.40	3,17	2,67
Länge der unteren Fühler	2,19	2,32	2.00	1,81
Länge der Stiele der oberen Fühler	1,13	1.00	1,09	0,83
Länge der Stiele der unteren Fühler	1,19	1,20	1,12	0,85
Länge des 3ten Gangbeines	5,85	5,36	4,57	3,12
Länge der Steuerbeine	0,88	0,83	0,80	0,68
Höhe des Körpers	2,2	2,0	2,8	1,9
Breite des Körpers	1,8	1,5	2,0	1,4

Die Art ist sehr häufig; wir haben sie längs dem ganzen Südufer der Kultuschnaja-Bucht gefunden.

105. G. Fixsenii n. sp.

Artkennzeichen. Die Stiele der oberen Fühler sind dicker, aber kaum länger als die der unteren, ihr Basalglied ist mässig breit, oben gewölbt, um die Hälfte kürzer als das Kopfsegment und fast um $1/4$ länger, als das Endglied der unteren Stiele. Die oberen Fühler sind beinahe 3 mal in der Körperlänge enthalten und etwa 2 mal länger als die unteren. Die

Geissel der unteren Fühler hat keine Kolbenorgane. Die Nebengeissel ist eingliedrig und reicht bis zum Ende des ersten Geisselgliedes der oberen Fühler. Das obere Kopfprofil ist stark gewölbt. Die Stirn tritt schnabelförmig nach unten gesenkt vor. Die Entfernung der Stirnspitze von dem vorderen Augenrande ist der halben Augenhöhe, oder der Stirnbreite zwischen den Augen gleich. Die Augen sind mässig gross, breit nierenförmig und nicht gewölbt; ihr Höhendiameter erreicht die halbe Kopflänge und ist um $^2/_5$ grösser als die Breite des Auges. Nur am Hinterrande eines jeden Schwanzsegmentes steht ein Paar zarter, hinfälliger Borsten, sonst ist die ganze obere Fläche des Körpers glatt und eben. Die Seitenplatten der 4 ersten Rumpfsegmente tragen einen Borstenbesatz. Der Schwanzanhang ist zweitheilig. Die Hände sind klein; die vorderen ei-, die hinteren becherförmig. Die Basalglieder der beiden ersten Gangbeine sind schmal, zwei mal länger als breit; ihr Vorderrand ist wenig gewölbt und mit Büscheln langer Borsten besetzt; die flügelartige Erweiterung derselben ist sehr schwach ausgebildet und am Hinterrande mit ziemlich langen Borsten versehen. Das Basalglied des 3ten Gangbeines ist sehr breit (bei den Männchen nur um $^1/_7$ länger als breit) und im unteren Theile seines Vorderrandes sehr stark, fast monströs aufgetrieben. Die grösste Breite dieser Anschwellung beträgt $^1/_3$ der ganzen Breite des Gliedes. Die obere Fläche der Anschwellung ist mit dichten und langen Borsten bewachsen; die grösste Breite des Gliedes fällt auf sein unteres $^1/_3$. Die Springbeine sind mässig lang, bei den Männchen reichen die beiden Paare über die Spitzen der Steuerbeine hinaus, bei den Weibchen sind die hinteren etwas kürzer. Die Steuerbeine sind rudimentär, sie betragen $^1/_{15}$ der Körperlänge. Das äussere Blatt der Steuerbeine ist so lang, wie das Basalglied derselben und trägt am Aussenrande 4 paarige, am Ende 2—3 Stacheln; das innere, welches nur um $^1/_8$ kürzer ist als das äussere, trägt an seinem Ende 2—3 Stacheln. Die Farbe des Körpers ist weisslich, mit einer dunklen Längsbinde auf dem Rücken. Die Augen sind schwarz.

	№ 1 ♀	№ 2 ♀	№ 3 ♀
Die Zahl der Glieder in der Geissel der oberen Fühler .	11—16	16	14
„ „ „ „ „ „ der unteren Fühler.	5—4	5	4
„ „ „ „ in der Nebengeissel	1	1	1

Maassangaben.

	№ 1.	№ 2.	№ 3.
Totallänge	12,29	11,12	10,20
Körperlänge	9,10	8,26	7,51
Länge der oberen Fühler	2,89	2,64	2,50
Länge der unteren Fühler	1,54	1,41	1,40
Länge der Stiele der oberen Fühler .	0,89	0,80	0,82
Länge der Stiele der unteren Fühler . . .	0,82	0,77	0,76
Länge des dritten Gangbeines	4,57	4,32	4,46
Länge der Steuerbeine	0,57	0,54	0,46
Höhe des Körpers	1,7	1,6	1,6
Breite des Körpers.	1,3	1,4	1,2

Die Art ist nicht selten; sie kommt mit *G. talitroides* zusammen vor, scheint aber etwas tiefer hinunter zu steigen, als letztere.

Um eine mögliche Verwechselung dieser Art mit *G. talitroides* zu verhindern, füge ich hier eine Differentialdiagnose der beiden Arten hinzu:

G. talitroides m.

Der Kopf ist weniger gewölbt und breiter, die Stirnspitze länger als bei *G. Fixsenii*. Die Entfernung des vorderen Endes der Stirnspitze vom oberen Augenrande und die Stirnbreite zwischen den Augen beträgt $1^1/_2$ der Augenhöhe. Der Augendiameter beträgt $^1/_4$ der Kopflänge. Die Augen sind oben breiter als unten. Die Stiele der oberen Fühler sind kürzer als die der unteren. Die Geisselglieder der unteren Fühler sind bei den Männchen mit Kolbenorganen versehen. Die Hände sind grösser, die Basalglieder der 2 ersten Gangbeinpaare breiter und die Steuerbeine länger als bei *G. Fixsenii*. Das Basalglied des 3ten Gangbeinpaares ist mit keiner Anschwellung versehen. Die Zahl der Geisselglieder der oberen Fühler ist grösser und die Färbung des Körpers anders als bei *G. Fixsenii*.

G. Fixsenii m.

Der Kopf ist stärker gewölbt und schmäler; die Stirnspitze kürzer, als bei *G. talitroides*. Die Entfernung des vorderen Endes der Stirnspitze von dem oberen Augenrande und die Stirnbreite zwischen den Augen ist der Augenhöhe gleich. Der Augendiameter beträgt die halbe Kopflänge. Die Augen sind unten breiter, als oben. Die Stiele der oberen Fühler sind länger, als die der unteren. Die Geisselglieder der unteren Fühler haben keine Kolbenorgane. Die Hände sind kleiner, die Basalglieder der 2 ersten Gangbeinpaare schmäler und die Steuerbeine kürzer, als bei *G. talitroides*. Das Basalglied des 3ten Gangbeinpaares ist mit einer sehr grossen Anschwellung an seinem vorderen Rande versehen. Die Zahl der Geisselglieder der oberen Fühler ist geringer und die Färbung des Körpers anders als bei *G. talitroides*.

106. G. rugosus n. sp.
Taf. XIV, Fig. 8.

Artkennzeichen. Die Stiele der oberen Fühler sind dicker und etwas länger als die der unteren, ihr Basalglied ist sehr breit, um $^1/_4$ kürzer als das Kopfsegment und um $^1/_3$ länger als das Endglied der unteren Stiele. Die oberen Fühler sind um $^1/_6$ länger als die unteren, betragen aber kaum $^1/_4$ der Körperlänge. Die Geissel der unteren Fühler hat keine Kolbenorgane. Die Nebengeissel ist so lang, wie das 1ste Glied der oberen Geissel. Die Augen sind abgerundet nierenförmig, ihr Höhendiameter ist 4 mal in der Kopflänge enthalten. Die Stirn tritt mit einer medianen, kurzen, abgerundeten Spitze vor. Die Rückenplatten aller Rumpfsegmente und ein schmaler Gürtel auf dem Kopfsegmente sind granulirt und hie und da mit kurzen Härchen besetzt. Die Seitenplatten der 4 ersten Rumpfsegmente sind an ihrem unteren Rande mit einem Borstenbesatz versehen. Der Schwanzanhang ist zweitheilig. Die vorderen Hände sind um $^1/_5$ länger und um $^1/_4$ breiter, als die hinteren; die ersteren sind ei-, die letzteren becherförmig. Die Basalglieder der Gangbeine sind vorn und unten stark buckelig gewölbt und mit 4—5 Büscheln steifer Borsten besetzt; die der beiden vorderen Paare sind oben breiter als unten, in ihrer oberen Hälfte flügelartig ausgebreitet und am Hinterrande mit 18—29 Borsten besetzt. Die Basalglieder des 3ten Paares sind am hinteren, gleichmässig gewölbten Rande mit üppigen, dichten Borsten versehen; die grösste Breite dieser Glieder fällt auf das letzte $^1/_4$. Die Springbeine sind gleich lang und reichen über die Enden der Steuerbeine hinaus. Die Steuerbeine sind rudimentär und betragen $^1/_{20}$ der Körperlänge, ihr äusseres, eingliedriges Blatt ist so lang wie das Basalglied, das innere um die Hälfte kürzer; ersteres ist mit 5 Stacheln versehen, von welchen 3 am Ende und 2 in der Mitte des Aussenrandes stehen, letzteres trägt nur eine lange Endborste. Die Farbe des Körpers ist bräunlich-weiss. Die Augen sind schwarz.

	№ 1 ♂	№ 2 ♀
Die Zahl der Glieder in der Geissel der oberen Fühler.	10	10
„ „ „ „ „ „ der unteren Fühler.	8	8
„ „ „ „ in der Nebengeissel	1	1

Maassangaben.

	№ 1.	№ 2.
Totallänge	11,47	10,36
Körperlänge	8,99	8,08
Länge der oberen Fühler	2,16	2,02
Länge der unteren Fühler.	1,83	1,65
Länge der Stiele der oberen Fühler	1,20	1,14
Länge der Stiele der unteren Fühler . . .	1,11	1,01
Länge des dritten Gangbeines	—	—
Länge der Steuerbeine	0,43	0,35
Höhe des Körpers	2,2	2,0
Breite des Körpers	2,2	2,5

Die Art ist nicht selten und kommt mit *G. inflatus* und *pachytus* in denselben Localitäten vor.

107. G. puella n. sp.

Artkennzeichen. Die Stiele der oberen Fühler sind dicker und um $^1/_7$—$^1/_4$ länger als die der unteren, ihr Basalglied ist schwach verdickt, mässig breit, fast um die Hälfte kürzer als das Kopfsegment und etwa um $^1/_5$ länger als das Endglied der unteren Stiele. Die oberen Fühler sind beinahe 2 mal länger als die unteren und nur $^1/_2$ so lang, wie der Körper. Die Nebengeissel reicht kaum bis zur Hälfte des 1sten Geisselgliedes der oberen Fühler. Die Geissel der unteren Fühler hat keine Kolbenorgane. Beide Fühlerpaare sind nur spärlich behaart. Die Augen sind ziemlich gross, nierenförmig, ihr Höhendiameter ist 2 mal in der

Kopflänge enthalten und 2 mal grösser, als die Breite des Auges. Die Stirn tritt mit einer kurzen, abgerundeten Spitze vor. Die Rückenplatten aller Segmente sind vollkommen glatt und eben. Die Seitenplatten der 4 ersten Rumpfsegmente sind mit je 3—5 kurzen Borsten besetzt. Der Schwanzanhang ist zweitheilig. Die vorderen Hände sind bei den Männchen grösser als die hinteren; die ersten sind birn-, die letzteren becherförmig. Die Basalglieder der Gangbeine sind breit, vorn wenig gewölbt, nach hinten aber stark erweitert; die hintere, flügelartige Erweiterung ist fast halbkreisförmig und endet unten in einen kurzen abgerundeten Lappen. Die beiden Ränder der Basalglieder sind mit kurzen Borsten versehen. Die vorderen Springbeine sind etwas länger als die hinteren und reichen bis zu den Spitzen der Steuerbeine, letztere betragen $1/10$ der Körperlänge. Das äussere Blatt der Steuerbeine ist zweigliedrig und 2 mal länger als das innere; ersteres ist mit 2 Endstacheln und mit einem Stachel am Aussenrande versehen, letzteres hat 2 Endborsten. Das 2te Glied des äusseren Blattes ist mit 2 Endborsten versehen und erreicht $1/3$ seiner Länge. Die Farbe des Körpers ist weiss. Die Augen sind rubinroth.

	№ 1 ♂	№ 2 ♀
Die Zahl der Glieder in der Geissel der oberen Fühler . .	14	12
„ „ „ „ „ „ der unteren Fühler . .	4	3
„ „ „ „ in der Nebengeissel	1	1

Maassangaben.

	№ 1.	№ 2.
Totallänge	7,68	5,70
Körperlänge	5,30	4,08
Länge der oberen Fühler	2,08	1,43
Länge der unteren Fühler	0,94	0,52
Länge der Stiele der oberen Fühler . . .	0,80	0,55
Länge der Stiele der unteren Fühler . . .	0,69	0,40
Länge des 3ten Gangbeines	1,60	1,21
Länge der Steuerbeine	0,49	0,33
Höhe des Körpers	1,2	1,0
Breite des Körpers	1,4	1,0

Die Art ist selten; wir haben sie in einer Tiefe von etwa 100 Meter gefangen. Sie stellt eine Uebergangsform vor von der Gruppe, zu welcher *G. inflatus, pachytus, tuberculatus* etc. gehören, zu derjenigen, welche die echten *Gammarus*-Arten enthält.

108. G. glaber n. sp.

Taf. XIV, Fig. 6.

Artkennzeichen. Die Stiele der oberen Fühler sind etwas dicker und um $1/7$ kürzer als die der unteren, ihr Basalglied ist mässig breit, oben schwach gewölbt, fast um die Hälfte kürzer als das Kopfsegment, aber, länger als jedes der beiden gleichlangen Endglieder der unteren Stiele. Die oberen Fühler sind um $1/3$ länger als die unteren und betragen $1/4$ der Körperlänge. Die Geisselglieder der unteren Fühler haben keine Kolbenorgane. Die Nebengeissel ist beinahe so lang, wie das erste Geisselglied der oberen Fühler. Die Augen sind abgerundet nierenförmig und $2-2^1/_2$ mal in der Kopflänge enthalten; ihr Höhendiameter ist um $2/5$ grösser, als die Breite des Auges. Die Stirn tritt mit einer abgerundeten, schwach gesenkten Spitze vor. Die Rückenplatten der 2 letzten Rumpfsegmente sind nur am Hinterrande mit 2 langen Borsten versehen, die der 4 ersten Rumpfsegmente dagegen tragen auf ihrer ganzen oberen Fläche lange, vereinzelt stehende Borsten. Die 2 letzten Schwanzsegmente sind mit Gruppen zarter Stachelspitzen versehen. Die Seitenplatten der 4 ersten Rumpfsegmente haben vereinzelt stehende Randborsten. Der Schwanzanhang ist zweitheilig. Die vorderen Hände sind nur bei den Männchen etwas grösser, als die hinteren; erstere sind schlank birn-, letztere becherförmig. Die Basalglieder der Gangbeine sind vorn und unten fast gar nicht gewölbt und tragen am vorderen Rande 7—8 Büschel steifer Borsten, am hinteren zahlreiche Randborsten. Das Basalglied des 3ten Gangbeinpaares ist trapezoidisch und an seinen Rändern, ebenso wie die beiden vorderen Glieder, mit Borsten bewachsen, nur sind die letzteren weit üppiger und länger; die grösste Breite dieses Gliedes fällt auf das unterste $1/3$. Die Springbeine sind fast gleich lang und berühren etwa das letzte $1/4$ des längeren Blattes der Steuerbeine; letztere betragen $1/8$ der Körperlänge. Das innere Blatt der Steuerbeine erreicht kaum $1/3$ des äusseren und ist nur mit einer Endborste versehen, das längere Blatt trägt am äusseren Rande 2 Paar Stacheln und mehrere vereinzelt stehende Borsten, am inneren nur einen Stachel, und an seinem Ende mehrere Stacheln und Borsten, zwischen welchen ein ganz kurzes Endglied versteckt ist. Die Farbe des Körpers ist schmutzig weiss; die Augen sind schwarz.

	№ 1 ♂	№ 2 ♂	№ 3 ♂	№ 4 ♀
Die Zahl der Glieder in der Geissel der oberen Fühler . .	11	11	11	8—11
„ „ „ „ „ „ „ unteren Fühler . .	4	4	4	4
„ „ „ „ in der Nebengeissel	1	1	1	1

Maassangaben.

	№ 1.	№ 2.	№ 3.	№ 4.
Totallänge	11,21	10,41	9,09	9,06
Körperlänge	8,21	7,72	6,22	6,49
Länge der oberen Fühler	2,01	2,02	1,75	1,78
Länge der unteren Fühler	1,48	1,44	1,35	1,22
Länge der Stiele der oberen Fühler . . .	0,69	0,71	0,68	0,68
Länge der Stiele der unteren Fühler . . .	0,84	0,80	0,78	0,74
Länge des 3ten Gangbeines	3,39	3,28	3,29	—
Länge der Steuerbeine	1,00	0,91	0,88	0,93
Höhe des Körpers	0,5	0,6	0,5	0,6
Breite des Körpers	1,2	1,3	1,3	1,4

Die Art ist nicht selten; wir haben sie längs dem südwestlichen Ufer des Baikalsees gefangen.

109. G. vortex n. sp.

Taf. IX, Fig. 4.

Artkennzeichen. Die Stiele der oberen Fühler sind dicker und kürzer als die der unteren, ihr Basalglied ist verdickt, mässig breit, bedeutend kürzer als das Kopfsegment und bei den Männchen stets kürzer, als jedes der beiden Endglieder der unteren Fühler [1]). Die oberen Fühler sind etwa um $1/4 - 1/7$ länger als die unteren und beinahe 3 mal in der Körperlänge enthalten. Die Geisseln der unteren Fühler sind nur bei den Männchen mit Kolbenorganen versehen. Die Nebengeissel reicht etwas über die Basis des 1sten Geisselgliedes der oberen Fühler. Die Augen sind nierenförmig, ihr Höhendiameter ist der halben Kopflänge gleich und 2 mal grösser als die Breite des Auges. Die Rückenplatten aller Rumpf- und der 3 ersten Schwanzsegmente sind glatt, diejenigen der 3 letzten Schwanzsegmente dagegen mit 3 Gruppen zarter Stacheln und Borsten versehen; die Zahl der Borsten ist sehr gering und nicht constant. Die Seitenplatten der 4 ersten Rumpfsegmente sind mit vereinzelt stehenden Borsten versehen. Der Schwanzanhang ist zweitheilig. Die Hände sind fast gleich gross, die vorderen birn-, die hinteren becherförmig und nach vorn schwach erweitert. Die Basalglieder des 1sten Gangbeinpaares sind vorn schwach gewölbt und am Hinterrande mit Borsten besetzt; die flügelartige Erweiterung derselben ist etwas nach unten verschoben, wo sie auch eine lappige, abgerundete Ecke bildet. Die Basalglieder des 2ten und 3ten Gangbeinpaares sind herzförmig und am Hinterrande mit langen Borsten besetzt [2]). Die Springbeine sind gleich lang, reichen aber kaum bis zur Mitte der Steuerbeine, letztere betragen $1/6$ der Körperlänge. Das äussere Blatt der Steuerbeine ist 2gliedrig und um $3/4 - 2/3$ länger als das innere; beide sind am Innenrande mit Fiederborsten besetzt. Die Farbe des Körpers ist grünlich. Die Augen sind schwarz.

	№ 1 ♂	№ 2 ♂	№ 3 ♀	№ 4 ♀
Die Zahl der Glieder in der Geissel der oberen Fühler.	14—16	15	12—11	9
„ „ „ „ „ „ „ der unteren Fühler.	8—9	7	5—6	5
„ „ „ „ in der Nebengeissel	1	1	1	1

Maassangaben.

	№ 1.	№ 2.	№ 3.	№ 4.
Totallänge	13,20	11,74	8,55	6,93
Körperlänge	9,01	8,58	5,93	4,94
Länge der oberen Fühler	3,03	2,40	2,04	1,56

---

[1]) Bei den Weibchen ist das Basalglied der oberen Fühler eben so lang, oder etwas länger.
[2]) Die Gestalt der flügelartigen Erweiterung ist verschieden von derjenigen, welche für diese Gruppe charakteristisch ist.

	№ 1.	№ 2.	№ 3.	№ 4.
Länge der unteren Fühler	2,43	1,89	1,33	0,89
Länge der Stiele der oberen Fühler. . . .	1,11	0,80	0,73	0,60
Länge der Stiele der unteren Fühler . . .	1,47	1,01	0,77	0,49
Länge des 3ten Gangbeines	3,6	2,04	2,0	1,03
Länge der Steuerbeine	1,56	1,12	0,90	0,67
Höhe des Körpers	2,0	1,6	1,3	0,93
Breite des Körpers	1,2	1,04	1,07	0,67

Wir haben diese Art überall an steinigen Ufern in einer Tiefe von 5—30 Meter angetroffen und während des ganzen Winters copuliren sehen.

Durch verhältnissmässig lange Steuerbeine nähert sich diese Art derjenigen Gruppe, zu welcher *G. fuscus, testaceus, marinus* gehören, allein der anderen, wichtigeren Charaktere wegen, wie: der eingliedrigen Geissel, der am Hinterrande mit Borsten bewachsenen Basalglieder der Gangbeine, muss sie zu der in Rede stehenden Gruppe gerechnet werden.

110. G. Wahlii n. sp.

Artkennzeichen. Die Stiele der oberen Fühler sind dicker und kürzer als die der unteren, ihr Basalglied ist breit, oben schwach gewölbt, kürzer als das Kopfsegment, aber länger als das Endglied der unteren Stiele. Die oberen Fühler sind in der Regel kürzer als die unteren und betragen $3/10$ der Körperlänge, ihre Geisselglieder sind mit grossen Leydig'schen Cylindern und zugleich mit kleinen Lavalett'schen Kolbenorganen, und die der unteren nur mit Lavalett'schen Kolbenorganen versehen. Die Nebengeissel ist so lang wie die 2—3 ersten Geisselglieder der oberen Fühler. Die Augen sind mässig gross, nierenförmig und 2 mal in der Kopflänge enthalten; ihr Höhendiameter ist 2 mal so gross, wie die Breite des Auges. Die Stirn tritt mit einem abgerundeten Höcker vor. Die Rückenplatten der 3 letzten Schwanzsegmente sind mit je 3 Gruppen zarter Stacheln ausgerüstet; auf dem 4ten und 5ten Schwanzsegmente sind 2—3, auf dem 6ten nur 1—2 Stacheln in jeder Gruppe vorhanden. Die Seitenplatten der 4 ersten Rumpfsegmente sind mit einem Borstenbesatz versehen. Der Schwanzanhang ist zweitheilig. Die Hände sind gleich gross, die vorderen birn-, die hinteren becherförmig. Die Basalglieder der 2 ersten Gangbeinpaare sind am Hinterrande mit dichten und langen Borsten, am vorderen und in seinem unteren Theile sehr schwach gewölbten Rande mit mehreren Büscheln steifer Borsten versehen. Die Basalglieder des 3ten Gangbeinpaares sind breit und am Hinterrande ebenfalls mit langen Borsten, am vorderen, gewölbten dagegen mit 3—5 Stacheln und einem Borstenbüschel besetzt; die grösste Breite derselben fällt auf die obere Hälfte. Die vorderen Springbeine sind etwas länger als die hinteren und berühren nur das letzte $1/3$ der Steuerbeine; letztere betragen $1/11$ der Körperlänge. Das äussere Blatt der Steuerbeine ist 4 mal länger als das innere; ersteres ist am inneren Rande mit einer Reihe von Fiederborsten, am äusseren mit 2 Paar Stacheln und nur wenigen einfachen Borsten, und an seinem mehr oder weniger abgestumpften Ende mit einem kurzen Endgliede,

3 Stacheln und 3—7 Fiederborsten versehen; letzteres hat am Innenrande 2 Fiederborsten und eine lange Endborste. Die Farbe des Körpers ist schmutzig, grünlich-weiss. Die Augen sind schwarz.

	№ 1 ♂	№ 2 ♂	№ 3 ♂	№ 4 ♀
Die Zahl der Glieder in der Geissel der oberen Fühler.	24	23	21	27
„ „ „ „ „ „ „ der unteren Fühler.	26	24	21	27—20
„ „ „ „ in der Nebengeissel.....	1	1	1	1

Maassangaben.

	№ 1.	№ 2.	№ 3.	№ 4.
Totallänge................	14,63	13,93	13,06	14,47
Körperlänge	10,42	10,28	9,60	10,70
Länge der oberen Fühler.........	3,21	2,99	2,89	3,21
Länge der unteren Fühler	3,63	3,13	2,85	3,28
Länge der Stiele der oberen Fühler	1,29	1,15	1,13	1,00
Länge der Stiele der unteren Fühler	1,47	1,37	1,25	1,36
Länge des 3ten Gangbeines.........	—	4,0	3,44	3,76
Länge der Steuerbeine...........	1,02	1,00	0,92	0,89
Höhe des Körpers.............	—	2,2	2,1	2,5
Breite des Körpers............	—	2,0	2,0	2,3

Die Art haben wir im Frühjahre an der Mündung des Flusses Sljudianka zahlreich gefunden.

Diese Art stellt das einzige Beispiel dar, dass die Lavalett'schen Kolbenorgane an den Geisseln der beiden Fühlerpaare entwickelt sind: bei den Weibchen sind die Kolbenorgane an den Geisseln der unteren Fühler bedeutend kleiner, als bei den Männchen.

111. G. Wahlii, var. platycercus m.

Als eine Varietät von *G. Wahlii* sehe ich eine Form an, welche sich folgendermaassen charakterisiren lässt: Die oberen Fühler sind länger als die unteren. Die Zahl der Geisselglieder ist bedeutend grösser, die Augen grösser, die Hände mächtiger, die Basalglieder der Gangbeine schmäler, die Borsten am Hinterrande der Basalglieder kürzer und spärlicher, die Steuerbeine etwas länger, als bei der typischen Form; ferner ist das längere Blatt der Steuerbeine an seinem Ende abgerundet und trägt kein Endglied.

	№ 1 ♂	№ 2 ♂
Die Zahl der Glieder in der Geissel der oberen Fühler .	43	43
„ „ „ „ „ „ der unteren Fühler .	31	43
„ „ „ „ in der Nebengeissel .....:	1	1

Maassangaben.

	№ 1.	№ 2.
Totallänge	15,98	—
Körperlänge	11,28	9,0
Länge der oberen Fühler	4,10	4,2
Länge der unteren Fühler	3,74	4,0
Länge der Stiele der oberen Fühler	1,54	1,3
Länge der Stiele der unteren Fühler	1,66	1,5
Länge des dritten Gangbeines	5,68	—
Länge der Steuerbeine	1,16	—
Höhe des Körpers	2,1	—
Breite des Körpers	1,7	—

Die Varietät kommt mit der typischen Form zusammen vor. Ich besitze leider zu wenige Exemplare, als dass ich die Beständigkeit der angeführten Merkmale mit erforderlicher Präcision zu prüfen vermöchte.

112. G. Klukii n. sp.

Artkennzeichen. Die Stiele der oberen Fühler sind um $1/5$ kürzer als die der unteren, ihr Basalglied ist breit, flach gedrückt, länger und dicker als die Stielglieder der unteren Fühler; das 2te und 3te Stielglied der oberen Fühler, so wie die Geissel derselben sind zart und dünn. Die oberen Fühler sind um $1/5$ kürzer als die unteren und erreichen nur $1/4$ der Körperlänge. Die Geisselglieder der unteren Fühler tragen keine Kolbenorgane. Die Nebengeissel ist so lang, wie das ziemlich lange erste Geisselglied der oberen Fühler. Die Augen sind verlängert-nierenförmig; ihr Höhendiameter ist $2 1/2$ mal in der Kopflänge enthalten und 2 mal grösser als die Breite des Auges. Die Stirn tritt mit einer abgerundeten medianen Wölbung vor. Die Rückenplatten der 3 letzten Schwanzsegmente haben 2—3 Gruppen zarter und kleiner Stacheln, die übrigen sind ganz glatt und eben. Die Seitenplatten der 4 ersten Rumpfsegmente tragen einen Borstenbesatz. Der Schwanzanhang ist zweitheilig. Die Hände sind gleich gross, birnförmig. Die Basalglieder der Gangbeine sind vorn und unten buckelig gewölbt, und am vorderen Rande mit 9—13 Büscheln steifer Borsten, am hinteren mit einem Borstenbesatz versehen; ausserdem zeichnen sich die Basalglieder der einzelnen Beinpaare durch ihre Gestalt von einander ab: die des 1sten Paares sind unten breiter als oben und am Hinterrande mit deutlich abgerundeten, oberen und unteren Ecken versehen; die des 2ten sind oben, des 3ten unten breiter ausgebildet; letztere haben einen hinteren, gleichmässig abgerundeten Rand. Die Springbeine sind gleich lang und berühren die Spitzen der Steuerbeine nicht. Die Steuerbeine betragen $1/11$ der Körperlänge. Das innere Blatt der Steuerbeine ist sehr kurz und beträgt kaum $1/4 — 1/5$ des längeren; das erstere eingliedrige Blatt ist mit 5 Endstacheln und 3 langen Endborsten, und am Aussenrande mit 1 Stachel und 1 Borste versehen; letzteres hat nur eine sehr lange Endborste. Die Farbe des Körpers ist schmutzig weiss. Die Augen sind schwarz.

	№ 1 ♂	№ 2 ♀
Die Zahl der Glieder in der Geissel der oberen Fühler.	10	10
„ „ „ „ „ „ der unteren Fühler	5	4—5
„ „ „ „ in der Nebengeissel	1	1

Maassangaben.

	№ 1.	№ 2.
Totallänge	12,40	11,66
Körperlänge	8,98	8,64
Länge der oberen Fühler	1,86	2,02
Länge der unteren Fühler	2,40	2,56
Länge der Stiele der oberen Fühler	1,06	1,14
Länge der Stiele der unteren Fühler.	1,28	1,35
Länge des 3ten Gangbeines.	4,32	4,2
Länge der Steuerbeine	0,80	0,78
Höhe des Körpers.	2,0	2,0
Breite des Körpers	1,8	2,0

Die Art ist ziemlich selten; wir haben sie dicht am Ufer, beim Schamanenvorgebirge gefangen.

113. G. pachytus n. sp.

Artkennzeichen. Die Stiele der oberen Fühler sind bedeutend dicker und nur etwas länger als die der unteren, ihr Basalglied ist sehr breit, oben stark gewölbt, wenig kürzer als das Kopfsegment und fast um $1/3$ länger als jedes der beiden gleichlangen Endglieder der unteren Stiele. Die oberen Fühler sind kaum länger als die unteren und betragen nur $1/5$ der Körperlänge. Die Geisselglieder der unteren Fühler tragen keine Kolbenorgane. Die Nebengeissel ist so lang und halb so breit, wie das 1ste Geisselglied der oberen Fühler. Die Geissel der oberen Fühler ist schief eingelenkt, woher sie immer nach aussen gerichtet vom Thiere getragen wird. Die Augen sind abgerundet nierenförmig, um $1/4$ länger als breit und 4 mal in der Kopflänge enthalten. Die Stirn tritt mit einer abgerundeten, kurzen Spitze vor. Die Rückenplatten sind glatt und eben, der Hinterrand derselben ist verdickt und überdeckt die vorderen Ränder der nächstfolgenden Platten. Die Seitenplatten der 4 ersten Rumpfsegmente haben einen Borstenbesatz. Das Schwanzsegment ist zweitheilig. Die Hände sind fast gleich lang, die vorderen schmal birn-, die hinteren schief becherförmig. Die Basalglieder aller Gangbeine sind vorn und unten buckelig gewölbt, die der beiden vorderen Paare sind unten stets breiter, als oben; der schwach eingebogene hintere Rand derselben ist vorn mit 3—5 Büscheln steifer Borsten, hinten mit einem dichten Borstenbesatz versehen. Die Basalglieder des

3ten Gangbeinpaares sind breit, hinten stark, gleichmässig gewölbt und an allen freien Rändern mit langen und dichten Borsten besetzt; die grösste Breite derselben fällt auf ihre **obere Hälfte**. Die vorderen Springbeine sind etwas länger als die hinteren und berühren die Spitzen der Steuerbeine, letztere betragen kaum $1/16$ der Körperlänge. Das äussere zweigliedrige Blatt derselben ist um $2/3$ länger als das innere; ersteres ist mit 2—3 Randstacheln am Aussenrande und 3 Stacheln an seinem unteren Ende versehen, letzteres hat nur einen Endstachel. Die Farbe des Körpers ist schmutzig weiss. Die Augen sind schwarz.

	№ 1 ♂	№ 2 ♀	№ 3 juv.
Die Zahl der Glieder in der Geissel der oberen Fühler . .	11	11	8
„ „ „ „ „ „ „ der unteren Fühler . .	8	8	7
„ „ „ „ in der Nebengeissel	1	1	1

Maassangaben.

	№ 1.	№ 2.	№ 3.
Totallänge	13,81	18,58	8,34
Körperlänge	11,09	14,88	6,86
Länge der oberen Fühler	2,17	3,08	1,36
Länge der unteren Fühler . . .	2,17	2,83	1,31
Länge der Stiele der oberen Fühler	1,44	2,00	0,80
Länge der Stiele der unteren Fühler	1,39	1,92	0,80
Länge des 3ten Gangbeines . . .	5,80	—	3,60
Länge der Steuerbeine	0,65	0,92	0,35
Höhe des Körpers	2,7	4,4	1,4
Breite des Körpers	2,4	—	1,5

Die Art ist sehr häufig und kommt mit *G. inflatus* vor.

114. G. pachytus, var. dilatatus m.

Kennzeichen. Die Stiele der oberen Fühler sind dicker als die der unteren, aber nur so lang; ihr erstes, oder Basalglied ist verdickt, ziemlich breit, über 2 mal kürzer, als das Kopfsegment und fast so lang, wie das Endglied der unteren Stiele; die beiden folgenden Glieder derselben tragen auf der Mitte ihrer Oberfläche Bündel starker Stacheln, das 2te nur einen, mit 7—9 Stacheln versehenen Bündel; das 3te zwei, deren einer 3, der andere 5—7 Stacheln hat. Die oberen Fühler sind fast so lang wie die unteren und betragen $1/5$ der Körperlänge. Die Geissel der unteren Fühler hat keine Kolbenorgane. Die Nebengeissel ist kurz und reicht nicht bis zum Ende des 1sten Geisselgliedes der oberen Fühler. Die Augen sind klein abgerundet, ihr Höhendiameter erreicht $1/4$ der Körperlänge. Die Oberfläche des Körpers ist mit kurzen Haaren bedeckt. Die Seitenplatten der 4 ersten Rumpfsegmente haben einen Borstenbesatz, die Borsten sind lang, dick, fast stachelartig. Der Schwanzanhang ist kurz, fast bis zur Hälfte getheilt. Die vorderen Hände sind grösser als die hinteren, erstere birn-, letztere becherförmig, ihr Pulvinar ist mit 3 Stacheln versehen. Die Basalglieder der beiden vorderen Gangbeinpaare sind herzförmig und oben bedeutend breiter als unten; ihr Hinterrand ist mit dicken, langen Borsten besetzt; die des 3ten Gangbeinpaares sind erweitert, trapezoidisch, unten breiter, als oben und am Hinterrande mit sehr langen Borsten besetzt. Die Springbeine reichen nach hinten weiter als die Steuerbeine, letztere sind rudimentär und betragen $^1\!/_{25}$ der Körperlänge; ihr äusseres Blatt ist 2 mal länger als das innere und am Aussenrande mit einem, an seinem abgestumpften Ende mit 4 Stacheln versehen. Das innere Blatt trägt nur eine lange Endborste. Die Farbe des Körpers ist schmutzig grünlichweiss. Die Augen sind schwarz.

	№ 1 ♀
Die Zahl der Glieder in der Geissel der oberen Fühler.	10
" " " " " " der unteren Fühler.	9
" " - " in der Nebengeissel	1

Maassangaben.

	№ 1.
Totallänge.	17,33
Körperlänge	14,33
Länge der oberen Fühler	2,69
Länge der unteren Fühler	2,07
Länge der Stiele der oberen Fühler . . .	1,62
Länge der Stiele der unteren Fühler . . .	1,63
Länge des 3ten Gangbeinpaares	5,76
Länge der Steuerbeine.	0,56
Höhe des Körpers	3,7
Breite des Körpers	4,0

Die Varietät kommt mit der typischen Form vor.

115. G. perla n. sp.

Artkennzeichen. Die Stiele der oberen Fühler sind dicker und um $^1\!/_4$—$^1\!/_5$ länger als die der unteren, ihr Basalglied ist breit, oben stark gewölbt, fast um die Hälfte kürzer als das Kopfsegment und beinahe 2 mal so lang, wie das Endglied der unteren Stiele. Die oberen Fühler sind etwa um $^1\!/_4$ länger als die unteren und betragen $^1\!/_4$ der Körperlänge. Die Geisseln der unteren Fühler haben keine Kolbenorgane. Die Nebengeissel ist um $^1\!/_3$ kürzer als das 1ste Geisselglied der oberen Fühler. Die Augen sind punktförmig, oder linealisch (an Spiritusexemplaren ganz unsichtbar). Die Stirn tritt mit einer abgerundeten, kurzen, schwach gesenkten Spitze vor. Die Rückenplatten aller Rumpfsegmente sind glatt und eben, die der Schwanzsegmente aber sind sehr spärlich behaart. Die Seitenplatten der 4 ersten Rumpfsegmente sind mit wenigen Borsten besetzt. Der Schwanzanhang ist zweitheilig. Die vorderen

Hände sind etwas grösser, als die hinteren, erstere ei-, letztere becherförmig. Die Basalglieder der Gangbeine und besonders die des 3ten Paares sind vorn, in ihrem unteren Theile, gewölbt und am Vorderrande mit Büscheln steifer Borsten, am hinteren mit ziemlich langen Borsten bewachsen. Ihrer Gestalt nach sind die Basalglieder der beiden ersten Gangbeinpaare sehr schmal, oben breiter als unten und am Hinterrande schwach eingebogen; die des 3ten Paares dagegen sehr breit, unten breiter als oben und mit gleichmässig gewölbtem Hinterrande versehen. Die vorderen Springbeine sind etwas länger als die hinteren, alle reichen über die Spitzen der Steuerbeine hinaus. Die Steuerbeine betragen $1/_{22}$ der Körperlänge; das äussere Blatt derselben ist kürzer, oder so lang, wie das Basalglied und 2 mal so lang wie das innere Blatt; ersteres trägt 2—3 Endstacheln, letzteres hat zuweilen eine Endborste. Die Farbe des Körpers und die Augen sind weiss.

	№ 1 ♂	№ 2 ♀	№ 3 ♀
Die Zahl der Glieder in der Geissel der oberen Fühler .	8	7	7
„ „ „ „ „ „ der unteren Fühler.	5	5	4
„ „ „ „ in der Nebengeissel . .	1	1	1

Maassangaben.

	№ 1.	№ 2.	№ 3.
Totallänge	10,87	8,40	7,96
Körperlänge	8,86	6,75	6,32
Länge der oberen Fühler.	1,76	1,49	1,46
Länge der unteren Fühler	1,30	1,07	1,05
Länge der Stiele der oberen Fühler	0,96	0,81	0,79
Länge der Stiele der unteren Fühler	0,79	0,63	0,65
Länge des dritten Gangbeines	3,04	2,5	1,92
Länge der Steuerbeine	0,41	0,30	0,32
Höhe des Körpers	2,0	1,5	1,3
Breite des Körpers.	1,5	1,3	1,4

Die Art ist selten; wir haben sie in einer Tiefe von 10 Meter gefangen.

II. Gattung. Constantia, m.

116. Constantia Branickii n. sp.

Taf. III, Fig. 7.

Artkennzeichen. Die Stiele der oberen Fühler sind mächtiger und um $^1/_5$ länger als die der unteren; ihr Basalglied ist etwas flach gedrückt, länger als das Kopfsegment, aber fast 2 mal kürzer als die beinahe gleichlangen Endglieder der Stiele beider Fühlerpaare. Die oberen Fühler sind um $^1/_3$ länger und 3 mal dicker als die unteren, sie erreichen ungefähr $^2/_3$ der Körperlänge. Die Geisseln beider Fühlerpaare sind mit langen und steifen Borsten besetzt; die Borsten werden gegen das Ende der Geisseln viel stärker und verleihen denselben die Gestalt einer an ihrer Basis abgerupften Feder. Die Nebengeissel fehlt. An den Gliedern der Geisseln habe ich keine Gefühlsorgane entdecken können; ja, es fehlen ihnen auch sogar diejenigen kleinen Fiederborsten, welche bei den meisten *Gammarus*-Arten auf der oberen Fläche der Stielglieder vorzukommen pflegen. Die Augen sind mässig gross, nierenförmig, ihr Höhendiameter erreicht die halbe Länge des Kopfsegmentes und ist 2 mal so gross, wie ihre Breite. Die Stirn ist etwas deprimirt, ihre Medianspitze ist sehr schwach entwickelt. Die Riechkegel sind sehr lang, dünn und enden mit einem kurzen Cylinder. Alle Rumpfsegmente sind glatt (ohne Borsten und Stacheln). Die Rückenplatte des ersten Schwanzsegmentes hat einen schwach angedeuteten, medianen Kiel und läuft in einen langen, hornartigen, nach oben hervorragenden und schwach nach vorn umgebogenen Dorn aus. Die Höhe des Dornes erreicht $^2/_3$—$^3/_4$ der Körperhöhe an der entsprechenden Stelle. Die beiden folgenden Schwanzsegmente sind mit viel stärkeren Mediankielen versehen, ihre Dornen aber sind ganz kurz, ganz nach hinten gerichtet und ragen kaum über den Hinterrand der Rückenplatten hinaus. Die 3 letzten Schwanzsegmente haben nur in der Mitte ihres Hinterrandes eine kleine Stachelspitze. Der Schwanzanhang ist lang und zweitheilig. Die Seitenplatten sind sehr klein, niedrig und bedecken kaum die Ansatzstelle der Beine, so dass die Kiemenblätter und die Brutplatten bei der Seitenansicht sichtbar sind. Die Hände sind fast gleich gross, eiförmig, dünn und zart; der Carpus ist fast 2 mal so lang, wie die Hand selbst. Die Afterhandbeine sind sehr zart und dünn, die vorderen etwas länger, als die hinteren. Die Gangbeine des 2ten Paares sind die längsten und erreichen die Mitte der Steuerbeine, sie sind 4 mal länger, als das 1ste Paar und 2 mal länger, als das 3te Paar derselben; alle 3 Paare sind sehr zart, zerbrechlich, und werden beim Schwimmen dem Körper angedrückt getragen. Die Basalglieder der Gangbeine sind kurz, schmal und ohne Borsten am Hinterrande. Die vorderen Springbeine reichen nach hinten bedeutend weiter, als die hinteren und überragen die Steuerbeine fast um die ganze Länge der letzteren; die Scheerenglieder derselben sind sehr kurz und die äusseren betragen kaum $^1/_5$ der inneren. Die hinteren Springbeine erreichen fast die Spitzen der Steuerbeine; ihr inneres Scheerenglied ist am Innenrande mit Fiederborsten besetzt und um die Hälfte länger, als das äussere. Die Steuerbeine sind lang; ihre Blätter sind eingliedrig, lang, lancettförmig und an beiden Rändern mit sehr zierlichen strahlenförmig angeordneten Fiederborsten versehen. Die sehr dünne, durchscheinende Chitinhaut der Blätter erlaubt die innerhalb derselben befindlichen Muskelbündel sehr deutlich zu unterscheiden, welche, von zwei längsverlaufenden Hauptstämmen in zahlreichen Bündeln entspringend, sich an der Basis des Centralkanals jeder Fiederborste anheften.

Der Körper dieser schönen, zarten Thiere ist wasserhell, woher man sie beim Schwimmen nur an ihren schwarzen Augen wahrnehmen kann.

	№ 1.	№ 2.
Die Zahl der Glieder in der Geissel der oberen Fühler.	56	23
„ „ „ „ „ „ „ der unteren Fühler.	22	12

Maassangaben.

	№ 1.	№ 2.
Totallänge	58,5	—
Körperlänge	31,60	11,0
Länge der oberen Fühler	23,30	—
Länge der unteren Fühler	16,65	—
Länge der Stiele der oberen Fühler	14,30	—
Länge der Stiele der unteren Fühler	11,53	—
Länge des 1sten Gangbeines	5,7	—
Länge des 2ten Gangbeines	23,0	—
Länge des 3ten Gangbeines	10,3	—
Länge der Steuerbeine	5,5	—
Höhe des Körpers	3,5	—
Breite des Körpers	2,8	—

Die Art ist sehr selten; wir haben nur 5 weibliche Exemplare fangen können und haben sie nur schwimmend angetroffen.

Var. Alexandri.

Taf. III, Fig. 6.

Als Varietät der beschriebenen Art sehe ich diejenige Form an, welche sich durch einen gerade nach hinten gerichteten Dorn der Rückenplatte des 1sten Schwanzsegmentes von der typischen Form auszeichnet.

Alphabetisches Verzeichniss der Gammariden des Baikalsees.

A. Gattung Gammarus Fabr.

Name	Seite
abyssalis (var. von G. Borowskii).	139
abyssorum (var. von G. Ussolzevii).	89
aheneus	65
albinus	71
albula (var. von G. Florii)	53
amethystinus	74
araneolus	106
armatus	146
asper	155
bifasciatus	102
Borowskii	139
branchialis	110
Brandtii	136
Cabanisii	122
calcaratus	54
cancelloides Gerstf.	130
cancellus Pall.	127
canus (var. von G. viridis)	95
capellus	100
capreolus	87
carneolus	73
Carpenterii	113
chloris (var. von G. capreolus)	88
cinnamomeus	114
cyaneus	92
Czerskii	94
Czyrnianskii	153
dichrous (var. von G. Borowskii)	139
dilatatus (var. von G. pachytus)	183
ephippiatus (var. von G. araneolus)	107
europaeus Kessl. (var. von G. Kesslerii)	135
Fixsenii	172
flavus	72
Florii	52
fuscus	63
Gerstaeckerii	108
Gerstfeldtii (var. von G. cancellus)	129
glaber	176
Godlewskii	143
Grewingkii	150
Grubii	132
hyacinthinus	70
ibex	78
ignotus	109
inflatus	169
intermedius (var. von G. smaragdinus)	164
Kesslerii	133
Kielinskii	57
Klukii	181
Lagowskii	140
latior	158
latissimus Gerstf.	161
latus	159
leptocerus	85
littoralis	168
lividus	68
longicornis	79
Lovenii	137
Maackii Gerstf.	97
margaritaceus	56
microphthalmus (var. von G. rhodophthalmus)	117
miniatus (var. von G. aheneus)	66
Morawitzii	163
murinus	64
nematocerus (var. von G. leptocerus)	85
olivaceus (var. von G. viridis)	95
orchestes	104
pachytus	182
parasiticus	147
Parvexii	81
perla	184
Petersii	83
pictus	103
platycercus (var. von G. Wahlii)	180
polyarthrus (var. von G. longicornis)	80
puella	175
pulchellus	118
pulex De Geer	59
pullus	170
Puzylli	141
quinquefasciatus (var. von G. araneolus)	107
Radoszkowskii	149
Reichertii	152
Reissneri	126
rhodophthalmus	116
rugosus	174
saphirinus	98
sarmatus	86
schamanensis	91
scirtes (var. von G. Sophianosii).	102
Seidlitzii	119
smaragdinus	164
Solskii	153
Sophiae	61
Sophianosii	101
Stanislavii	58
stenophthalmus	90
Strauchii	112
succineus (var. von G. aheneus)	66
Taczanowskii	156
talitroides	171
talitrus	105
testaceus	60
toxophthalmus	77
tuberculatus	161
Ussolzewii	89
verrucosus	67
Victorii (var. von G. Godlewskii)	145
violaceus	75
virescens (var. von G. violaceus)	76
viridis	95
vittatus	82
vortex	178
Wagii	121
Wahlii	179
zebra	166
Zienkowiczii	124

B. Gattung Constantia mihi.

Branickii	186

Von der Redaction. Durch ein Versehen des Kupferstechers fehlen auf den 3 ersten Tafeln die Angaben der Maasse. Indem wir Dieses hier nachtragen, bemerken wir, dass alle Thiere, welche hier nicht erwähnt werden, in natürlicher Grösse abgebildet sind. Doppelt vergrössert sind folgende: Taf. I, Fig. 2. Gammarus Czerskii; Fig. 5. G. Grubii. Taf. III, Fig. 1. G. Reissnerii; Fig. 2. G. Solskii; Fig. 3. G. parasiticus; Fig. 5. G. Zienkowiczii; Fig. 6. Constantia Branickii var. Alexandri. Anderthalb Mal vergrössert ist: Taf. I, Fig. 7. Gammarus Kesslerii.

Erklärung der Tafeln.

Taf. I.

Fig. 1. *Gammarus Kietlinskii* Dybw. — 2. *G. Czerskii* Dybw. — 3. *G. Sarmatus* Dybw. — 4. *G. Wagii* Dybw. a. und b. die Hände; c. schematischer Durchschnitt des Körpers in der Gegend des 4ten Rumpfsegmentes, um den medianen Kiel zu zeigen; d. das Steuerbein. — 5. *G. Grubii* Dybw. — 6. *G. Godlewskii* Dybw. a. der Schwanzanhang; b. Durchschnitt des Körpers in der Gegend des 4ten Rumpfsegmentes, um die Randdorne und den Mediantuberkel zu zeigen. — 7. *G. Kesslerii* Dybw.

II.

Fig. 1. *G. cancellus* var. *Gerstfeldtii* Dybw. a. und b. die Hände; c. das Steuerbein; d. Durchschnitt des Körpers in der Gegend des 4ten Rumpfsegmentes, um die Lateralkörner und den Mediankiel zu zeigen. — 2. *G. Lagowskii* Dybw. — 3. *G. Borowskii* Dybw. a. der Schwanzanhang. — 4. *G. Grewingkii* Dybw. a. und b. die Hände; c. der Schwanzanhang und das linke Steuerbein; d. das Steuerbein; e. die Afterhand.

III.

Fig. 1. *G. Reissneri* Dybw. — 2. *G. Solskii* Dybw. — 3. *G. parasiticus* Dybw. — 4. *G. Puzyllii* Dybw. — 5. *G. Zienkowieczii* Dybw. — 6. *Constantia Branickii* Dybw. — 7. *C. Branickii* var. *Alexandri* Dybw. — 8. *Gammarus Czerskii* Dybw. a. der Kopf mit den beiden Fühlern der linken Seite; b. die vordere Hand; c. die hintere Hand; d. das Steuerbein; e. das Basalglied des 3ten Gangbeines.

IV. [1])

Fig. 1. *G. verrucosus* Gerstf. Eine schematische Abbildung des ganzen Thieres, um alle, in der Einleitung besprochene Körpertheile darzustellen. — 2. *G. verrucosus* Gerstf. ♂; f. die schematische Darstellung der Rückenplatten der Schwanzsegmente, wobei α. die Randgruppe der Stacheln bezeichnet, β. die Lateralgruppe, γ. die Mittelgruppe. — 3. *G. ignotus* juv. Dybw. — 4. *G. viridis* Dybw. var. *canus* juv. — 5. *G. latus* Dybw. e. das 2te Schwanzsegment, von der Seite gesehen. — 6. *G. latior* Dybw. e. das 2te Schwanzsegment, von der Seite gesehen; g. der Schwanzanhang. — 7. *G. Reissnerii* Dybw. e. der Schwanzanhang.

V.

Fig. 1. *G. marinus* Dybw. — 2. *G. fuscus* Dybw. — 3. *G. viridis* var. *canus* Dybw. aus der Angara. — 4. *G. pulchellus* Dybw. f. der Kopf, von oben gesehen; g. der Kopf, von vorn gesehen, um zwar: 1) die Ansatzstelle der oberen Fühler, 2) den vorderen Rand der Kopfplatte, 3) die Seitenfläche des Auges, 4) die vordere Fläche des Auges und 5) den erhöhten Rand, der die beiden Augen von einander trennt, zu bezeichnen; h. die Borste des Randbesatzes der ersten Seitenplatte (stark vergrössert), mit parasitischen Pflanzen besetzt. — 5. *G. Seidlitzii* Dybw. f. der Kopf, von oben gesehen; g. das 2te Schwanzsegment, von der Seite aus gesehen, mit den kleinen niedrigen Tuberkeln.

VI.

Fig. 1. *G. lividus* Dybw. — 2. *G. viridis* Dybw. — 3. *G. aheneus* var. *succineus* Dybw. ♀; g. das 2te und das Schwanzsegment, von der Seite gesehen, um die Leisten der Seitenplatten und die Bündel der Borsten zu zeigen.

VII.

Fig. 1. *G. aheneus* var. *miniatus* Dybw. — 2. *G. aheneus* Dybw. — 3. *G. cinnamomeus* Dybw. — 4. *G. calcaratus* Dybw.

VIII.

Fig. 1. *G. pulex* De Geer. — 2. *G. leptocerus* Dybw. — 3. *G. leptocerus* var. *nematocerus* Dybw. — 4. *G. sarmatus* Dybw.

---

[1]) Bei der Figur 8 der III Tafel und auf den folgenden Tafeln sind bei jeder Art fast immer die gleichen Körpertheile abgebildet, und zwar: der Kopf mit den beiden Fühlern der linken Seite, die vordere und die hintere Hand (ausnahmsweise die vordere Hand allein), das Basalglied des 3ten Gangbeines, das Steuerbein und in vielen Fällen eine schematische Darstellung der Stachelgruppen auf den Rückenplatten der Schwanzsegmente. Um also das unnütze Wiederholen der erwähnten Theile bei jeder Art zu vermeiden, habe ich sie nur bei der ersten Figur (Taf. III, Fig. 8) erklärt, bei den folgenden aber nur diejenigen Theile erwähnt, welche hier nicht genannt worden sind und die einer Erläuterung bedurften.

IX.

Fig. 1. *G. faveus* Dybw. f. die drei letzten Schwanzsegmente, von oben gesehen. — 2. *G. Ussolzeri* Dybw. — 3. *G. albinus* Dybw. — 4. *G. vortex* Dybw. f. die Afterhand, um die Nebenklaue des Klauengliedes zu zeigen. — 5. *G. Czyrnianskii* Dybw.; a. da ganze Thier, von der Seite gesehen; e. der Schwanzanhang; f. das Steuerbein (das innere Blatt ist nicht entwickelt). — 6. *G. amethystinus* Dybw. e. das Basalglied des 3ten Gangbeines, wobei b. den muskeltragenden Theil bezeichnet: a. der Flügel des Basalgliedes; c. die obere Ecke des Flügels; d. die untere Ecke des Basalgliedes.

X.

Fig. 1. *G. Petersii* Dybw. — 2. *G. Parrexii* Dybw. b'. und c'. die Hände des *G. longicornis* var. *polyarthrus*. — a. *G. violaceus* Dybw. — 4. *G. Sophianosii* Dybw. f. die Rückenplatte des Rumpfsegmentes, von oben gesehen, um die Vertheilung der Farben zu zeigen.

XI.

Fig. 1. *G. capreolus* Dybw. — 2. *G. Sophianosii* var. *scirtes* Dybw. f. der Seitenlappen des 3ten Schwanzsegmentes. — 3. *G. araneolus* Dybw.; f. das 6te Schwanzsegment mit dem Schwanzanhange und dem linken Steuerbeine; e. der Seitenlappen des 3ten Schwanzsegmentes. — 4. *G. pullus* Dybw. f. das 6te Schwanzsegment mit dem Schwanzanhange und den Steuerbeinen; g. die Blätter des Steuerbeines. — 5. *G. talitrus* Dybw. f. der Kopf, von oben gesehen. — 6. *G. smaragdinus* Dybw. e. der Seitenlappen des 3ten Schwanzsegmentes. — 7. *G. quinquefasciatus* Dybw. (var. von *G. araneolus*) f. der Seitenlappen des 3ten Schwanzsegmentes. — 8. *G. ephippiatus* Dybw. f. der Kopf, von oben gesehen.

XII.

Fig. 1. *G. ornatus* Dybw. d. das Basalglied des 1sten Gangbeines; e. die Seitenplatte des 3ten Schwanzsegmentes; f. das 3te Schwanzsegment, von der Seite gesehen, um den Lateralkiel mit seinen Stacheln zu zeigen; g. das 6te Schwanzsegment mit dem Schwanzanhange und dem rechten Steuerbeine. — 2. *G. pictus* Dybw. var. β; a'. der Kopf von oben. — 3. *G. pictus* Dybw.; a'. der Kopf von oben; f. die Stielglieder der oberen Fühler mit den Leydig'schen Cylindern. — 4. *G. inflatus* Dybw.; h. das Afterhandbein; a'. der Kopf, von oben gesehen; f. das 6te Schwanzsegment mit dem Schwanzanhange; g. das hintere Springbein. — 5. *G. violaceus* var. *virescens* Dybw. — 6. *G. bifasciatus* Dybw. — 7. *G. Strauchii* Dybw. b. der Kopf, von oben gesehen; g. schematischer Durchschnitt des Körpers in der Gegend des 4ten Rumpfsegmentes, um die Fortsätze der Rückenplatten zu zeigen, welche die Ansatzstelle der Seitenplatten von aussen bedecken; e. der Seitenlappen des 3ten Schwanzsegmentes.

XIII.

Fig. 1. *G. asper* Dybw.; e. der Kopf, von oben gesehen; f. das 6te Schwanzsegment mit dem Schwanzanhange und den beiden Steuerbeinen; h. Durchschnitt des Körpers in der Gegend des 4ten Rumpfsegmentes, um die Lateral- und Randfortsätze, sowie auch die Höcker der Seitenplatten zu zeigen. — 2. *G. Carpenterii* Dybw.; e. der Kopf, von oben gesehen; f. der Schwanzanhang nebst Steuerbeinen. — 3. *G. Rudoszkowskii* Dybw.; f. die drei letzten Schwanzsegmente; g. die Seitenplatte des 4ten Rumpfsegmentes; h. Durchschnitt des Rumpfes in der Gegend des 4ten Segmentes, um den halbrichterförmigen Stachel der 4ten Seitenplatte zu zeigen. — 4. *G. Reichertii* juv. Dybw.; e. die Seitenplatte des 4ten Rumpfsegmentes; g. Durchschnitt des Körpers in der Gegend des 4ten Rumpfsegmentes; f. die vier letzten Schwanzsegmente mit dem Schwanzanhange und den Steuerbeinen. — 5. *G. Cabanisii* Dybw.; d. das 6te Schwanzsegment mit dem Schwanzanhange und dem linken Steuerbeine; e. Durchschnitt des Körpers am 3ten Schwanzsegmente; f. das letzte Schwanzsegment mit dem Schwanzanhange und den Steuerbeinen. — 6. *G. cancelloides* Gerstf.; f. der Schwanzanhang; f'. der Schwanzanhang eines anderen Exemplares (um die individuelle Verschiedenheit in der Tiefe des Ausschnittes des hinteren Randes der Schwanzanhänge zu zeigen). — 7. *G. Lovenii* Dybw.; f. der Schwanzanhang.

XIV.

Fig. 1. *G. Brandtii* Dybw. f. der Schwanzanhang. — 2. *G. littoralis* Dybw.; f. der Schwanzanhang. — 3. *G. talitroides* juv. Dybw.; e. der Schwanzanhang mit den Steuerbeinen. — 4. *G. branchialis* Dybw. f. der Schwanzanhang. — 5. *G. Gerstaeckeri* Dybw.; f. das 6te Schwanzsegment mit dem Schwanzanhange. — 6. *G. glaber* Dybw.; f. der Schwanzanhang. — 7. *G. zebra* Dybw.; e. der Schwanzanhang nebst den Steuerbeinen. — 8. *G. rugosus* Dybw.; g. die obere Fläche des Segmentes, von der Seite gesehen; e. der Schwanzanhang. — 9. *D. Taczanowskii* Dybw.; f. das 3te Schwanzsegment mit dem linken Schwimmbeine, hinter demselben die drei hintersten Schwanzsegmente mit dem Schwanzanhange, dem rudimentären linken Steuerbeine und den beiden linken Springbeinen (diese letzteren sind auf dieser Abbildung zu lang gezeichnet); e. der Schwanzanhang mit den Steuerbeinen und den hinteren Springbeinen, von der Seite gesehen. — 10. *G. rhodophthalmus* Dybw.; g. die 4te Seitenplatte; h. der Seitenlappen des 3ten Schwanzsegmentes; i. die Rückenplatte des 2ten Schwanzsegmentes mit dem medianen Kiele, von oben gesehen; f. der Kopf, von oben gesehen.

ERRATA.

S. 34, Z. 15 v. unten, statt: Fig. 4, lies: Fig. 7.

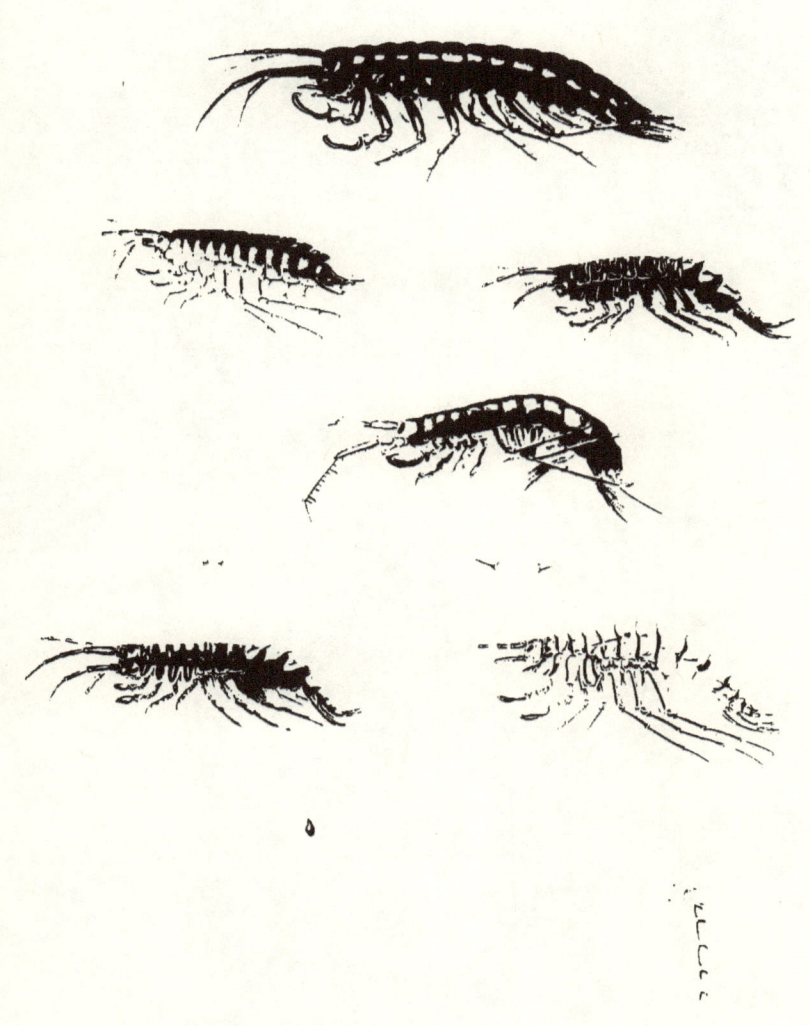

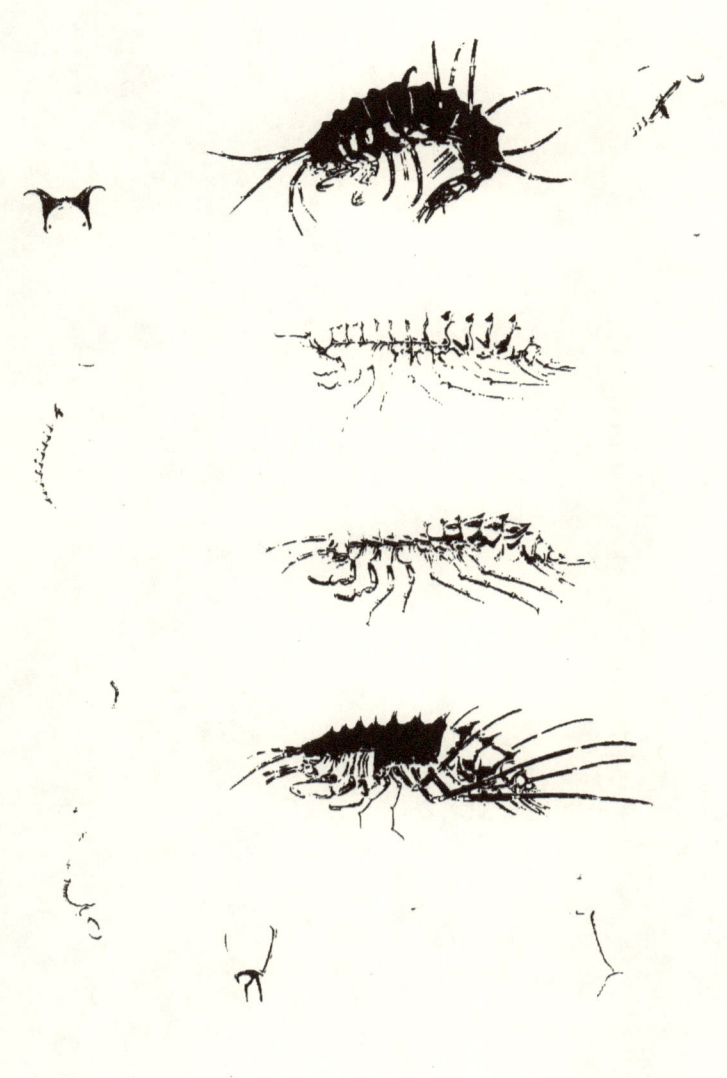

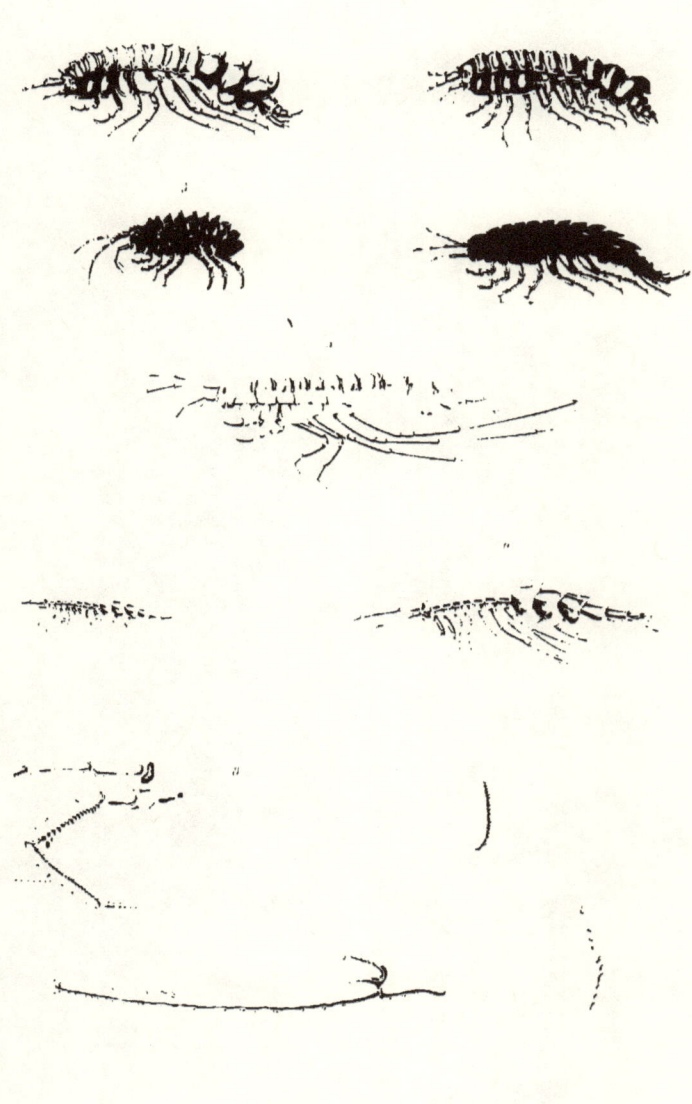

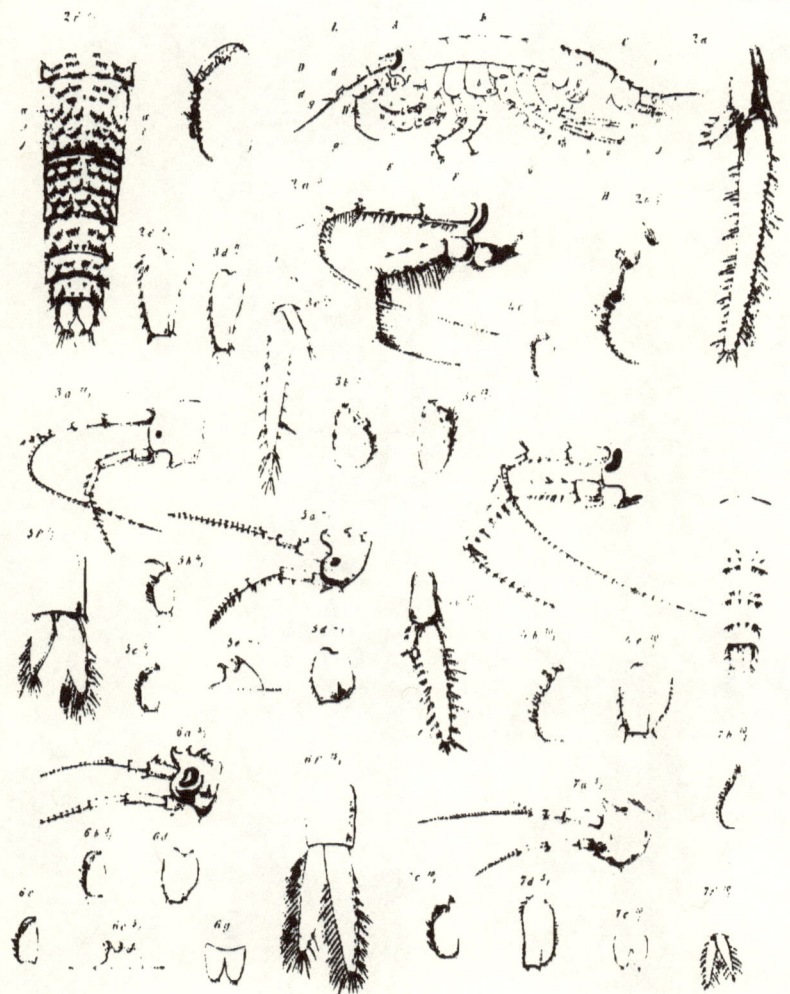

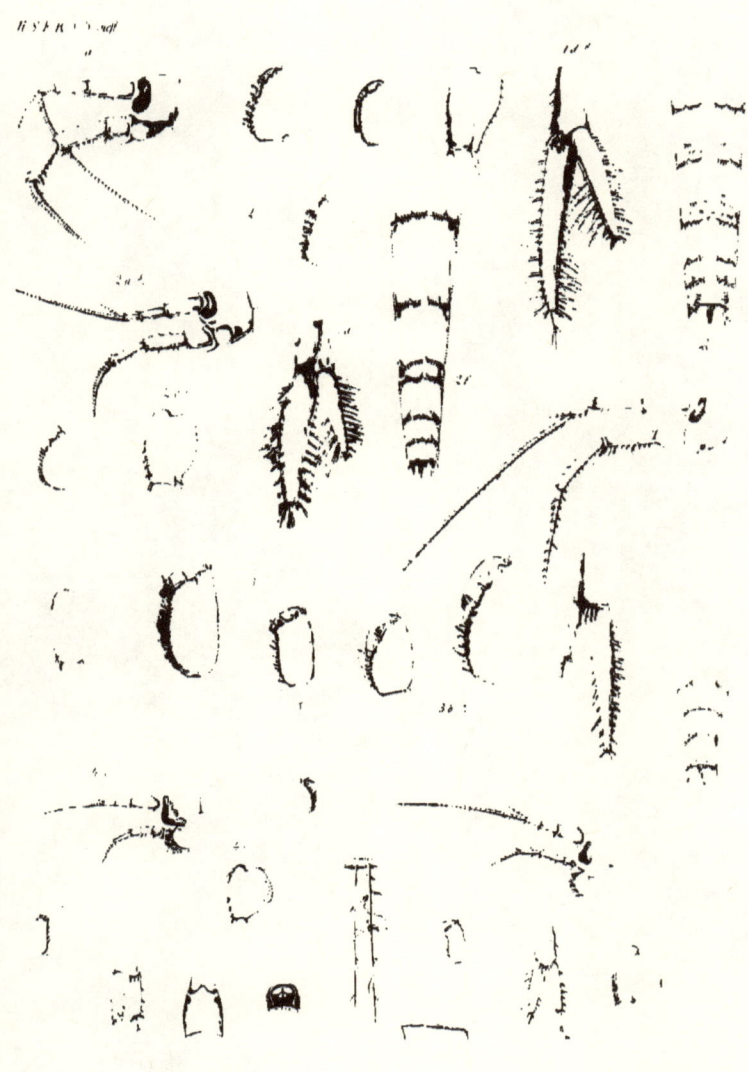

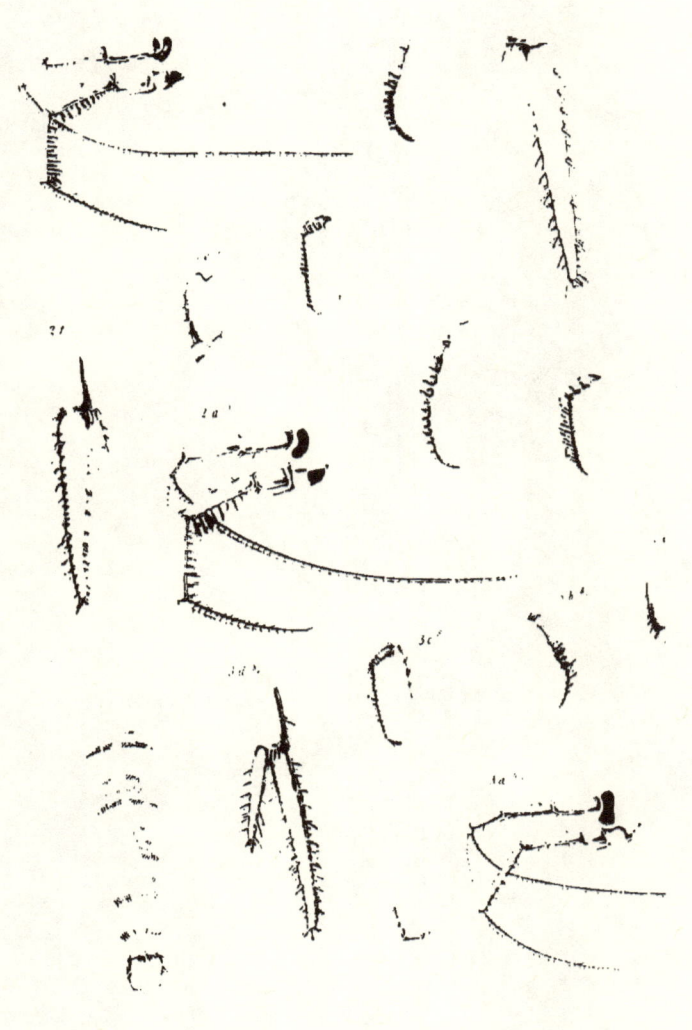

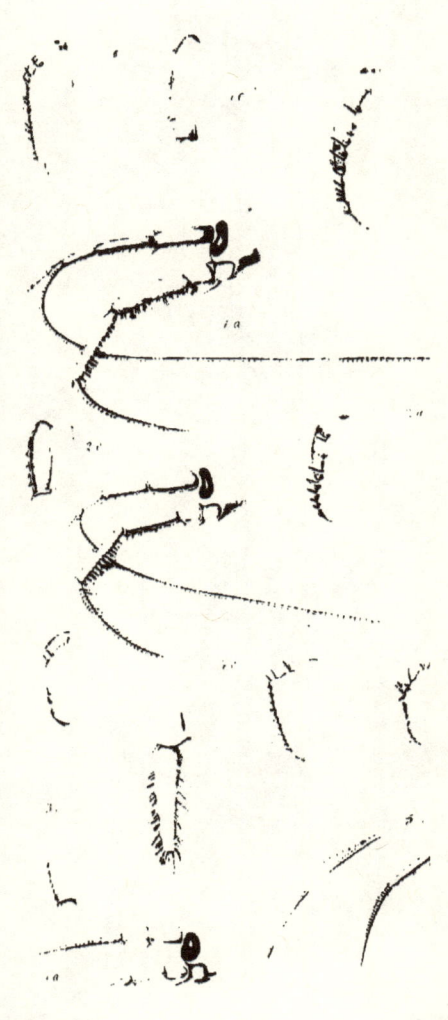

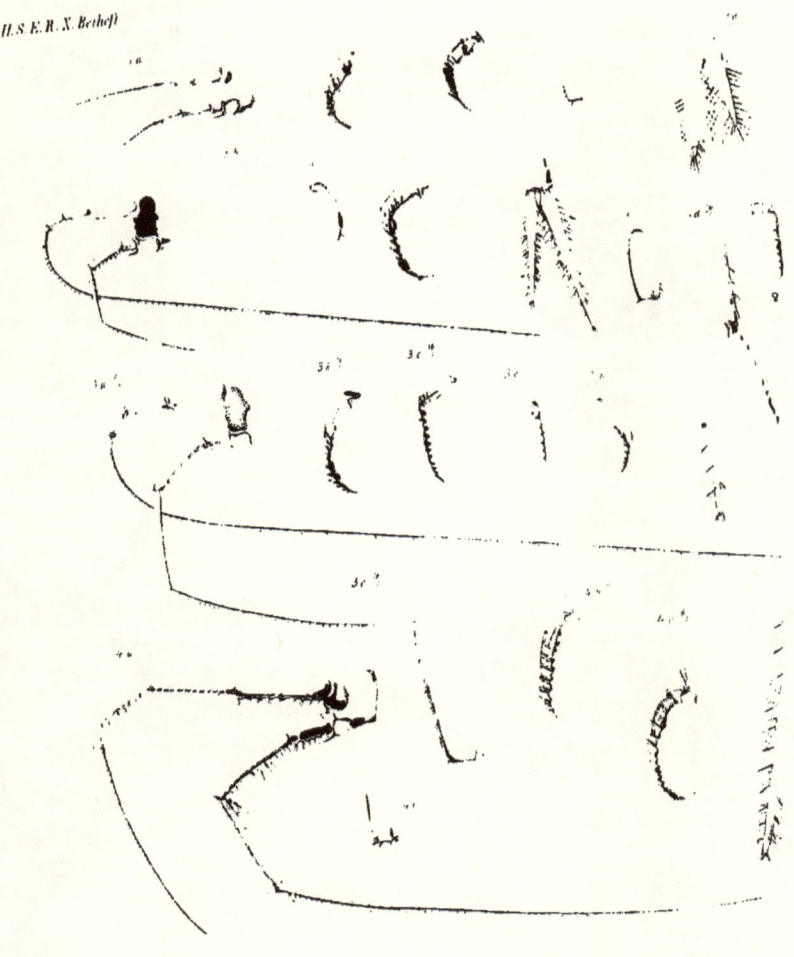

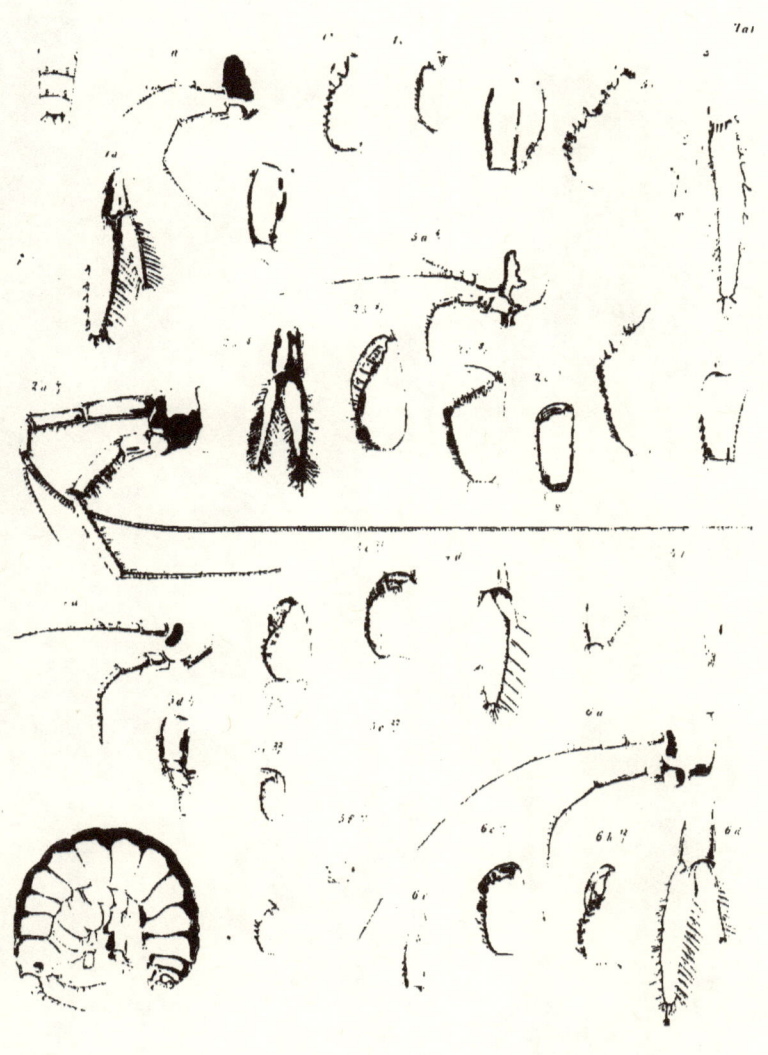

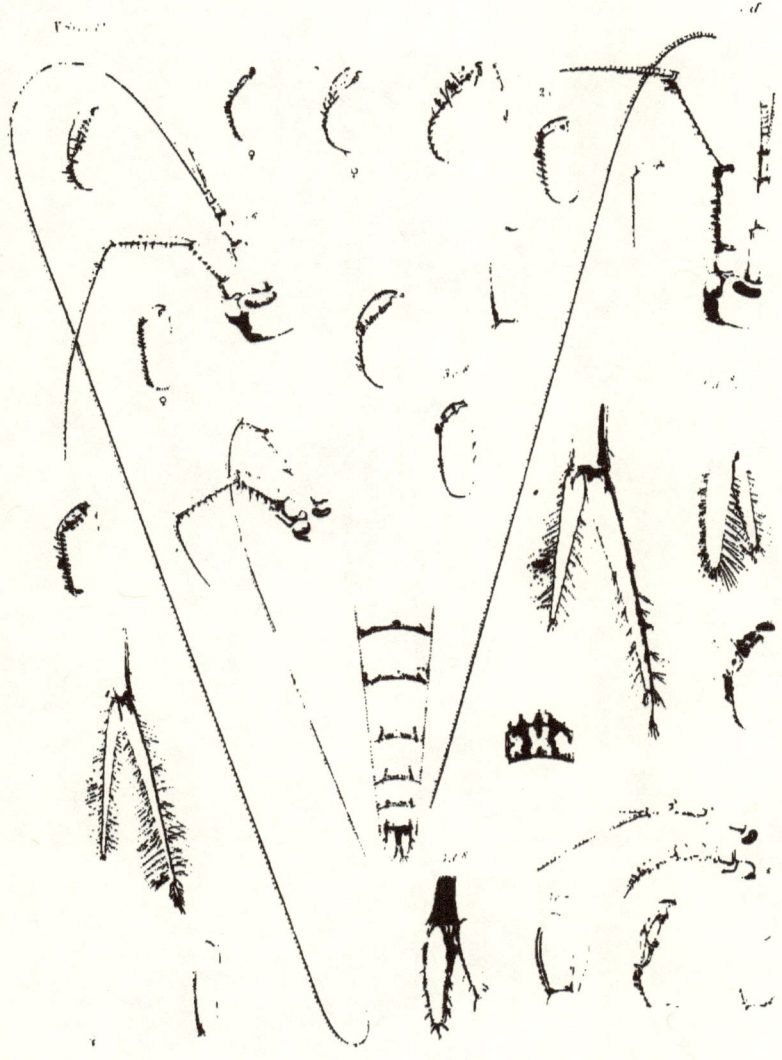

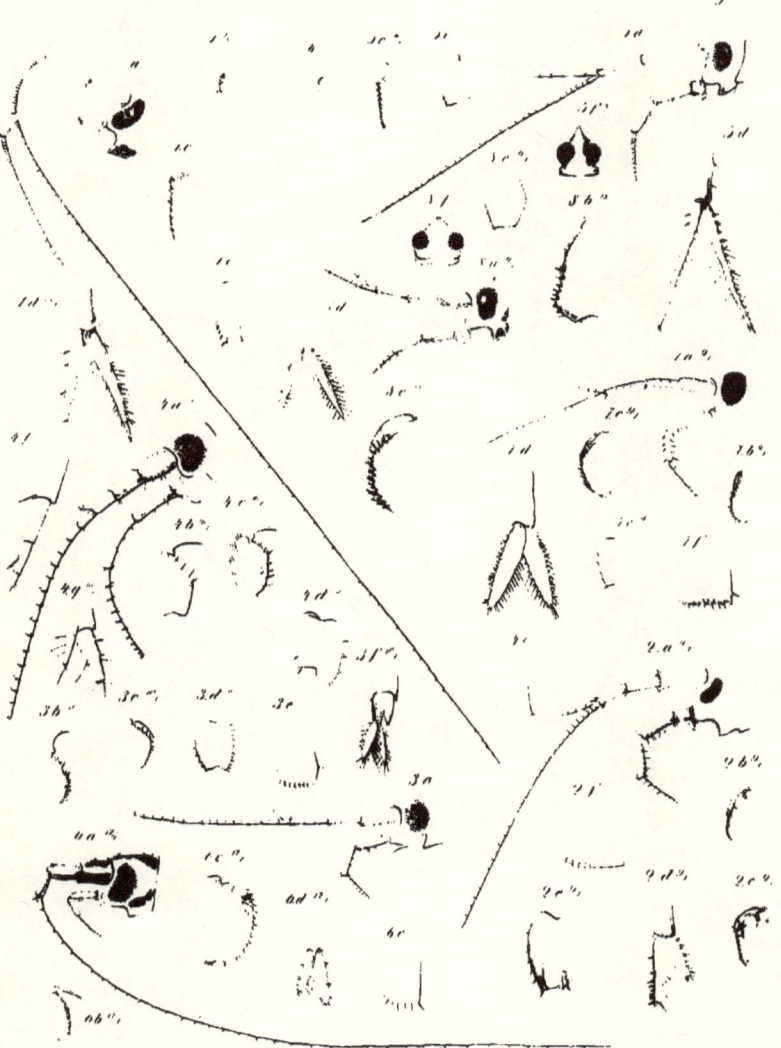

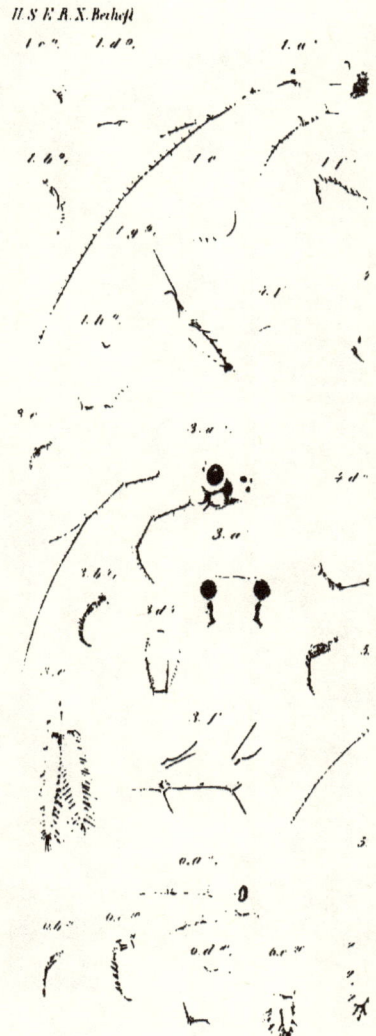

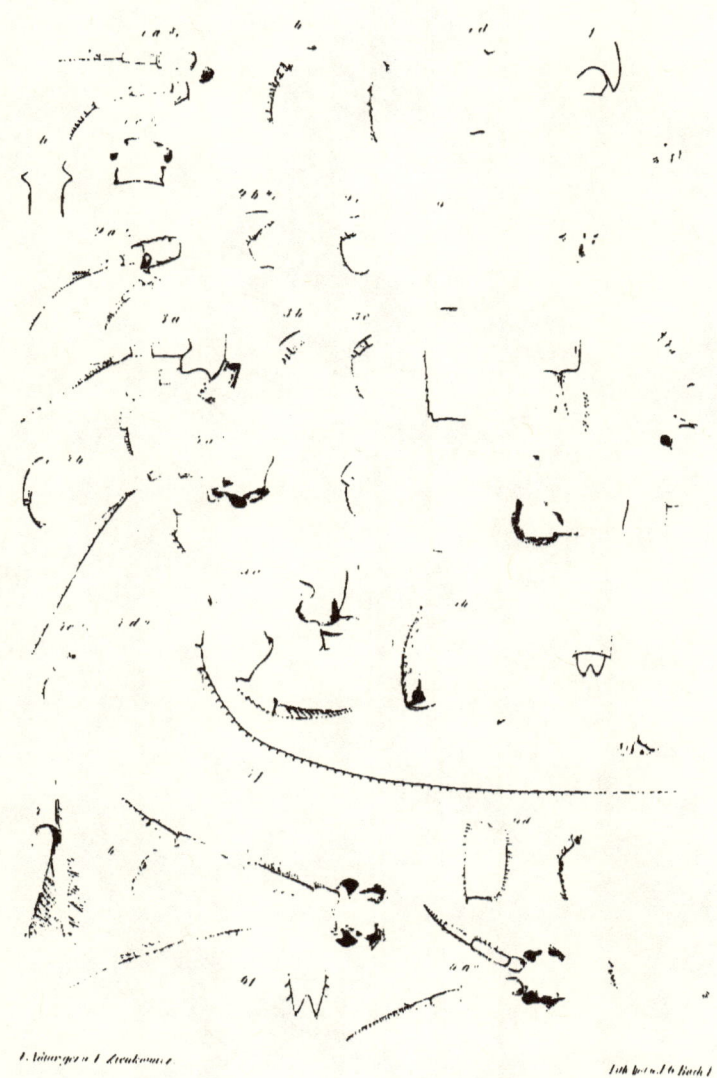

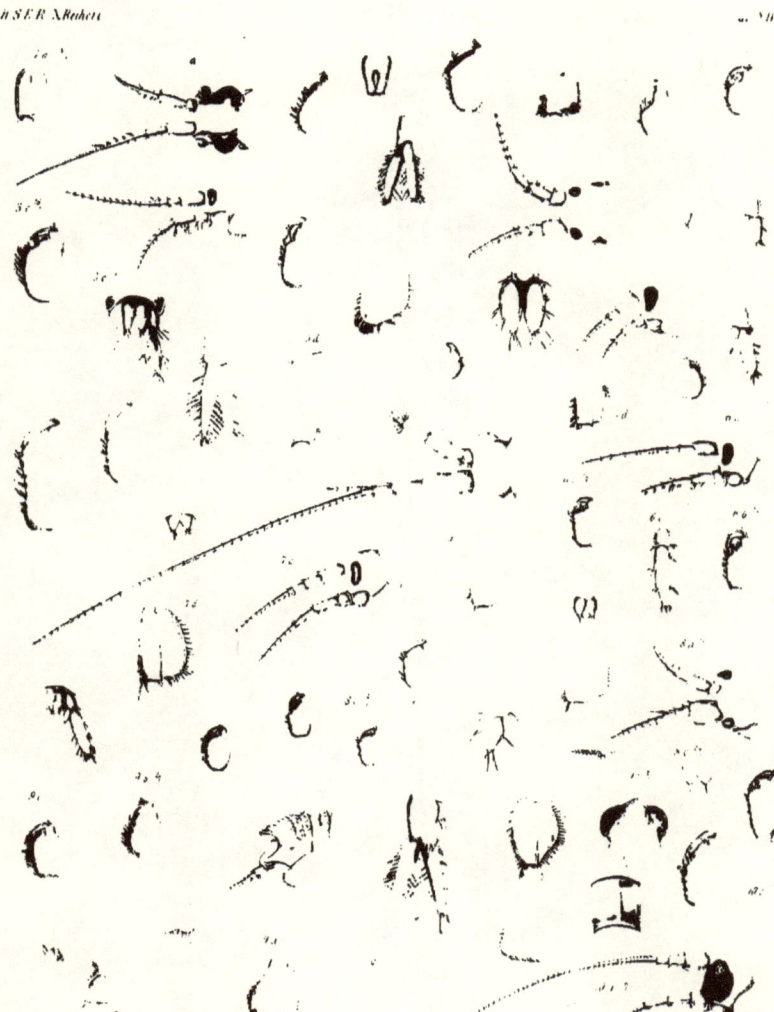

XVII
8

www.ingramcontent.com/pod-product-compliance
Lightning Source LLC
Chambersburg PA
CBHW031821230426
43669CB00009B/1210